Mathematical Theory of Combat Modeling

2015년도 대한민국학술원 선정 우수학술도서

수학적 전투 모델 이론

(개정판)

강정흥 지음

KYOWOO

머리말

4차산업 혁명과 더불어 알파고와 같은 인공지능(AI)이 실생활에 적용되고 있고 미래전에서는 AI의 도움을 받고 전투를 수행할 시대도 멀지 않아 도래할 것으로 보인다. 이 책에 대한 개정판을 내게 된 가장 중요한 이유는 강의를 하면서 학생들에게 보다 쉽게 이해할 수 있는 많은 예제와 더불어 내용적으로 부족했던 부분을 첨삭하였다. 더불어 군사학 선택 과목으로 적합하게 다룰 수 있도록 2장에서는 전에 다루지 않았던 비선형계획법의 기본적인 내용으로 최대-최소 정리를 테일러 정리를 이용하는 개념과 이차형식에 대한 내용을 추가했다. 특히 란체스터 미분방정식 모델에서 실제 전투 상황을 리만적분을 적용하는 예제를 추가했고, 확률형 전투모델에서 전투상황의 전환기적 확률을 계산하는 방법에 대한 예제를 추가하여 보다 쉽게 이해할 수 있도록 하였다.

수학적 방법에 의한 모델링과 시뮬레이션(M&S)이 전군에 주요한 화두로 떠오르고 있다. 따라서 정예장교를 육성하는 사관학교 및 초급장교 양성기관에서부터 전투 모델링과 실제 전투에 대비하는 운용능력을 갖추어야 된다고 생각된다.

이 책에서 요구되는 선수과목은 미분적분학과 기초통계학으로 미분방정식을 이수하지 않은 학생들을 위하여 란체스터 전투모델에서 필요한 미분방정식의 유형별 해법을 먼저 소개하였고, 무기의 확률론적 특성, 노출된 고정표적에 대한 명중확률과 무기의 유효반경에 대해 여러 가지 표적 형태별로 설명하였다. 수학적으로 계산 가능한 것도 있고 수치적으로 계산해야 되는 경우도 이론적으로 설명해 놓았다. 그리고 군 운영분석에서 가장 고전적인 란체스터의 미분방정식형 전투모델에 대해 선형법칙, 혼합법칙, 기하평균모델, 헴볼드 모델 등을 살펴보고 이를 모두 종합하여 2차 세계대전 중에서 미군과 일본의 치열하게 공방했던 이오지마 전투에 적용하여 그 결과를 살펴봤다. 다음으로 연속적인 전투 형태인 확률형 란체스터 전투 모델을 살펴보고 이를 다시 미분방정식형 전투모델과 상호 비교해 보았다. 마지막으로 군 작전 시스템의 종류와 이에 대한 신뢰도 및 성공할 확률 그리고 위험함수에 대해 간단히 설명하였다.

마지막으로 이 책을 중심으로 강의하면서 보다 구체적이고 논리적인 방향을 제시해주고 교정에 더움을 주신 수학과 문미남 교수에게도 감사의 말씀을 전합니다. 더불어 이 책을 출간하기까지 교정과 편집을 도와주신 (주)교우 편집장님과 오판근 사장님께도 감사의 말씀을 전합니다.

독자들에게 모델링과 시뮬레이션(M&S)에 보다 많은 영감과 관심이 쏟아지길 바라며, 이러한 M&S에 이론적 지식과 능력을 갖춘 지휘관 및 전문가가 되는데 미약하나마 기여할 수 있길 바랍니다.

화랑대에서 저자

차례

제1장 수학적 방법에 의한 의사 결정

제2장 다변수 함수와 미분방정식의 해법

제3장 무기의 확률론적 특성

제4장 고정표적의 명중확률과 무기 유효반경

제5장 미분방정식형 전투모델

제6장 확률형 전투모델

제7장 군사작전과 시스템의 신뢰도

제 1 장 수학적 방법에 의한 의사 결정

모든 국가는 자국의 안전보장을 위해 최우선적으로 군을 보유하고 이에 따른 무기체계를 구축하고 있다. 우리나라도 국방과학연구소를 주축으로 민간 방위산업체와 연계하여 무기체계의 국산화에 많은 노력을 다하고 있고, 그 결과 괄목할 만한 발전을 하여 첨단 무기체계의 개발과 시험, 실전 배치에 이르게 되었다. 무기체계의 첨단화에 따라 군 지휘관은 기존의 자신의 경험과 군사적 식견들 뿐만 아니라 새로 도입된 무기체계의 성능과 그에 따른 병력 운용 능력 등 전장에서 최적의 전투력을 발휘하기 위하여 과학적 분석 및 적용 능력을 갖추어야 하는 시대가 되었다.

국가의 안전보장을 위해 자국이 보유하고 있는 가용 전투력을 기반으로 작전계획을 수립하고, 실제 상황에서 최대의 전투력을 발휘할 수 있는지 판단하기 위해 수학적 분석방법이 미래전에서는 대단히 중요하게 대두되고 있다. 따라서 군 지휘관도 이제는 M&S(모델링과 시뮬레이션)에 기반을 둔 합리적 의사 결정에 의한 작전 계획을 수립할 수 있는 능력이 요구되고 있다. M&S를 포함한 이러한 과학적 분석방법은 실제 전투 상황에서 부대배치와 최상의 전략과 전술을 수립하는데 필요한 또 다른 합리적 접근 방법을 제공해 줄 것이다.

1.1 운영분석의 기원

작전을 수행하는 군 지휘관이 갖추어야 될 가장 중요한 자질은 군 작전을 성공적으로 수행할 수 있도록 가용 전투력을 극대화할 수 있는 능력을 갖추는 것이다. 칼, 활, 그리고 소총 등 재래식 무기를 사용하던 과거의 전쟁에서 군 지휘관들의 이러한 능력은 작전의 대담성, 지혜, 희생 그리고 용기와 같은 전사적 기질과 동일시되었지만, 현대전 및 미래전에서 나타나게 될 첨단기술 집약형 군사력 운용을 위해서는 군지도자에게 또 다른 차원의 능력을 요구하고 있다. 현대전의 가장 두드러진 특징은 첨단과학 기술에 의한 경쟁으로 볼 수 있다. 따라서 군 지휘관은 자신의 경험과 판단에 의한 의사결정뿐만 아니라 과학적 분석방법을 기반으로 작전계획의 수립과 실행에 대한 일련의 과정을 시뮬레이션하여 최종 작전 계획을 수립하고 이를 실행할 수 있어야 한다.

새로운 첨단 무기체계의 도입에 따라 기존에 수립되었던 전략과 전술의 기본 개념은 상당히 발전된 또 다른 개념으로 진화될 수밖에 없다. 정밀 유도탄과 전략 방어체계와 같은 자동화 능력을 갖춘 고성능 무기들은 디지털화된 군구조의 잠재력을 완벽히 운용 가능한 새로운 세대의 군 장교를 요구하고 있다. 또한 제한된 국방예산과 더불어 무기체계의 수명주기 전체를 비용 대비 효과뿐만 아니라 실제 작전환경에서 가장 최적화 되어 실행되어야 한다.

군 작전의 효과와 성공률을 높이기 위한 과학적 방법의 이용은 더 이상 새로운 것이 아니다. 이러한 방법들은 새로운 무기체계를 개발하거나 전투에서 운용효과를 증대시키기 위해 사용되었다. 현대전의 한 축으로 1차 세계대전에서 군사작전의 해법을 찾기 위해 과학적 방법을 적용한 최초의 중요한 시도를 찾아볼 수 있다. 1916년에 란체스터(Frederick Lanchester)가 공중전에 대한 수학적 방법을 개발했는데, 이는 후에 전투모델이론과 군 작전에서 전투력 손실률을 계산하는 가장 기본적인 모델이 되었다. 2차 세계대전에서는 그런 응용이 더욱 증대되었고, 과학적 방법을 통한 군작적의 향상을 도모하기 위하여 운영분석(operation research)이란 학문이 나타나게 되었다. 영국에서 태동된 이 새로운 학문을 운영분석(OR)이라 불렀고, 이는 적항공기의 위치를 추적하기 위해 새로 개발된 레이더의 사용에 대한 가장 효과적인 기법을 개발하기 위해 조직된 연구팀인 바우드시 연구소(Bawdsey Research Station)의 연구소장인 로우에(A. P. Rowe)에 의해 처음 유래되었다. 1939년 전쟁이 발발하자 로우에는 소규모의 과학자들과 바우드시에서 영국 전투항공 지휘본부가 있는 스탠모워(Stanmore)로 재배치되었고, 이 과학자들과 영국 전투기에 대한 차단 전술을 개발하였고 영국군의 전투에서 결정적인 역할을 수행하는 전술 개발에 중요한 역할을 담당하였다. 그리하여 1941년에 운영분석 연구팀이 영국의 육·해·공군 모두에게 정식으로 편제에 반영되었다.

2차 세계대전 이후 군과 민간산업 전반에 걸쳐 운영분석에 대한 응용분야가 급속히 증대되었다. 한편 하나의 수학적 응용학문체계로서 1952년에 미국에서는 미국운영분석학회(the Operations Research Society of America)가 결성되었고 이어서 1966년에 군사운영분석학회(MORS)가 결성되었다. 이후 수많은 사설 및 정부 출연 기관의 운영분석 연구소가 출현하였다. 대표적인 연구소로 국방분석 연구소(the institute of Defense Analyses), 미 국방성 부설(the Studies and Gaming Agency)를 들 수 있고, 영국은 국방부의 지원을 받는 국방운영분석 연구소가 있으며, 어떤 면에서 우리나라도 한국국방연구소(KIDA)가 이와 같은 기능을 담당하고 있다. 특히 육본 분석평가단에서 운영분석관련 M&S과가 편제되어 있어 장차 실무적인 관점에서 일련의 중요한 역할을 담당할 것으로 판단된다.

1.2 과학적 의사 결정 과정

과학적 분석방법과 최적화(optimization)는 전략과 전술 계획의 수립부터 시작하여 실제 전투에서 병력 전개 및 투입 등의 군사교리에 이르기까지 작전의 모든 영역에서 수용되고 있음을 쉽게 찾아 볼 수 있다. 군 기능 유지 및 설계를 위해 기본적으로 예산이 필요하다. 국가의 세입 세출을 고려하여 군 예산이 편성되고 국회의 예산안 심의를 통해 무기획득, 군수 지원 등을 의결하여 국방비가 결정된다. 한편 무기체계 도입 및 전력 증강에 필요한 예산 소요는 M&S 분석과 최적화 과정을 통해 소요 요구가 제기되고, 소요군에서는 그 당위성에 따라 제기하면 그 필요성을 의회에서 심의하게 된다. 최종 군 작전부서에서는 국가 전략, 정치적 방향과 적의 능력을 고려하여 군사 전략, 전술, 교리 등을 포함하여 부대배치, 전투력 투입, 전투 작전 등의 종합적인 군 작전계획을 최종 완성한다. 이러한 작전계획의 수립에 있어 하부 구조의 의사 결정권자들은 효과적인 시스템 척도와 최적의 대안을 선택하는 적절한 판별법에 의해 결정되는 일련의 과정에서 나타나는 여러 가지 분석과 연구결과에 심대하게 의존한다. 그러므로 의사결정과정의 중요성을 간과하지 말아야한다. 그리고 군 작전 계획을 수립하는 위치에 있는 지휘관 및 참모는 전산처리에 이용되는 양적 데이터들을 전부 분석하여 그 가치를 설명해 줄 수 있는 전문가의 도움이 필요하다.

군 작전에서 사용되는 데이터의 대부분은 어떤 사건에 대한 확률에 의해 주어진다. 해석학의 한 분야로 확률론은 0과 1사이의 값을 갖는 확률함수에 의해 이러한 군 작전들이 일어난 사건에 대한 가능성을 표현하는데 사용한다. 전형적인 형태의 군 M&S 분야에서 적용되는 소총과 미사일 탄도의 원형오차 확률, 살상확률, 미사일 배치에 대한 수학적 모델 생성 등은 분산 분석을 통해 그 성능을 분석할 수 있다. 또한 새로운 무기체계를 도입하는 과정에서 시스템과 장비의 신뢰성을 확률적 신뢰도를 고려하여 검증하는 절차를 거치게 된다.

대부분 군작전의 확률론적 특성 때문에 사건에 대한 확률 결과를 계산하거나 특정 장비 또는 시스템 신뢰도를 제고하기 위하여 신뢰수준을 이해해야 된다. 그러므로 의사결정과정에서 주관적인 판단을 피할 수는 없다. 그러나 이런 판단은 의사결정권자가 확률과정에 포함된 일련의 본질을 완전히 이해한다면 분명히 성공을 보장해 줄 것이다. 군 작전에서 생각해 볼 수 있는 의사결정과정의 한 예를 아래 그림에서 도식해 보았다. 간단히 살펴보면, 의사결정권자는 다음과 같은 몇 가지 기본적인 고려사항을 중심으로 의문을 갖게 된다.

- 임무 수행에 무엇이 포함되는가? - 임무분석
- 임무 완수에 대한 성공 확률은 얼마인가? - 가능성
- 임무 수행에 대한 위험도는 얼마인가? - 위험성
- 임무수행 중 발생할 수 있는 위험을 감수할 수 있는가 ? - 위험 감수 정도

의사결정과정

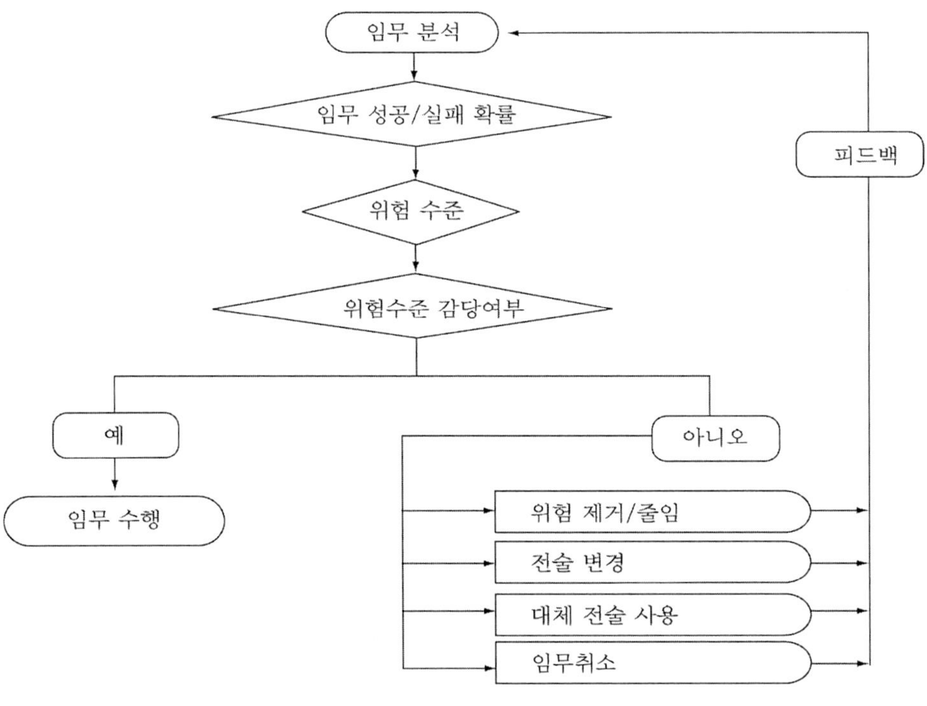

만약 의사결정권자(지휘관)가 이런 일련의 과정을 전부 고려하여 받아지면 임무 수행절차에 돌입하게 된다. 그러나 이에 대한 일련의 과정을 받아들이지 못할 경우 위험요소를 제거하거나 줄이고, 전술을 변경하거나 다른 전술을 사용하기도 하고 궁극적으로 실패할 확률이 높은 경우 작전을 취소하는 등 이런 결정 과정을 계속적으로 피드백하여 최선의 대안을 찾게 된다.

1.3 수학적 방법 및 모델링

군사 작전에서 과학적 방법과 기술의 범위를 설명하기 위해 운영분석에서 사용되는 여러 가지 응용 수학 분야를 몇 가지 소개한다. 특히 이 책에서 가장 많이 적용되는 분야로는 전투이론(Theory of combat)에서 미분방정식, 확률모형에서 사용되는 결정이론(Decision Theory), 최적화 방법에 사용되는 선형계획법(Linear programming), 대기행렬이론(Queuing theory), 기타 네트워크 분석, 게임이론, 워게임 등을 들 수 있다.

게임이론은 1916년에 란체스터에 의해 처음 개념적으로 정립된 학문으로 만약 X군, Y군의 병력 또는 화력을 각각 x, y라 할 때 X군의 전투력 손실 dx/dt는 Y군의 효력사율(effective firing rate) α_y와 병력수 y의 곱과 같다. 즉, 수학적으로 표현하여 이를 미분방정식 형태로 모델링하면

$$\frac{dx}{dt} = -\alpha_y y,$$

이고, 여기서 t는 시간, $-$는 전투에서 병력 손실을 나타낸다. 같은 방법으로 Y군에 대해 모델링하면

$$\frac{dy}{dt} = -\alpha_x x$$

이 된다. 여기서 제시된 미분방정식에서 α_x, α_y는 상수가 아니라 전투에 참여한 시간과 병력의 규모로 지금도 전투력 손실률을 표현하기 위해 다양한 분석연구에 이용되고 있다. 이 미분방정식의 해로부터 얻어지는 결과는 실제 상황에서 근사적으로 그 결과를 예측할 수 있다.

통계적 추론은 불확실한 상황 또는 군사작전의 일반적인 상황에서 어떤 결정을 내릴 때 일반적인 통계적 결정이론의 이론적 근거를 바탕으로 변경된다. 결정이론은 결정권자의 행동에 의해 변경될 수 있는 모든 가능한 대안들의 집합을 대상으로 한다. 만약 가능한 대안들의 결과와 가용 요소가 결부되어 최적의 방책이 결정되면 일어날 수 있는 모든 결과들을 예측할 수 있을 것이다. 일어날 수 있는 결정 경로를 보여 줄 수 있는 그림이나 나무줄기 모양으로 도식하여 설명할 수도 있다. 이런 일련의 과정에서 최적의 경로를 찾는데 어쩌면 컴퓨터의 도움이 필요할지도 모른다.

대기행렬이론(Queuing Theory)은 대기행렬을 수학적으로 다루는 이론이다. 이 이론은 대기행렬에 도착하는 것과 대기하는 것 그리고 서비스되는 일련의 프로세스들에 대한 수학적, 확률적 분석을 가능하게 한다. 시스템의 평균 대기시간, 대기행렬의 추정, 서비스의 예측 등을 현재 상태를 기반으로 한 시스템의 확률을 기반으로 하여 성능을 측정하는 유용한 도구이다. 대기행렬이론은 경영관리, 산업공학, 통신 네트워크의 성능분석 및 설계 등 여러 분야에서 강력한 도구이다.

나머지 선형계획법, 네트워크 분석, 게임이론, 워게임과 시뮬레이션 분야도 운영분석에 필수 불가결하지만 이 책의 범위를 벗어나기 때문에 여기서는 생략하고, 필요한 독자는 각 영역의 전공 서적을 참고하기 바란다.

군에서 발간한 국방 워게임 모델 목록집에서 정의한 국방 M&S(Modeling & Simulation)란 모델링과 시뮬레이션의 합성어로써 국방분야에서 수행되는 연습 · 훈련, 작전계획 · 전력분석, 획득, 합동 · 전투실험 등을 다양한 모의기법을 통해 과학적으로 지원하는 도구 및 수단의 총칭이라 하고 있다. 모델링(Modeling)이란 모의하고자 하는 실 체계, 과정 또는 현상 등 관심분야의 주 속성을 유지하고, 기타 분야의 속성은 추상화 과정을 통해 생략하거나 단순화하여 모의가 용이하도록 논리적 대체물을 만드는 과정이라 할 수 있다.

모델을 쉽게 분류해 보면 다음과 같은 화상모델(iconic model), 유사모델(anolog model), 기호모델(symbolic model)로 분류할 수 있다. 화상모델의 대표적인 예로는 사진, 그림, 항공기 모형을 들 수 있다. 유사모델에서는 자연현상에서 나타나는 물리적 관계는 다른 물리량들 사이의 관계에 의해 나타난다. 그래서 전기적 유사 모델에서 볼트(Voltages)sms 다른 물리량을 나타내고, 국가 경제에서 유동성은 시스템 내에서 자본 또는 돈의 흐름을 나타낸다. 즉 실제의 현상을 다른 것을 써서 모형화 하는 것을 말한다. 기호모델은 추상적인 기호 또는 양적 표현으로 실제 현상을 묘사한다. 대표적으로 묘사 모델(Descriptive model)과 수학적 모델(mathematical model)로 분류할 수 있다. 묘사모델은 전형적인 조직도에 나타나는 챠트의 문구나 도표를 들 수 있으며, 수학적 모델은 무기체계의 손실평가 모델, 기동평가 모델 등의 모의 대상체계의 성질을 수학적인 기호와 관계성으로 표현하는 기호모델로써 절차와 수학 방정식을 포함한다. 다시 수학적 모델은 실 체계를 나타내는 정확한 수를 결정하는 해석적 모델(analytic model)과 불확실성과 위험성을 내포하는 복잡한 문제들의 해답에 접근하거나, 모델링과정에서 구현된 모델을 활용하여 실 체계, 과정 또는 현상 등을 이해하거나 다양한 요소를 평가할 목적으로 시간의 연속적 흐름에 따라 반복적으로 모의를 실시하는 시뮬레이션(simulation)로 분류된다. 시뮬레이션 모델은 다시 세부적으로 확정적 모델(deterministic model)과 과정모델(stochastic model)로 분류할 수 있다. 확정적 모델은 란체스터 미분방정식형 전투 모델을 들 수 있고, 확률 모델은 랜덤 수 발생기가 결과를 산출하는데 이용되는 자동 상황에서 볼 수 있다. 이 책에서는 확률형 전투 모델을 통해 살펴보겠다. 지금까지 설명한 내용을 도표로 그려보면 다음과 같다.

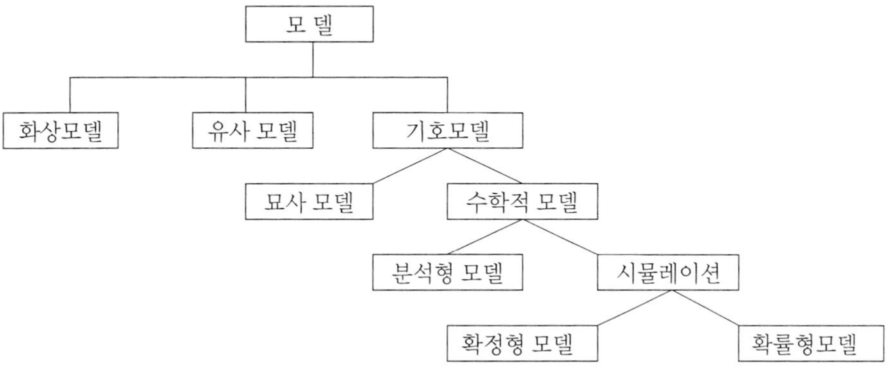

[그림 1.1] 모델의 분류

실세계를 모의하는데 있어, 국방모델은 진행 과정과 사건들에 대한 완벽한 수학적 구현으로부터 워게임과 기동훈련에서 나올 수 있는 병사들의 전술적 행위와 지휘관의 의사결정과정에 이르기까지 추상화할 수 있는 모든 범위들을 포함해야한다. 이런 모든 영역을 나타내는 예들은 수학적 분석, 컴퓨터 시뮬레이션, 상호 컴퓨터 교전게임, 컴퓨터 기반 워게임, 군사훈련과 기동훈련을 들 수 있다.

실제 상황과 동일하게 모의하기 위해서 전투 상황 하에서 고려해야하는 무기효과, 병력의 전술적 행위, 지휘 및 통솔 등에 의해 결정되는 물리적 과정들을 구체적이고 논리적으로 구성해야한다. 무기효과는 결과에 심대하게 영향을 주는 소모율 계수에 의해 단순하게 묘사되었다. 이런 비율들의 실질적 평가는 특정한 실세계가 어떤 특정한 값으로 대응되도록 해야 한다. 과거에는 전투 모델링에서 소모율 계수는 비교적 쉽게 도출하여 이용했고, 모델링 연구에 보다 많은 관심을 집중하였다. 반면에 전투 모델링에서 두 가지 중요한 요소로 사람의 행위(병력의 전술적 행위)와 지휘 결심을 모델링하기는 무척 어려웠으나 요즘 들어 비교적 많은 연구 관심의 대상이 되고 있다. 특히 병력의 전술적 행동 및 기타 행동에 대한 표출 결과를 예측하기는 무척 어렵다. 이런 어려움을 단적으로 표현해준 워게임의 가치를 본더

(Bonder)의 말에서 다음과 같이 쉽게 요약할 수 있다

워게임은 지휘관과 그 참모들로 구성된 하나의 부대 병력들이 실제 야외 기동훈련을 대체하여 가상훈련으로 줄여주는 모델이다. 결심권자(지휘관과 참모 또는 전투병)에 의해 결정되기 때문에 만약 다른 결심을 하였다면 그에 따르는 최고의 결론을 예측하는 것은 어떠한 면에서 가능하다. 그러나 작전시간이 아주 길수록 실제 진행과정에서 나타날 수 있는 하나 이상의 실제 상황은 예측한 상황과 다를 수도 있다. 내가 보는 관점에서 모델링의 이러한 형태는 작전계획을 수립하고 실행하는 과정에서 나타나는 우발 상황에 대응하는 상황조치 전체를 광범위하게 적용할 수 있도록 시스템을 분석하고 구축하기는 그리 쉬운 메카니즘이 아니다. 그러나 작전 경험은 미래 시스템에서 풀어야 될 과제들을 발굴하고 이해함으로써 의사결정자들을 훈련시키는 실행 가능한 메카니즘을 구축하고 계속적으로 개선되는 것을 보여준다.

시뮬레이션 모델은 군사작전에서 발생하는 물리적 사건들의 실제 순서를 수학적으로 상세하게 묘사하여 나타내는데 이용된다. 그러므로 시뮬레이션 과정에서 나타나는 변수들 사이의 다양한 상호관계는 설정되는 시간의 변화에 따라 적용하는 것이 적절하다. 이런 변수들 사이의 관계들 중 많은 것들은 확실성에 기반을 둔 것으로 알려졌지만 반면 다른 것들은 본질적으로 확률적이다.

모델링에서 기본적인 개념은 전투교전, 전선으로의 군수보급 같은 과정 중에 발생하는 특정한 상황을 묘사하는 상황 변수이다. 일반적으로 이러한 변수들은 시간 t에서 가용자원의 수준을 나타낸다. 앞으로 4장에서 나오는 확률형 전투모델에서 시간 t에서 X군의 병력 x와 Y군의 전투력 y를 나타내는 $P(x,y,t)$가 소개될 것이다. 다음 두 가지 간단한 예제에서 이런 상황 변수가 어떻게 연결되는지 설명하겠다.

예제 1.1

아래 그림 1.2는 전투임무에서 전차 또는 전차 편대에 대한 6가지 가능한 상황을 그린 상황변수 시스템이다. 6가지 상황은 1) 손상되지 않은 기지내의 전차, 2) 전투임무 수행중인 손상되지 않은 전차, 3) 파괴된 전차, 4) 기지로 귀환해야 되는 손상된 전차, 5) 기지내의 손상된 전차, 6) 수리중인 전차이다. 화살표는 한 상황에서 다른 상황으로의 전환을 의미한다. 1)번과 2)번 상황은 상호 전환이 가능한 상황이고 나머지는 오직 한쪽 방향으로만 전환이 가능하다.

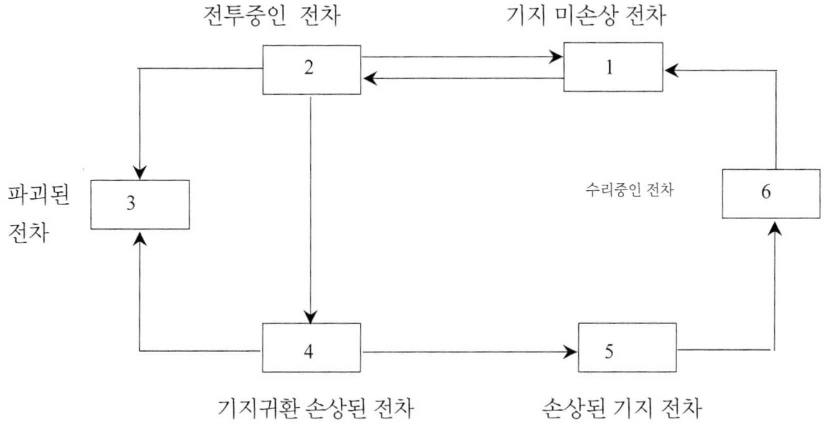

[그림 1.2] 전투 임무 모델

그림 1.2에서 주어진 상황에 대하여 i번째 상황 변수를 y_i로 나타내고 i와 j사이의 변환 비율을 x_{ij}로 나타내면 이 전투임무에서 주어진 6개의 상황변수들 사이에는 다음과 같은 방정식을 유도할 수 있다.

$$\begin{aligned}
{y_1}' &= {x_{21}}' - {x_{12}}' + {x_{61}}' \\
{y_2}' &= {x_{12}}' - {x_{21}}' - {x_{23}}' - {x_{24}}' \\
{y_3}' &= {x_{23}}' + {x_{43}}' \\
{y_4}' &= {x_{24}}' - {x_{43}}' - {x_{45}}' \\
{y_5}' &= {x_{45}}' - {x_{56}}' \\
{y_6}' &= {x_{56}}' - {x_{61}}'
\end{aligned}$$

여기서 ${x_i}'$은 시간에 대한 미분을 나타내며, 모든 상황 변수들은 당연히 음이 아니고, 아래와 같은 조건을 만족한다.

$$y_i \geq 0 \quad i = 1, 2, \cdots, 6$$

만약 $t = 0$에서 y_i의 초깃값과 변환 비율 ${x_{ij}}'$가 알려진다면 위의 y_i에 대한 방정식에서 수치적으로 계산할 수 있다. 시간의 함수로 y_i의 값이 주어진다.

예제 1.2

다음 그림에서는 상황 1과 3사이에 양방향 변환이 가능한 경우이다. 즉 장비를 정비하여 임무에 즉시 투입할 수 있는 상황을 묘사한 모델링이다.

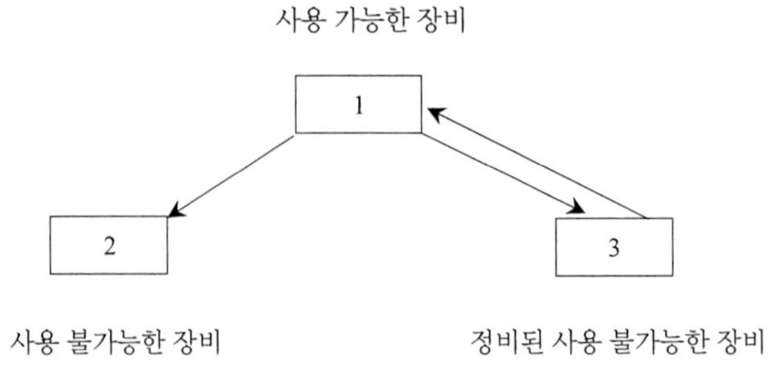

[그림 1.3] 장비의 이용 과정 모델

이 상황에 대한 적절한 방정식은

$$y_1{}' = x_{31}{}' - x_{13}{}' - x_{12}{}'$$

$$y_2{}' = x_{12}{}'$$

$$y_3{}' = x_{13}{}' - x_{31}{}'$$

이고 $x_i \geq 0, i = 1,2,3$ 이다.

제 2 장 다변수 함수와 미분방정식의 해법

이 장에서는 란체스터의 미분방정식형 전투모델에서 이용되는 미분방정식의 해를 구하는 데 필요한 일반적인 미분방정식의 유형과 그에 대한 해를 구하는 방법을 설명하고자 한다. 우선 비선형 최적화에서 많이 이용되는 다변수 함수의 최대 최소에 대한 부분을 2장 0절로 먼저 도입하여 소개한다. 이미 고등 미적분학의 일부분인 도입 부분과 미분방정식을 이수한 학생들은 이 장을 바로 건너뛰어 다음 3장부터 공부하기 바란다.

2.0 다변수 함수의 최적화

미분방정식을 다루기 전에 다변수 함수의 편미분과 극대 · 극소 및 대칭행렬에 대한 2차 형식의 양의 정형(positive definite)과 음의 정형(negative definite)에 대한 판별 방법에 대해 간단히 살펴보고자 한다.

이 절에서는 R^n에서 정의되는 실수값의 다변수함수 $f(x)$에 대한 최적화 관련 기본적인 결과들을 복습하고자 한다.

정의 0.1

R^n의 부분집합 D에서 정의된 함수 $f(x)$에 대하여 한 점 $x_0 \in D$를

1) 만약 모든 $x \in D$에 대하여 $f(x_0) \leq f(x)$를 만족하면 $f(x)$에 대한 대역적 최소화 점(global minimizer)이라 한다.
2) 만약 모든 $x \in D$에 대하여 $x \neq x_0$이고 $f(x_0) < f(x)$를 만족하면 $f(x)$에 대한 엄격한 대역적 최소화 점(strictly global minimizer)이라 한다.
3) 만약 $\delta > 0$가 존재하여 $x \in B(x_0, \delta)$인 모든 $x \in D$에 대하여 $f(x_0) \leq f(x)$를 만족할 때 국소 최소화 점(local minimizer)이라 한다.

4) 만약 $\delta > 0$가 존재하여 $\boldsymbol{x} \in B(\boldsymbol{x}_0, \delta)$, $\boldsymbol{x}_0 \neq \boldsymbol{x}$인 모든 $\boldsymbol{x} \in D$에 대하여 $f(\boldsymbol{x}_0) < f(\boldsymbol{x})$를 만족할 때 엄격한 국소최소화 점(strictly local minimizer)이라 한다.

5) 함수 $f(\boldsymbol{x})$의 1계 편도함수가 $\boldsymbol{x}_0$에서 존재하고,

$$\frac{\partial f}{\partial x_i}(\boldsymbol{x}_0) = 0, \qquad i = 1, 2, \cdots, n$$

를 만족할 때 임계점(critical point)라 한다.

이 정의는 대역적 최대화 점(global maximizer), 엄격한 대역적 최대화 점(strictly global maximizer), 국소 최대화 점(local maximizer), 그리고 엄격한 국소 최대화 점(strictly maximizer)에 대해서도 분명하게 정의할 수 있다.

정리 0.2 테일러 공식(Taylor's Formula)

함수 $f(x)$, $f'(x), f''(x)$가 닫힌구간 $[a,b] = \{x \in \boldsymbol{R}: a \le x \le b\}$에서 존재한다고 하자. 만약 x_0와 x가 구간 $[a,b]$ 내의 서로 다른 두 점이라 하면 두 점 x_0와 x사이에 한 점 z가 존재하여

$$f(x) = f(x_0) + f'(x_0)(x - x_0) + \frac{f''(z)}{2}(x - x_0)^2 \tag{0.1}$$

을 만족한다.

여기서 왜 이 공식이 최적화에 이용되는지 쉽게 유추할 수 있다. 즉 모든 x에 대해 $f''(x) > 0$이고 $f'(x) = 0$이면 테일러 공식은 $x \neq x_0$에 대해

$$f(x) = f(x_0) + (\text{양수})$$

가 되어 $f(x) > f(x_0)$가 된다. 즉 x_0는 함수 $f(x)$의 값을 최소화한다. 그리고 이 정리에 대한 증명은 어렵지 않기 때문에 생략한다.

위 정리 0.2를 이용하여 다변수 함수에 대한 최소화 점을 구하는 적절한 형태의 테일러 공식을 유도할 수 있다.

정의 0.3

다변수 함수 $f(\boldsymbol{x}) = f(x_1, x_2, \cdots, x_n)$가 연속적인 1계와 2계 편도함수를 갖는다고 할 때,

1) 함수 $f(\boldsymbol{x})$의 그래디언트(gradient) ∇f는 다음과 같다.

$$\nabla f = \left(\frac{\partial f}{\partial x_1}, \frac{\partial f}{\partial x_2}, \cdots, \frac{\partial f}{\partial x_n} \right)$$

2) 반면 함수 $f(\boldsymbol{x})$의 헤세 (hessian) 함수 $Hf(\boldsymbol{x})$는 $n \times n$ 대칭행렬

$$Hf = \begin{pmatrix} \frac{\partial^2 f}{\partial x_1^2} & \frac{\partial^2 f}{\partial x_1 \partial x_2} \cdots & \frac{\partial^2 f}{\partial x_1 \partial x_n} \\ \frac{\partial^2 f}{\partial x_2 \partial x_1} & \frac{\partial^2 f}{\partial^2 x_2} \cdots & \frac{\partial^2 f}{\partial x_2 \partial x_n} \\ & \vdots & \\ \frac{\partial^2 f}{\partial x_n \partial x_1} & \frac{\partial^2 f}{\partial x_n \partial x_2} \cdots & \frac{\partial^2 f}{\partial^2 x_n} \end{pmatrix}$$

로 정의 한다

그러면 위 정의와 정리 0.2를 이용하여 다변수 함수에 대한 테일러 공식을 유도해 보자.

정리 0.4 다변수 함수의 테일러 공식(Taylor's Formula)

두 점 $\boldsymbol{x}$와 $\boldsymbol{x}_0$를 $\boldsymbol{R}^n$의 원소이고, 함수 $f(\boldsymbol{x})$는 n변수의 다변수함수로 선분 $[\boldsymbol{x}_0, \boldsymbol{x}]$ $= \{ w \in \boldsymbol{R}^n : w = \boldsymbol{x}_0 + t(\boldsymbol{x} - \boldsymbol{x}_0),\ 0 \le t \le 1 \}$에서 연속인 1계 및 2계 편도함수를 갖는다고 하자. 그러면 $z \in [\boldsymbol{x}_0, \boldsymbol{x}]$가 존재하여

$$f(\boldsymbol{x}) = f(\boldsymbol{x}_0) + \nabla f(\boldsymbol{x}_0) \cdot (\boldsymbol{x} - \boldsymbol{x}_0) + \frac{1}{2}(\boldsymbol{x} - \boldsymbol{x}_0) \cdot Hf(z)(\boldsymbol{x} - \boldsymbol{x}_0) \qquad (0.2)$$

을 만족한다.

위 정리의 식 (0.2)를 유도하는 방법은 이변수함수의 증명과 동일하기 때문에 $\boldsymbol{R}^2$에 정의된 함수 $f(\boldsymbol{x}) = f(x_1, x_2)$라 하자. 정리 0.2의 식 (0.1)을 이용하기 위해 $t \in \boldsymbol{R}$에 대해

$$h(t) = f(\boldsymbol{x}_0 + t(\boldsymbol{x} - \boldsymbol{x}_0)) = f(x_{01} - t(x_1 - x_{01}), x_{02} - t(x_2 - x_{02}))$$

으로 정의하자. 그러면 $h(t)$는 실변수 함수이고

$$h(0)=f(\boldsymbol{x}_0)=f(x_{01},x_{02}),\ \ h(1)=f(\boldsymbol{x})=f(x_1,x_2)$$

를 만족한다. 그러면 정리 0.1의 식 (0.1)에 $t=0$과 $t=1$을 $h(t)$에 적용하면 다음과 같다.

$$f(\boldsymbol{x})=f(\boldsymbol{x}_0)+h'(0)(1-0)+\frac{h''(z)}{2}(1-0)^2,\ \ 0<z<1$$

모든 조건을 고려하고 $\boldsymbol{w}=\boldsymbol{x}_0+t(\boldsymbol{x}-\boldsymbol{x}_0)$라 할 때, 연쇄법칙을 적용하면

$$\begin{aligned} h'(t) &= \frac{\partial f}{\partial x_1}(\boldsymbol{w})(x_1-x_{01})+\frac{\partial f}{\partial x_2}(\boldsymbol{w})(x_2-x_{02}) \\ &= \nabla f(\boldsymbol{w})\cdot(\boldsymbol{x}-\boldsymbol{x}_0) \end{aligned}$$

가 된다. 다시 연쇄법칙을 적용하면

$$\begin{aligned} h''(t) &= \frac{\partial}{\partial x_1}\left[\frac{\partial f}{\partial x_1}(\boldsymbol{w})(x_1-x_{01})+\frac{\partial f}{\partial x_2}(\boldsymbol{w})(x_2-x_{02})\right](x_1-x_{01}) \\ &\quad +\frac{\partial}{\partial x_2}\left[\frac{\partial f}{\partial x_1}(\boldsymbol{w})(x_1-x_{01})+\frac{\partial f}{\partial x_2}(\boldsymbol{w})(x_2-x_{02})\right](x_2-x_{02}) \\ &= \frac{\partial^2 f}{\partial x_1^2}(\boldsymbol{w})(x_1-x_{01})^2+2\frac{\partial^2 f}{\partial x_1\partial x_2}(\boldsymbol{w})(x_1-x_{01})(x_2-x_{02}) \\ &\quad +\frac{\partial^2 f}{\partial x_2^2}(\boldsymbol{w})(x_2-x_{02}) \\ &= (x-x_{01},x_2-x_{02})\cdot\begin{pmatrix} \frac{\partial^2 f}{\partial x_1^2}(\boldsymbol{w}) & \frac{\partial^2 f}{\partial x_1\partial x_2}(\boldsymbol{w}) \\ \frac{\partial^2 f}{\partial x_2\partial x_1}(\boldsymbol{w}) & \frac{\partial^2 f}{\partial x_2^2}(\boldsymbol{w}) \end{pmatrix}\begin{pmatrix} x_1-x_{01} \\ x_2-x_{02} \end{pmatrix} \end{aligned}$$

가 된다. 이를 간단히 표현하면 다음과 같다.

$$h''(t)=(\boldsymbol{x}-\boldsymbol{x}_0)\cdot Hf(\boldsymbol{w})(\boldsymbol{x}-\boldsymbol{x}_0)$$

따라서 정리 0.4의 식 (0.2)을 구하기 위해 위의 식을 앞에서 구한 식에 대입하면

$$f(\boldsymbol{x})=f(\boldsymbol{x}_0)+\nabla f(\boldsymbol{x}_0)\cdot(\boldsymbol{x}-\boldsymbol{x}_0)+\frac{1}{2}(\boldsymbol{x}-\boldsymbol{x}_0)\cdot Hf(\boldsymbol{z})(\boldsymbol{x}-\boldsymbol{x}_0)$$

을 구할 수 있다. 여기서 $\boldsymbol{z}=\boldsymbol{x}_0+t(\boldsymbol{x}-\boldsymbol{x}_0)$, $0\le t\le 1$이다.

이 정리 0.4의 다변수함수에 대한 테일러 공식 (0.3)을 이용하면 다음과 같이 최소화 점과 최대화 점에 대해 요약할 수 있다. 즉 함수 $f(\boldsymbol{x})$가 $\boldsymbol{x}_0$에서 임계점을 갖는다면 $\nabla f(\boldsymbol{x}_0)=O$ 되기 때문에 위의 식 (0.3)을 다시 쓰면

$$f(\boldsymbol{x})-f(\boldsymbol{x}_0)=\frac{1}{2}(\boldsymbol{x}-\boldsymbol{x}_0)\cdot Hf(\boldsymbol{z})(\boldsymbol{x}-\boldsymbol{x}_0)$$

가 된다. 따라서 모든 $\boldsymbol{x}\in\boldsymbol{R}^n$, $\boldsymbol{z}\in[\boldsymbol{x}_0,\boldsymbol{x}]$에 대해

$$(\boldsymbol{x}-\boldsymbol{x}_0)\cdot Hf(\boldsymbol{z})(\boldsymbol{x}-\boldsymbol{x}_0)$$

의 부호에 따라 다음과 같이 결정된다.

1) 만약 $(\boldsymbol{x}-\boldsymbol{x}_0)\cdot Hf(\boldsymbol{z})(\boldsymbol{x}-\boldsymbol{x}_0)\geq 0$, $\boldsymbol{x}_0$는 함수 $f(\boldsymbol{x})$의 대역적 최소화 점.
2) 만약 $(\boldsymbol{x}-\boldsymbol{x}_0)\cdot Hf(\boldsymbol{z})(\boldsymbol{x}-\boldsymbol{x}_0)>0$, $\boldsymbol{x}_0$는 함수 $f(\boldsymbol{x})$의 엄격한 대역적 최소화 점.
3) 만약 $(\boldsymbol{x}-\boldsymbol{x}_0)\cdot Hf(\boldsymbol{z})(\boldsymbol{x}-\boldsymbol{x}_0)\leq 0$, $\boldsymbol{x}_0$는 함수 $f(\boldsymbol{x})$의 대역적 최대화 점.
4) 만약 $(\boldsymbol{x}-\boldsymbol{x}_0)\cdot Hf(\boldsymbol{z})(\boldsymbol{x}-\boldsymbol{x}_0)<0$, $\boldsymbol{x}_0$는 함수 $f(\boldsymbol{x})$의 엄격한 대역적 최대화 점.

다음은 임의의 $n\times n$ 대칭행렬 A에 대한 이차형식(quadratic form)에 대해 알아보자. 이미 살펴 보았듯이 함수 $f(\boldsymbol{x})$의 헤세함수 $Hf(\boldsymbol{x})$가 대표적인 대칭행렬이다.

정의 0.5 이차형식(Quadratic form)

임의의 $n\times n$ 대칭행렬 A에 대해 함수

$$Q_A(\boldsymbol{y})=\boldsymbol{y}\cdot A\boldsymbol{y},\quad \boldsymbol{y}\in\boldsymbol{R}^n$$

를 행렬 A에 관한 이차형식(quadratic form associated with A)이라 한다.

즉, 다음과 같은 2차방정식을 행렬 형식으로 다시 쓰면

$$ax^2+2bxy+cy^2=(x,y)\cdot\begin{pmatrix}a & b\\ b & c\end{pmatrix}\begin{pmatrix}x\\ y\end{pmatrix}$$

가 된다. 따라서 임의의 대칭행렬 $A(\ a_{ij}=a_{ji},1\leq i,j\leq n)$에 대해

$$\begin{aligned}Q_A(\boldsymbol{y})&=\boldsymbol{y}\cdot A\,\boldsymbol{y}\\&=(y_1,y_2,\cdots,y_n)\begin{pmatrix}a_{11} & a_{12} & \cdots & a_{1n}\\ a_{12} & a_{22} & \cdots & a_{2n}\\ \vdots & \vdots & \cdots & \vdots\\ a_{1n} & a_{2n} & \cdots & a_{nn}\end{pmatrix}\begin{pmatrix}y_1\\ y_2\\ \vdots\\ y_n\end{pmatrix}\\&=a_{11}y_1^2+2a_{12}y_1y_2+2a_{13}y_1y_3\cdots+a_{nn}y_n^2\end{aligned}$$

가 된다.

예제 0.1

만약 A가 3×3 대칭행렬

$$A=\begin{pmatrix}1&2&3\\2&3&1\\3&1&2\end{pmatrix}$$

라고 할 때, 이차형식 $Q_A(\boldsymbol{y})$는

$$\begin{aligned}Q_A(\boldsymbol{y})&=\boldsymbol{y}\cdot A\boldsymbol{y}\\&=\boldsymbol{y}\cdot\left(\begin{pmatrix}1&2&3\\2&3&1\\3&1&2\end{pmatrix}\begin{pmatrix}y_1\\y_2\\y_3\end{pmatrix}\right)\\&=(y_1,y_2,y_3)\cdot(y_1+2y_2+3y_3,2y_1+3y_2+y_3,3y_1+y_2+2y_3)\\&=y_1^2+3y_2^2+2y_3^2+4y_1y_2+2\,y_2y_3+6y_1y_3\end{aligned}$$

가 된다.

한 편, 이차형식으로 주어진 경우 변수에 관한 행렬 형식으로 표현이 가능하다.

예제 0.2

함수 $q(y_1,y_2,y_3)=y_1^2+y_2^2+4y_3^2+2y_1y_2+4y_2y_3$ 가 변수 y_1,y_2,y_3에 관한 2차 항의 합으로 되어 있으면, 만약 행렬 A를

$$A=\begin{pmatrix}1&1&0\\1&1&2\\0&2&4\end{pmatrix}$$

인 3×3 대칭행렬이라 하면 함수 $q(y_1,y_2,y_3)$는

$$q(y_1,y_2,y_3)=\boldsymbol{y}\cdot A\boldsymbol{y}=Q_A(\boldsymbol{y}),\quad \boldsymbol{y}\in\boldsymbol{R}^3$$

가 되는 것을 쉽게 확인할 수 있다.

위의 정의를 이용하여 다변수 함수 $f(\boldsymbol{x})$가 연속인 1계와 2계 편미분 도함수를 가질 때, 벡터 $\boldsymbol{z}$에서의 헤세 행렬 $Hf(\boldsymbol{z})$는 $n\times n$ 대칭행렬이 된다. 그러면 $\boldsymbol{x}$, $\boldsymbol{x}_0\in\boldsymbol{R}^n$에 대해 $\boldsymbol{x}-\boldsymbol{x}_0$에서의 헤세행렬에 대한 이차형식은

$$Q_{Hf(\boldsymbol{z})}(\boldsymbol{x}-\boldsymbol{x}_0)=(\boldsymbol{x}-\boldsymbol{x}_0)\cdot Hf(\boldsymbol{z})(\boldsymbol{x}-\boldsymbol{x}_0)$$

가 된다. 다음은 주어진 대칭행렬에 대한 형태를 분류를 정의해 보자.

정의 0.6 이차형식(Quadratic form)에 따른 분류

임의의 $n \times n$ 대칭행렬 A에 관한 이차형식 $Q_A(y) = y \cdot Ay$, $y \in \boldsymbol{R}^n$에 대해 행렬 A와 Q_A를 다음과 같이 정의한다.

1) $Q_A(y) = y \cdot Ay \geq 0$, $y \in \boldsymbol{R}^n$이면, 양의 준정부호(positive semidefinite),

2) $Q_A(y) = y \cdot Ay > 0$, $y \in \boldsymbol{R}^n$이면, 양의 정부호(positive definite),

3) $Q_A(y) = y \cdot Ay \leq 0$, $y \in \boldsymbol{R}^n$이면, 음의 준정부호(negative semidefinite),

4) $Q_A(y) = y \cdot Ay < 0$, $y \in \boldsymbol{R}^n$이면, 음의 정부호(negative definite),

5) 어떤 $y \in \boldsymbol{R}^n$에 대해서는 $Q_A(y) = y \cdot Ay > 0$이고, 또 다른 $y \in \boldsymbol{R}^n$에 대해서는 $Q_A(y) = y \cdot Ay < 0$이면, 부정부호(indefinite)라 한다.

이 정의에 의하면 다변수 함수 $f(x)$의 임계점 x_0는 헤세행렬 $Hf(x)$에 의해 어떠한 역할을 하는지, 즉 대역적 최소화 점, 엄격한 대역적 최소화 점, 대역적 최대화 점, 엄격한 최대화 점인지를 양의 정부호, 음의 정부호 등을 고려하여 증명할 수 있다. 그러면 임의의 $n \times n$ 대칭행렬에 대한 여러 가지 판정법 중에 해석적 방법을 소개한다.

만약 행렬 A가 $n \times n$ 대칭행렬이라 할 때 Δ_k를 위쪽 $k \times k$ 부분행렬의 행렬식이라 하자. 즉 행렬 A에 대하여 $1 \leq k \leq n$인 행렬식의 값Δ_k를 행렬 A의 k번째 주요 소행렬식(kth principal minor)이라 하고 다음과 같이 정의된다.

$$A = \begin{pmatrix} a_{11} & a_{12} & a_{13} & \cdots & a_{1n} \\ a_{12} & a_{22} & a_{13} & \cdots & a_{2n} \\ a_{13} & a_{23} & a_{33} & \cdots & a_{3n} \\ \vdots & & \vdots & & \vdots \\ a_{1n} & a_{2n} & a_{3n} & \cdots & a_{nn} \end{pmatrix}, \qquad \begin{aligned} \Delta_1 &= a_{11} \\ \Delta_2 &= \det\begin{pmatrix} a_{11} & a_{12} \\ a_{12} & a_{22} \end{pmatrix} \\ &\vdots \\ \Delta_3 &= \det A \end{aligned}$$

따라서 이 정의에 의한 부호 판정 정리는 증명없이 기술하면 다음과 같다. 세부적인 증명은 A.L. Peressini at al.의 저서 “The Mathematics of Nonlinear Programming"의 p.16-p19를 참조하기 바란다.

정리 0.7 대칭행렬의 부호 판정

만약 행렬 A가 $n\times n$ 대칭행렬이고 Δ_k를 행렬 A의 k번째 주요 소행렬식(kth principal minor)이라 할 때

1) 행렬 A가 양의 정부호(positive definite)일 필요충분조건은 $\Delta_k > 0,\ k=1,2,\cdots,n$이다.

2) 행렬 A가 음의 정부호(positive definite)일 필요충분조건은 $(-1)^k\Delta_k > 0,\ k=1,2,\cdots,n$이다.

예제 0.3

함수 $f(x,y,z)=x^2+y^2+z^2-xy+yz-xz$에 대해 임계점 $\boldsymbol{x}_0$는
$\nabla f(x,y,z)=(2x-y-z,-x+2y+z,-x+y+2z)=\mathbf{0}$, 즉

$$\begin{aligned}2x-y-z&=0\\-x+2y+z&=0\\-x+y+2z&=0\end{aligned}$$

를 연립하여 구하면 $x=0, y=0, z=0$를 구할 수 있다. 한편 헤세 행렬 $Hf(\boldsymbol{x})$는

$$Hf(\boldsymbol{x})=\begin{pmatrix}2&-1&-1\\-1&2&1\\-1&1&2\end{pmatrix}$$

가 된다. 그런데 $\Delta_1=2>0,\ \Delta_2=3>0,\ \Delta_3=4>0$으로 위 정리에 의해 $Hf(\boldsymbol{x})$는 모든 $\boldsymbol{R}^3$ 위에서 양의 정부호임을 알 수 있다. ■

연습문제 2.0

1. 다음 대칭행렬이 양의 정부호, 음의 정부호, 준정부호, 부정부호 등을 분류하여라.

1) $\begin{pmatrix}3&1&2\\1&5&3\\2&3&7\end{pmatrix}$ 2) $\begin{pmatrix}1&-1&0\\-1&-2&2\\0&2&3\end{pmatrix}$ 3) $\begin{pmatrix}-3&1&2\\1&2&-1\\2&-1&4\end{pmatrix}$ 4) $\begin{pmatrix}2&-3\\-3&0\end{pmatrix}$

2. 다음 대칭행렬에 대한 이차형식 $Q_A(\boldsymbol{x})$를 구하여라.

1) $\begin{pmatrix}3&1&2\\1&5&3\\2&3&7\end{pmatrix}$ 2) $\begin{pmatrix}1&-1&0\\-1&-2&2\\0&2&3\end{pmatrix}$ 3) $\begin{pmatrix}-3&1&2\\1&2&-1\\2&-1&4\end{pmatrix}$ 4) $\begin{pmatrix}2&-3\\-3&0\end{pmatrix}$

3. 주어진 다변수함수의 임계점과 그 점이 최대화 점, 최소화점인지 판정하여라.

1) $f(x,y,z) = 3x^2 + 2y^2 + 2z^2 + 2xy + 2yz + 2zx$

2) $f(x,y,z) = (2x-y)^2 + (y-z)^2 + (z-1)^2$

3) $f(x,y,z) = x^2 + 2y^2 - 3z^2 + 2xy - 4xz + 6yz$

4) $f(x,y) = 12x^3 - 36xy - 2y^3 + 9y^2 - 72x + 60y + 5$

2.1 미분방정식의 정의

미분방정식(differential equation)이란 도함수를 포함하는 방정식이다. 미분방정식은 상도함수만 포함하는 상미분방정식(ODE)과 편도함수를 포함하는 편미분방정식(PDE)으로 분류한다.

예제 1.1

$$\frac{dy}{dx} = 2xy, \quad (x+y)dx - 5ydy = 0 \quad : \text{상미분방정식}$$

$$\frac{\partial u}{\partial x} = -2\frac{\partial v}{\partial y}, \quad \frac{\partial^2 u}{\partial x^2} + \frac{\partial^2 u}{\partial y^2} = 0 \quad : \text{편미분방정식}$$

■

미분방정식의 **계수**(order)는 그 미분방정식에 포함된 최고계 도함수의 계수를 말한다.

예제 1.2

(a) $\dfrac{d^3y}{dx^3} - 3\left(\dfrac{dy}{dx}\right)^2 + 4y = e^x \cos x$: 3계 상미분방정식

(b) $x^2dy + ydx = 0 \Leftrightarrow x^2\dfrac{dy}{dx} + y = 0$: 1계 상미분방정식

(c) $\dfrac{\partial^5 u}{\partial x^5} + \dfrac{\partial^2 u}{\partial^2 y} = 0$: 5계 편미분방정식

(d) $F(x, y, y', y'', \cdots, y^{(n)}) = 0$: n계 상미분방정식

■

미분방정식의 **차수**(degree)는 도함수를 갖는 정수멱의 다항식에서 그 방정식이 포함하는 최고계 도함수의 멱지수를 말한다. 위의 예제 1.2에서 (a)는 3계 1차 상미분방정식이고 (c)는 5계 1차 편미분방정식이다. (d)와 같이 n계 상미분방정식에서 함수 F가 $y,\ y',\ y'',\ \cdots,\ y^{(n-1)}$에 대하여 선형인 경우를 **선형미분방정식**(linear differential equation)이라 한다. 즉 (d)가

$$a_n(x)\frac{d^n y}{dx^n}+a_{n-1}(x)\frac{d^{n-1}y}{dx^{n-1}}+\cdots+a_1(x)\frac{dy}{dx}+a_0(x)y=g(x) \tag{1.1}$$

와 같은 경우의 n계 상미분방정식을 **선형**(linear)이라 한다. 또 $g(x)=0$인 경우를 **동차**(homogeneous) 미분방정식, $g(x)\neq 0$인 경우를 **비동차**(nonhomogeneous) 미분방정식이라 한다. 선형이 아닌 미분방정식을 **비선형**(nonlinear) 미분방정식이라 한다. 위의 예제 1.2에서 (a)는 비선형 미분방정식이다.

어떤 함수 $y=f(x)$가 구간 I에서 정의되고, 그 구간에서 n번 미분 가능하며, 주어진 n계의 미분방정식에 $y=f(x)$와 그 도함수들을 대입할 때 방정식이 성립하면 함수 $y=f(x)$를 구간 I에서 그 미분방정식의 **해**(solution)라고 한다.

n계 미분방정식 $F(x,\ y,\ y',\ y'',\ \cdots,\ y^{(n)})=0$의 해는 도함수를 적분할 때 생기는 적분상수를 모두 포함하는 경우에 일반적으로 $n-$매개변수 해의 족 $G(x,\ y,\ c_1,\cdots,c_n)=0$의 형태가 된다. 만일 상수 c_i들을 적절하게 선택하여 $G(x,\ y,\ c_1,\ \cdots,\ c_n)=0$으로부터 어떤 구간에서 미분방정식 $F(x,\ y,\ y',\ y'',\ \cdots,\ y^{(n)})=0$의 모든 해를 구할 수 있을 때 $G(x,\ y,\ c_1,\ \cdots,\ c_n)=0$를 이 미분방정식의 **일반해**(general solution)라 한다. 한편, 위의 일반해에서 n개의 매개변수에 특정한 값을 대입하여 얻은 해를 **특수해**(particular solution)라 한다. 마지막으로 일반해에 특정한 값을 대입하여 얻어지지 않는 미분방정식의 해를 **특이해**(singular solution)라 한다.

초기값(initial value) **문제**는 초기조건 $y(x_0)=y_0,\ \ y'(x_0)=y_1,\ \cdots,\ y^{(n-1)}(x_0)=y_{n-1}$이 주어질 때 미분방정식 $\dfrac{d^n y}{dx^n}=f(x,\ y,\ y',\ \cdots,\ y^{(n-1)})$의 해를 구하는 것이다.

예제 1.3

초기값 문제를 만족하는 미분방정식의 해를 구하여라.

$$xy'=y+1,\ \ y(0)=1$$

풀이 임의의 실수 $c\in \boldsymbol{R}$에 대하여 $y=cx+1$은 주어진 미분방정식의 일반해가 된다. 그런데 초기조건을 만족하는 해는 $y=x+1$이 됨을 알 수 있다. ■

위의 예제에서와 같이 초기값 문제 $\frac{dy}{dx} = f(x,y),\ y(x_0) = y_0$(초기조건)는 해를 갖지 않거나, 정확히 하나의 해를 갖거나, 또는 둘 이상의 해를 갖질 수 있다. 이와 같이 초기값 문제는 미분방정식의 일반해에서 초기조건을 만족하는 특수해를 구하는 것이다. 여기서 초기값 문제는 두 가지 기본적인 존재성과 유일성의 문제가 일어난다. 즉 미분방정식 $\frac{dy}{dx} = f(x,y),\ y(x_0) = y_0$는 어떠한 조건에서 해가 존재하고, 그 해가 유일한가라는 문제이다. 이 책의 특성상 증명 없이 존재성과 유일성에 대한 정리를 요약하면 다음과 같다.

정리 1.1 유일해의 존재성

R을 xy 평면상의 직사각형 영역 $a \le x \le b,\ c \le y \le d$라 하고 점 $(x_0,\ y_0)$이 그 내부에 포함된다고 하자. 만일 $f(x,\ y)$와 $\frac{\partial f}{\partial y}$가 R에서 연속이면, x_0를 중심으로 하는 어떤 구간 I가 존재하여 초기값 문제

$$\frac{dy}{dx} = f(x,y),\ y(x_0) = y_0$$

를 만족하는 구간 I에서 정의되는 함수 $y(x)$가 유일하게 존재한다.

연습문제 2.1

1. 다음 초기값에 대한 $y'' + y = 0$의 해의 족 $y = c_1\cos x + c_2\sin x$라는 사실을 이용하여 주어진 초기조건을 만족하는 해를 구하여라.

(1) $y(0) = 1,\ y'(0) = 6$

(2) $y(\pi/2) = 0,\ y'(\pi/2) = 1$

(3) $y(\pi/6) = 1/2,\ y'(\pi/6) = 0$

(4) $y(\pi/4) = \sqrt{2},\ y'(\pi/4) = 2\sqrt{2}$

2.2 1계 선형미분방정식

함수 $g(x)$가 주어진 구간에서 연속이면 미분방정식 $\frac{dy}{dx}=g(x)$는 적분을 하여 $y=\int g(x)dx+c$로 쉽게 풀 수 있다. 예를 들어 $\frac{dy}{dx}=2+\cos x$인 미분방정식을 풀면 $y=2x+\sin x+c$가 된다.

정의 2.1

1계 미분방정식의 형태가

$$\frac{dy}{dx}=g(x)h(y) \quad \text{또는} \quad h(y)dy=g(x)dx$$

와 같은 꼴의 방정식을 **변수분리형**(separable variable)이라고 한다.

변수분리형 미분방정식의 해를 구하기 위하여 $p(y)=\frac{1}{h(y)}$로 두면 위 방정식은 $p(y)\frac{dy}{dx}=g(x)$가 되고, 해를 $y=\phi(x)$라 할 때 $p(\phi(x))\phi'(x)=g(x)$이므로 양변을 x에 대해 적분하면 $\int p(\phi(x))\phi'(x)dx=\int g(x)dx$가 된다. 이 식에 다시 $y=\phi(x)$를 대입하면 주어진 미분방정식의 해는 $\int p(y)dy=\int g(x)dx$를 계산하면 구할 수 있다.

예제 2.1

미분방정식 $(1+x)dy-ydx=0$의 해를 구하여라.

풀이 $(1+x)y$로 주어진 미분 방정식의 양변을 나누면 $\frac{dy}{y}=\frac{dx}{1+x}$가 되고 각각 변수 y와 x에 대해 적분하면 $\int\frac{dy}{y}=\int\frac{dx}{1+x}$가 되어 적분하면 $\ln|y|=\ln|1+x|+c_1$가 된다. 다시 x에 대한 식으로 정리하면 $y=c(1+x)$가 된다. ■

미분적분학에서 2변수함수 $z=f(x,y)$가 xy 평면의 한 영역 R에서 연속인 1계 편도함수를 갖는다면 **전미분**(total differential)은 다음과 같다.

$$dz = \frac{\partial f}{\partial x}dx + \frac{\partial f}{\partial y}dy$$

예를 들어 $x^2 - 5xy + y^3 = c$이면, 전미분은 $(2x - 5y)dx + (-5x + 3y^2)dy = 0$이다.

정의 2.2 (완전 미분방정식)

미분방정식 $M(x,y)dx + N(x,y)dy = 0$에서 이 미분방정식의 좌변이 어떤 함수의 전미분일 때 **완전 미분미분방정식**(exact differential equation)이라 한다. 즉 어떤 함수 $f(x, y)$가 존재하여 $M(x, y) = \frac{\partial f}{\partial x}$, $N(x, y) = \frac{\partial f}{\partial y}$를 만족한다.

다음은 완전 미분 방정식의 판별법과 해를 구하는 방법을 알아보자.

정리 2.1 (완전 미분방정식의 판별법)

미분방정식 $M(x, y)dx + N(x, y)dy = 0$에 대하여 xy평면의 영역 R에서 $M(x, y)$, $N(x, y)$가 연속인 1계 편도함수를 가질 때 $M(x, y)dx + N(x, y)dy = 0$가 완전 미분방정식일 필요충분조건은 다음과 같다.

$$\frac{\partial M}{\partial y} = \frac{\partial N}{\partial x}$$

만약 $M(x, y)dx + N(x, y)dy = 0$이 완전 미분방정식이면 어떤 함수 $z = f(x, y)$가 존재하여 $M(x, y) = \frac{\partial f}{\partial x}$, $N(x, y) = \frac{\partial f}{\partial y}$를 만족한다. 그러므로

$$\frac{\partial M}{\partial y} = \frac{\partial^2 f}{\partial x \partial y} = \frac{\partial N}{\partial x}$$

이 된다. 따라서 x에 대해 $M(x, y) = \frac{\partial f}{\partial x}$를 적분하면 $f(x, y) = \int M(x, y)dx + g(y)$이다.

여기서 $g(y)$는 $\frac{\partial f}{\partial y} = N(x, y)$를 이용하여 구한다. 물론 위와 유사하게 $N(x, y) = \frac{\partial f}{\partial y}$로부터 $f(x, y)$를 구할 수 있다.

예제 2.2

$(e^{2y} - y\cos xy)dx + (2xe^{2y} - x\cos xy + 2y)dy = 0$의 해를 구하여라.

풀이 $M_y = 2e^{2y} + xy\sin xy - \cos xy = N_x$이므로 완전 미분방정식이다. 따라서 편미분 가능하고 $\frac{\partial f}{\partial y} = N(x,\ y) = 2xe^{2y} - x\cos xy + 2y$를 만족하는 함수 $f(x,\ y)$가 존재한다. 이 식을 y에 대하여 적분하면 $f(x,\ y) = xe^{2y} - \sin xy + y^2 + h(x)$를 구할 수 있다. 다시 이 식을 x에 대해 편미분하고 $M(x,\ y) = \frac{\partial f}{\partial x}$와 비교하면

$$\frac{\partial f}{\partial x} = e^{2y} - y\cos xy + h'(x) = e^{2y} - y\cos xy$$

가 된다. 여기서 $h'(x) = 0$이 되어 $h(x) = c$를 구할 수 있다. 따라서 미분방정식의 해는 $xe^{2y} - \sin xy + y^2 = c$가 된다. ■

한편, 미분방정식에 어떤 함수를 곱하여 완전 미분방정식이 될 때 곱하는 함수를 그 미분방정식의 **적분인자**(integrating factor)라 한다. 이 적분인자를 구하는 방법은 다양한 경험을 통해 구할 수 있는데 다음과 같은 식을 알고 있으면 적분인자를 구하는데 많은 도움이 된다.

(1) $d(xy) = xdy + ydx$

(2) $d\left(\frac{y}{x}\right) = \frac{xdy - ydx}{x^2}$

(3) $d\left(\frac{x}{y}\right) = \frac{ydx - xdy}{y^2}$

(4) $d(x^2 + y^2) = 2(xdx + ydy)$

예제 2.3

$xdy + ydx = \sqrt{xy}\,dy$를 풀어라.

풀이 $\frac{1}{\sqrt{xy}}$를 적분인자로 택하여 위 식 (1)을 적용하면

$$\frac{xdy + ydx}{\sqrt{xy}} = \frac{d(xy)}{(xy)^{\frac{1}{2}}} = dy$$

가 되고, 이 식을 각각 xy와 y에 대해 적분하면 $2(xy)^{\frac{1}{2}} = y + c$가 된다. ■

예제 2.4

다음 미분방정식의 적분인자를 찾고 해를 구하여라.

(a) $xdy - ydx = x^6 y^5 dy$

(b) $xdy - ydx = \sqrt{x^2 + y^2}\,(xdx + ydy)$

(c) $3x\,dy + 4ydx = x^4 y^6 dx$

풀이 (a) 먼저 양변을 x^2으로 나누고 위 식 (2)를 적용하면

$$\frac{xdy - ydx}{x^2} = d\left(\frac{y}{x}\right) = x^4 y^5 dy$$

가 된다. 이 식의 양변 $\left(\frac{y}{x}\right)^4$을 곱하면 $\left(\frac{y}{x}\right)^4 d\left(\frac{y}{x}\right) = y^9 dy$가 되므로 이 식을 적분하면 $\frac{1}{5}\left(\frac{y}{x}\right)^5 = \frac{1}{10}y^{10} + c$가 된다.

(b) 양변을 $x^2 + y^2$으로 나누고 위 식 (2)와 (4)를 이용하여 풀면

$$\frac{(xdy - ydx)/x^2}{(x^2+y^2)/x^2} = \frac{d(y/x)}{1 + (y/x)^2} = \frac{1}{2}\frac{2xdx + 2ydy}{\sqrt{x^2+y^2}} = \frac{1}{2}\frac{d(x^2+y^2)}{\sqrt{x^2+y^2}}$$

이고 이 식을 각각 적분하면 $\tan^{-1}\left(\frac{y}{x}\right) = (x^2+y^2)^{\frac{1}{2}} + c$가 된다.

(c) 양변에 x^3y^2을 곱하면 $x^3y^2(3xdy + 4ydx) = x^7y^8dx$가 되고 이 식을 전미분의 형태로 고치고 양변에 $(x^4y^3)^{-\frac{8}{3}}$을 곱하면

$$(x^4y^3)^{-\frac{8}{3}} d(x^4y^3) = (x^4y^3)^{-\frac{8}{3}} x^7y^8dx = x^{-\frac{11}{3}}dx$$

이고 이 식을 각각 변수에 대해 적분하면 $-\frac{3}{5}(x^4y^3)^{-\frac{5}{3}} = -\frac{3}{8}x^{-\frac{8}{3}} + c$가 된다. ■

이전과 다른 형태의 미분방정식으로 종속변수의 차수가 1차이고 그 도함수의 차수가 1차인 $a_1(x)\frac{dy}{dx} + a_0(x)y = g(x)$의 형태인 1계 선형미분방적식에 대해 알아보자. 이 미분방정식의 표준형은 $\frac{dy}{dx} + P(x)y = f(x)$인데 양변에 적분인자 $e^{\int P(x)dx}$를 곱하면

$$e^{\int P(x)dx}\frac{dy}{dx} + P(x)e^{\int P(x)dx}y = e^{\int P(x)dx}f(x)$$

가 되고 이는 다시

$$\frac{dy}{dx}[e^{\int P(x)dx}y] = e^{\int P(x)dx}f(x)$$

로부터 적분하면

$$e^{\int P(x)dx}y = \int e^{\int P(x)dx}f(x)\,dx + c$$

를 구할 수 있다. 따라서 다시 y를 x의 함수 형태로 정리하여 다음과 같은 일반해를 구한다.

$$y = e^{-\int P(x)dx}\int e^{\int P(x)dx}f(x)dx + ce^{-\int P(x)dx} \tag{2.1}$$

따라서 적절한 조건하에서 초기값 문제에 대한 유일해를 구할 수 있다.

예제 2.5

다음 1계 선형 미분방정식의 해를 구하여라.

(1) $y' + 3y = 6$ (2) $x y' + 2y = x^3$

(3) $(x^2 - 9)y' + xy = 0$ (4) $y' + y = x,\ y(0) = 4$

풀이 (1) 적분인자는 $e^{\int 3dx} = e^{3x}$이므로 방정식의 양변에 곱하여 다시 정리하면

$$e^{3x}\frac{dy}{dx} + 3e^{3x}y = 6e^{3x} \text{ 또는 } \frac{d}{dx}[e^{3x}y] = 6e^{3x}$$

따라서 양변을 적분하면 $e^{3x}y = 2e^{3x} + c$가 되고 해는 $y = 2 + ce^{-3x}$이다.

(2) 주어진 미분방정식을 x로 나누어 표준형으로 고치면 $y' + \dfrac{2}{x}y = x^2$이 되고 적분인자는 $e^{\int \frac{2}{x}dx} = x^2$이다. 이 해를 식 (2.1)에 대입하면

$$y = \frac{x^3}{5} + cx^{-2},\ \ 0 < x < \infty$$

가 된다.

(3) 미분방정식을 표준형으로 고치면 $y' + \dfrac{x}{x^2 - 9}y = 0$가 되고, 적분인자는

$$e^{\int \frac{x}{x^2 - 9}dx} = \sqrt{x^2 - 9}$$

이고, 식 (2.1)에 대입하여 계산하면 구간 $(-\infty, -3) \cup (3, \infty)$에서 일반해는

$$y = \frac{c}{\sqrt{x^2 - 9}}$$

이다.

(4) 표준형에서 적분인자를 구하면 $e^{\int 1dx} = e^x$ 이고 일반해는 식 (2.1)에 의해 $y = x - 1 + ce^{-x}$가 된다. 이 일반해에 초기값 $y(0) = 4$를 대입하면 $c = 5$가 되어 $y = x - 1 + 5e^{-x}$이다. 참고로 이 해는 특별한 두 해의 합으로 구성되어 있음을 알 수 있다. 하나는 동차방정식의 일반해 $y_c = ce^{-x}$이고, 다른 해는 비동차방정식의 특수해 $y_p = x - 1$이다.

지금까지 1계 선형미분방정식의 해를 구하는 간단한 형태를 살펴보았는데, 이외에도 다양한 방법들이 있다. 특히 변수를 치환하여 변수분리형이나 선형미분방정식으로 변환하여 풀 수가 있는데 이렇게 푸는 방법을 **치환법**(substitution methods)이라 한다.

어떤 실수 n에 대하여 $f(tx, ty) = t^n f(x, y)$가 성립하면, $f(x, y)$를 차수 n에 대한 **동차함수**(homogeneous function)라고 한다.

예제 2.6

(1) $f(x,y) = x - 3\sqrt{xy} + 5y$: 차수 1인 동차함수

(2) $f(x,y) = \sqrt{x^3 + y^3}$: 차수 $\frac{3}{2}$인 동차함수

(3) $f(x,y) = x^2 + y^2 + 1$: 동차함수가 아님

(4) $f(x,y) = \frac{x}{2y} + 4$: 차수 0인 동차함수

(5) $f(x,y) = 6xy^3 - x^2y^2$: 4차 동차함수

(6) $f(x,y) = x^2 - y$: 비동차 함수

$f(x,y)$가 차수 n인 동차함수이면 $f(x,y) = x^n f(1, \frac{y}{x})$, $f(x,y) = y^n f(\frac{x}{y}, 1)$로 쓸 수 있다.

(7) $f(x,y) = x^2 + 3xy + y^2$: 차수 2인 동차함수이므로

$$f(x,y) = x^2 f(1, \frac{y}{x}) = y^2 f(\frac{x}{y}, 1)$$

이다.

미분방정식 $M(x,y)dx+N(x,y)dy=0$에서 $M(x,y)$와 $N(x,y)$가 모두 n차인 동차함수이면, 이 미분방정식을 동차미분방정식이라 한다. 이 미분방정식의 해를 구하는 방법은 다음과 같다.

n차인 동차미분방정식 $M(x,\ y)dx+N(x,\ y)dy=0$에 $y=ux$ 또는 $x=vy$를 대입하여 분수분리형으로 바꾼다. 즉, $dy=udx+xdu$이므로

$$M(x,\ ux)dx+N(x,\ ux)[udx+xdu]=0$$
$$\Rightarrow [M(1,\ u)+uN(1,\ u)]dx+xN(1,\ u)du=0$$
$$\Rightarrow \frac{dx}{x}+\frac{N(1,\ u)du}{M(1,\ u)+uN(1,\ u)}=0$$

이 된다. 또 다른 경우 $x=vy(dx=vdy+ydv)$를 대입하여 위와 같은 방법으로 풀 수 있다.

예제 2.7

미분방정식 $(x^2+y^2)dx+(x^2-xy)dy=0$를 풀어라.

풀이 차수가 2인 동차미분방정식이므로 $y=ux$로 두면 $dy=udx+xdu$가 되어

$$x^2(1+u^2)dx+(x^2-ux^2)[udx+xdu]=x^2(1+u)dx+x^3(1-u)du=0$$
$$\Rightarrow \frac{1-u}{1+u}du+\frac{dx}{x}=0$$
$$\Rightarrow [-1+\frac{2}{1+u}]du+\frac{dx}{x}=0$$

이고, 위 식을 각각 변수에 대해 적분하면

$$-u+2\ln|1+u|+\ln|x|=\ln|c|$$
$$\Rightarrow -\frac{y}{x}+2\ln|1+\frac{y}{x}|+\ln|x|=\ln|c|$$

이다. 로그함수의 성질을 이용하여 다시 쓰면 $(x+y)^2=cxe^{\frac{y}{x}}$ 이 된다. ■

임의의 실수 n에 대하여 $\dfrac{dy}{dx}+p(x)y=f(x)y^n$로 표현되는 미분방정식을 Bernoulli 미분방정식이라 한다. 여기서 $n=0$ 또는 1이면 선형미분방정식이고, $n>0$이면 $y=0$은 자명해가 된다. 이 베르누이 미분방정식의 해는 양변에 y^n으로 나눠준 식

$$y^{-n}\frac{dy}{dx}+p(x)y^{1-n}=f(x)$$

에 치환 $w=y^{1-n}$, $\frac{dw}{dx}=(1-n)y^{-n}\frac{dy}{dx}$을 대입하여 원식을 풀어서 정리하면 된다.

예제 2.8

$x\frac{dy}{dx}+y=x^2y^2$을 풀어라.

풀이 방정식의 양변을 x로 나누면 $y'+\frac{1}{x}y=xy^2$이므로 $n=2$인 베르누이 방정식이다. 따라서 $w=y^{-1}$로 치환하면 $\frac{dy}{dx}=-\frac{1}{w^2}\frac{dw}{dx}$가 되고 이를 원식에 대입하면 다음과 같다.

$$-\frac{1}{w^2}\frac{dw}{dx}+\frac{1}{w}\frac{1}{x}=x\frac{1}{w^2} \Rightarrow \frac{dw}{dx}-\frac{1}{x}w=-x$$

이 선형미분방정식을 풀고 $y=w^{-1}$로 치환하면 $y=\frac{1}{-x^2+cx}$를 구할 수 있다. ■

다음으로 $\frac{dy}{dx}=f(ax+by+c)$과 같은 미분방정식은 $u=ax+by+c(b\neq 0)$로 치환하여 정리하면 변수분리형 미분방정식으로 바꿀 수 있다.

예제 2.9

$y'=(-2x+y)^2-7$을 풀어라.

풀이 $w=-2x+y$로 치환하면 $\frac{dw}{dx}=-2+\frac{dy}{dx}$가 되어 주어진 미분방정식은 $\frac{dw}{dx}=w^2-9$가 된다. 이 미분방정식은 $\frac{dw}{w^2-9}=dx$가 되고 부분분수로 분해하면 $\frac{1}{6}\left[\frac{1}{w-3}-\frac{1}{w+3}\right]dw=dx$가 된다. 적분하면 $\frac{1}{6}\ln\left|\frac{w-3}{w+3}\right|=x$가 되고 $w=-2x+y$를 대입하여 간단히 하면 일반해 $y=2x+\frac{3(1+ce^{6x})}{1-ce^{6x}}$를 구할 수 있다. ■

연습문제 2.2

1. 다음 미분 방정식의 일반해와 주어진 조건에서 초기값 문제를 풀어라.

(1) $\dfrac{dy}{dx}-2y+3=0$

(2) $x\dfrac{dy}{dx}+2y=0$

(3) $(x\ln x)\dfrac{dy}{dx}=2y$

(4) $(x+3)\dfrac{dy}{dx}-xy=0$

(5) $xdx+ydy=0,\ y(0)=1$

(6) $(x^2+1)y\dfrac{dy}{dx}=1,\ y(0)=-3$

2. 다음 미분방적식이 완전 미분방정식임을 보이고 조건을 만족하는 해를 구하여라.

(1) $(2xy+4y+3)dx+(x^2+2y-3)dy=0$

(2) $(\sin x+y)dx+(x-2\cos y)dy=0$

(3) $2(ysin2x-\cos 2x)dx-\cos 2xdy=0$

(4) $3x^2ydx+(x^3+\sin y)dy=0$

(5) $(y-1)dx+(x-3)dy=0,\ y(0)=2/3$

(6) $(e^x+y)dx+(2+x+ye^y)=0,\ y(0)=1$

3. 다음 미분방정식의 적분인자를 찾고 해를 구하여라.

(1) $xdy-ydx=(2x^2-3)dx$

(2) $xdy+ydx=(xy)^2(x+y)^{-2}(dx+dy)$

(3) $(x^2+y^2)^{\frac{3}{2}}(xdy+ydx)=xdy-ydx$

(4) $2dx-e^{x-y}dy=0$

4. 다음 미분방정식의 일반해를 구하고 초기조건에 따라 특수해를 구하여라.

(1) $y'+y=e^{3x}$

(2) $x^2dy-\sin 2xdx+3xydx=0$

(3) $(a+xy)dx=(1+x^2)dy,\ y(0)=2a$

(4) $x^2y'-2xy=3x^4+3,\ y(1)=2$

5. 다음 미분방정식을 풀고 초기조건이 주어진 경우 적분 상수를 구하여라.

(1) $(2x-3y)dx-(2y+3x)dy=0$

(2) $(6x^2-7y^2)dx-14xydy=0$

(3) $xy^2y'=y^3-x^3,\ y(0)=2$

(4) $ydx+x(\ln x-\ln y-1)dy=0,\ y(1)=e$

6. 주어진 치환식을 이용하여 다음 미분방정식의 일반해를 구하여라.

(1) $\dfrac{dy}{dx}=(y-x)^2,\ (y-x=v)$

(2) $\dfrac{dy}{dx}=\tan(x+y),\ (y+x=v)$

(3) $\dfrac{dy}{dx}=(x+e^y-1)e^{-y},\ (x+e^y=v)$

(4) $\dfrac{dy}{dx}=\dfrac{y-x+1}{y-x+5},\ (y-x=v)$

7. 적절한 치환을 이용하여 베르누이 방정식을 풀어라.

(1) $x\dfrac{dy}{dx}+y=y^{-2}$

(2) $\dfrac{dy}{dx}-y=e^xy^2$

(3) $\dfrac{dy}{dx}=y(xy^3-1)$

(4) $x\dfrac{dy}{dx}-(1+x)y=xy^2$

2.3 고계 선형미분방정식

일반적인 n계 선형미분방정식의 형태는 다음과 같다.

$$a_n(x)\frac{d^ny}{dx^n}+a_{n-1}(x)\frac{d^{n-1}y}{dx^{n-1}}+\cdots+a_1(x)\frac{dy}{dx}+a_0(x)y=g(x) \tag{3.1}$$

여기서 계수함수 $a_i(x)$와 $g(x)$는 방정식을 풀고자 하는 어떤 개구간 I에서 연속이라 가정하고, 구간 I의 각 점 x에서 $a_n(x)\neq 0$으로 가정한다. 만약 $g(x)=0$이면 방정식

$$a_n(x)\frac{d^n y}{dx^n}+a_{n-1}(x)\frac{d^{n-1}y}{dx^{n-1}}+\cdots+a_1(x)\frac{dy}{dx}+a_0(x)y=0 \tag{3.2}$$

을 **동차 n계 선형미분방정식**(homogeneous linear differential equation)이라 하고, $g(x)\neq 0$이면 **비동차 n계 선형미분방정식**(nonhomogeneous linear differential equation)이라 한다. 선형미분방정식의 가장 기본적인 성질은 임의의 두 개의 해들의 합과 해들의 상수배를 한 것도 이 방정식의 해가 된다는 것이다.

정리 3.1 중첩의 원리(principle of superposition)

$y_1, y_2, \cdots, y_n$을 구간 I에서 n계 동차 선형미분방정식 (3.2)의 해들이라 하자. 그러면 이 해들의 일차결합

$$y=c_1y_1+c_2y_2+\cdots+c_ny_n \quad (c_i\text{는 상수})$$

또한 구간 I에서 이 방정식의 해가 된다.

이 중첩의 원리에서 만약 $y_1, y_2, \cdots, y_n$가 개구간 I에서 방정식 (3.2)의 일차독립인 해들이라 할 때 **동차 미분방정식의 일반해**는 다음과 같다.

$$y(x)=c_1y_1(x)+c_2y_2(x)+\cdots+c_ny_n(x) \quad (c_i\text{는 상수})$$

n계 동차 선형미분방정식의 초기값 문제를 풀기 위해서는 적어도 n개의 초기조건이 필요하다. 이를 요약하면 다음과 같다.

정리 3.2 존재성과 유일성

구간 I에서 $a_n(x)$, $a_{n-1}(x)$, $\cdots$, $a_0(x)$와 $g(x)$가 연속이고, 모든 $x\in I$에 대하여 $a_n(x)\neq 0$이며, x_0를 I의 한 점이라 하자. 그러면 n계 동차 선형미분방정식의 초기조건

$$\begin{cases} a_n(x)\dfrac{d^n y}{dx^n}+a_{n-1}(x)\dfrac{d^{n-1}y}{dx^{n-1}}+\cdots+a_1(x)\dfrac{dy}{dx}+a_0(x)y=g(x) \\ y(x_0)=y_0,\ \ y'(x_0)=y_1, \cdots,\ y^{(n-1)}(x_0)=y_{n-1} \end{cases} \tag{3.3}$$

의 해 $y(x)$는 이 구간 I 내에서 유일하게 존재한다.

이 정리를 이해하기 쉽게 예를 들어 설명하면, 함수 $y_1 = \cos x$와 $y_2 = \sin x$는 실수 전체에서 2계 동차 선형미분방정식 $y'' + y = 0$의 두 해이다. 정리 3.1의 중첩의 원리에 의해 $y = c_1 \cos x + c_2 \sin x$ 또한 미분방정식의 해가 된다. 만약 초기조건이 $y(0) = 3, y'(0) = -2$라고 할 때, 정리 3.2는 이 초기조건으로부터 상수 c_1과 c_2를 구하면 $y = 3\cos x - 2\sin x$가 $y'' + y = 0$의 유일해가 된다는 것을 말하고 있다.

한편, 비동차 n계 선형미분방정식 (3.1)을 만족하면서 매개변수를 갖지 않는 어떤 함수 y_p를 **특수해**(particular solution)라고 한다. 예를 들어 비동차 2계 미분방정식 $y'' + 9y = 27$에 대하여 $y_p = 3$은 특수해이다. 여기서 $y_1, y_2, \cdots, y_n$가 개구간 I에서 방정식

$$a_n(x)\frac{d^n y}{dx^n} + a_{n-1}(x)\frac{d^{n-1} y}{dx^{n-1}} + \cdots + a_1(x)\frac{dy}{dx} + a_0(x)y = 0$$

의 일차독립인 해들이라 하고 y_p를 특수해라 하면

$$y(x) = c_1 y_1(x) + c_2 y_2(x) + \cdots + c_n y_n(x) + y_p(x)$$

는 비동차 미분방정식

$$a_n(x)\frac{d^n y}{dx^n} + a_{n-1}(x)\frac{d^{n-1}}{dx^{n-1}} + \cdots + a_1(x)\frac{dy}{dx} + a_0(x)y = g(x)$$

의 해가된다. 증명 없이 정리를 기술하면 다음과 같다.

정리 3.3 비동차 미분방정식의 일반해

y_p를 n계 비동차 미분방정식 (3.1)에 대한 구간 I에서의 특수해라 하고 $y_1, y_2, \cdots, y_n$을 대응되는 동차 미분방정식 (3.2)의 일차독립인 해들이라고 하자. 그러면 구간 I에서 비동차 미분방정식의 일반해는 다음과 같다

$$\begin{aligned} y(x) &= c_1 y_1(x) + c_2 y_2(x) + \cdots + c_n y_n(x) + y_p(x) \\ &= y_c(x) + y_p(x) \end{aligned}$$

여기서 $y_c(x)$를 **보조함수**(complementary function), $y_p(x)$를 **특수해**(particular solution)라 부른다.

가장 쉬운 형태인 고계 상수계수 동차 선형미분방정식은 모든 해가 지수함수로 구성된다는 사실을 알아보자. 모든 $i=0,1,2,\cdots,n$에 대해 $a_i \in \boldsymbol{R}$이고 실수 전체에서

$$a_n y^{(n)} + a_{n-1} y^{(n-1)} + \cdots + a_1 y' + a_0 y = 0,\ \ (a_n \neq 0) \tag{3.4}$$

은 일반적인 상수계수 동차 선형미분방정식이다.

위 식 (3.4)에 각각 함수 $y=e^{rx}$, $y'=re^{rx}$, $y''=r^2e^{rx}, \cdots$, $y^{(n)}=r^ne^{rx}$를 대입하면

$$e^{rx}(a_n r^n + a_{n-1} r^{n-1} + \cdots + a_1 r + a_0) = 0$$

가 되고, $e^{rx} \neq 0$이기 때문에 r이 다음 방정식

$$a_n r^n + a_{n-1} r^{n-1} + \cdots + a_1 r + a_0 = 0 \tag{3.5}$$

의 근이면 $y=e^{rx}$는 미분방정식 (3.4)의 해가 된다. 이 식 (3.5)를 **특성방정식**(characteristic equation)이라 한다. 이 특성방정식의 근에 따라 미분방정식의 해가 다음과 같이 주어진다.

정리 3.4 상수계수 동차 선형미분방정식의 일반해

(a) 특성방정식이 n개의 서로 다른 실근 $r_1, r_2, \cdots, r_n$을 가질 때 해는 다음과 같다.

$$y(x) = c_1 e^{r_1 x} + c_2 e^{r_2 x} + \cdots + c_n e^{r_n x} \tag{3.6}$$

(b) 특성방정식이 중복도 k인 근 r을 갖는다면 중근 r에 대응되는 해는 다음과 같다.

$$y(x) = (c_1 + c_2 x + c_2 x^2 + \cdots + c_k x^{k-1}) e^{rx} \tag{3.7}$$

(c) 특성방정식이 중복되지 않는 공액복소근 $a \pm ib\ (b \neq 0)$을 갖는다면 대응되는 해는

$$y(x) = e^{ax}(c_1 \cos bx + c_2 \sin bx),\ \ c_1, c_2 : \text{상수} \tag{3.8}$$

(d) 특성방정식이 중복도 k인 공액복소근 $a \pm ib\ (b \neq 0)$을 갖는다면 대응되는 해는

$$\begin{aligned} y(x) = &\ e^{ax}(c_1 + c_2 x \cdots + c_k x^{k-1}) \cos bx \\ &+ e^{ax}(d_1 + d_2 x + \cdots + d_k x^{k-1}) \sin bx \end{aligned} \tag{3.9}$$

와 같이 주어진다.

예제 3.1

다음 상수 계수 동차미분방정식의 일반해를 구하여라.

(a) $y''' + 2y'' - 3y' = 0$ (b) $y^{(5)} - 2y^{(4)} + y^{(3)} = 0$

(c) $y''' - 3y'' + 9y' + 13y = 0$ (d) $(y'' + 2y' + 4y)^2 = 0$

풀이 (a) 함수 $y = e^{rx}$을 주어진 방정식에 대입하여 특성방정식을 구하면 $r^3 + 2r^2 - 3r = 0$이고, $r = 1, -3, 0$이므로 일반해는 $y = c_1 e^x + c_2 e^{-3x} + c_3$이다.

(b) 특성방정식 $r^5 - 2r^4 + r^3 = 0$의 근은 $r = 0$(3중근), $r = 1$(중근)이다. 따라서 일반해는

$$y = (c_0 + c_1 x + c_2 x^2)e^{0x} + (c_3 + c_4 x)e^x$$

$$= c_0 + c_1 x + c_2 x^2 + (c_3 + c_4 x)e^x$$

이다.

(c) 특성방정식 $r^3 - 3r^2 + 9r + 13 = 0$의 근은 $r = -1,\ 2 \pm 3i$이므로 일반해는

$$y = c_1 e^{-x} + e^{2x}(c_2 \cos 3x + c_3 \sin 3x)$$

이다.

(d) 특성방정식은 $(r^2 + 2r + 4)^2 = 0$이고 근은 중복도가 2인 $r = -1 \pm \sqrt{3}i$이다. 따라서 일반해는 다음과 같다.

$$y = e^{-x}(c_1 \cos \sqrt{3}x + d_1 \sin \sqrt{3}x) + xe^x(c_2 \cos \sqrt{3}x + d_2 \sin \sqrt{3}x)$$

■

지금부터는 상수계수 비동차 선형 미분방정식의 해를 구하는 방법에 대해 알아보겠다. 이러한 미분방정식의 일반적인 형태는 다음과 같다.

$$a_n y^{(n)} + a_{n-1} y^{(n-1)} + \cdots + a_1 y' + a_0 y = f(x),\ \ (a_n \neq 0) \tag{3.10}$$

이 미분방정식 (3.10)의 일반해는 정리 3.3에서 설명된 것처럼

$$y = y_c + y_p$$

로 주어진다. 여기서 y_c는 (3.10)의 동차방정식

$$a_n y^{(n)} + a_{n-1} y^{(n-1)} + \cdots + a_1 y' + a_0 y = 0,\ \ (a_n \neq 0)$$

의 일반해이고, y_p는 (3.10)의 특수해이다.

비동차 선형 미분방정식의 해를 구하는 첫 번째 방법으로 미정계수법에 대해 알아보자. **미정계수법**(method of undetermined coefficients)은 주어진 함수 $f(x)$가 y_p의 일반적인 형태

를 추측할 수 있을 때 y_p를 직접 찾는 방법이다. 아래 표에서 $f(x)$의 형태에 따라 표의 우측의 시험해를 가정하고 특수해를 구하면 된다.

$f(x)$의 형태	$Y(x)$ 시험해
$P_m(x) = b_m x^m + b_{m-1}x^{m-1} + \cdots + b_0$	$x^s(A_m x^m + A_{m-1}x^{m-1} + \cdots + A_0)$
$P_m(x)e^{\alpha x}$	$x^s(A_m x^m + A_{m-1}x^{m-1} + \cdots + A_0)e^{\alpha x}$
$P_m(x)e^{\alpha x}\begin{cases}\sin\beta x \\ \cos\beta x\end{cases}$	$x^s[(A_m x^m + \cdots + A_0)e^{\alpha x}\cos\beta x$ $+ (B_m x^m + \cdots + B_0)e^{\alpha x}\sin\beta x]$

여기서 s는 시험해 $Y(x)$와 보조해 y_c에 있는 차수를 다르게 하는 음이 아닌 가장 작은 정수이다.

예제 3.2

다음 비동차 선형미분방정식을 풀어라.

(a) $y'' + 2y' + 5y = 12e^x - 34\sin 2x$

(b) $y''' - y'' - 8y' + 12y = 10e^{2x} + 25e^{-3x}$

풀이 (a) 먼저 동차미분방정식 $y'' + 2y' + 5y = 0$의 해 y_c를 구한다.

$y_c = e^{-x}(c_1\sin 2x + c_2\cos 2x)$이고 $f(x) = 12e^x - 34\sin 2x$이므로

$f'(x)$, $f''(x)$를 구하여 나온 독립인 항들은 e^x, $\sin 2x$, $\cos 2x$이다. 따라서 시험해 y_p는

$$y_p = Ae^x + B\sin 2x + C\cos 2x$$

이다. 이 y_p, y_p', y_p''을 주어진 비동차 미분방정식에 대입하여 양변의 계수를 비교하여 같게 놓으면

$$8Ae^x + (B - 4C)\sin 2x + (4B + C)\cos 2x = 12e^x - 34\sin 2x$$

$8A = 12$, $B - 4C = -34$, $4B + C = 0$이므로 $A = \frac{3}{2}$, $B = -2$, $C = 8$을 구할 수 있다. 따라서 특수해 $y_p = \frac{3}{2}e^x - 2\sin 2x + 8\cos 2x$이고 구하고자하는 일반해는

$$y = y_c + y_p$$
$$= e^{-x}(c_1\sin 2x + c_2\cos 2x) + \frac{3}{2}e^x - 2\sin 2x + 8\cos 2x$$

이다.

(b) 보조해 $y_c = (c_1 + c_2 x)e^{2x} + c_3 e^{-3x}$ 이므로 시험해 y_p는 위 표에서 설명한 것처럼 보조해와 구별되게 x를 곱한 꼴로 $y_p = Ax^2 e^{2x} + Bxe^{-3x}$로 놓는다. 이 시험해를 주어진 미분방정식에 대입하면

$$10Ae^{2x} + 25Be^{-3x} = 10e^{2x} + 25e^{-3x}$$

가 된다. 따라서 $A = 1,\ B = 1,\ y_p = x^2 e^{2x} + xe^{-3x}$ 이므로 일반해는 다음과 같다.

$$y = y_c + y_p = (c_1 + c_2 x)e^{2x} + c_3 e^{-3x} + x^2 e^{2x} + xe^{-3x}$$

위의 미정계수법으로 $y'' + y = \tan x$와 같은 미분방정식의 일반해를 구할 수 없다. 즉 $f(x) - \tan x$는 표에서 주어진 형태가 아니기 때문에 시험해를 설정할 수 없다. 따라서 특수해를 찾는 보다 일반적인 방법으로 매개변수 변화법에 대해 알아보자. **매개변수 변화법**(variation of parameter)이란 비동차 선형미분방정식 (3.10)의 보조해 $y_c = c_1 y_1 + c_2 y_2 + \cdots + c_n y_n$ 이면 특수해는

$$y_p = u_1(x)y_1(x) + u_2(x)y_2(x) + \cdots + u_n(x)y_n(x)$$

가 된다. $u_k'(x),\ (k = 1, 2, \cdots, n)$은 다음 연립방정식으로부터 구해진다.

$$\begin{aligned} y_1 u_1' &+ y_2 u_2' + \cdots + y_n u_n' = 0 \\ y_1' u_1' &+ y_2' u_2' + \cdots + y_n' u_n' = 0 \\ y_1'' u_1' &+ y_2'' u_2' + \cdots + y_n'' u_n' = 0 \\ &\vdots \\ y_1^{(n-1)} u_1' &+ y_2^{(n-1)} u_2' + \cdots + y_n^{(n-1)} u_n' = f(x) \end{aligned} \tag{3.11}$$

이 경우 Cramer 공식에 의해

$$u_k' = \frac{W_k}{W},\ k = 1, 2, \cdots, n$$

이 된다. W는 $y_1,\ y_2,\ \cdots,\ y_n$의 Wronskian이고 W_k는 Wronskian의 k번째 열을 $(0,\ 0,\ \cdots,\ f(x))^t$

으로 대체하여 얻어진 행렬의 행렬식이다. 매개변수변화법은 동차방정식의 해를 안다면 반드시 특수해 y_p를 구할 수 있다는 점에서 미정계수법보다 나은 장점이 있다.

예제 3.3

$y''+y=\tan x$의 특수해를 구하여라.

풀이 보조함수는 $y_c=c_1\cos x+c_2\sin x$이므로

$$y_1=\cos x,\ y_2=\sin x,\ y_1'=-\sin x,\ y_2'=\cos x$$

가 되고 (3.11)의 연립방정식은

$$u_1'(\cos x)+u_2'(\sin x)=0$$
$$u_1'(-\sin x)+u_2'(\cos x)=\tan x$$

가 된다. 이 연립방정식을 풀면

$$u_1'=-\sin x\tan x=\cos x-\sec x,\ u_2'=\cos x\tan x=\sin x$$

이므로

$$u_1=\int(\cos x-\sec x)dx=\sin x-\ln|\sec x+\tan x|$$
$$u_2=\int\sin x\,dx=-\cos x$$

를 얻는다. 따라서 구하고자하는 특수해는 다음과 같다.

$$\begin{aligned}y_p&=u_1y_1+u_2y_2\\&=(\sin x-\ln|\sec x+\tan x|)\cos x+(-\cos x)(\sin x)\\&=-\cos x\ln|\sec x+\tan x|\end{aligned}$$

■

예제 3.4

$y''-4y'+4y=(x+1)e^{2x}$을 풀어라.

풀이 특성방정식 $r^2-4r+4=(r-2)^2=0$으로부터 $y_c=c_1e^{2x}+c_2xe^{2x}$가 된다.

$y_1=e^{2x},\ y_2=xe^{2x}$이라 하면 Wronskian W는

$$W(e^{2x}, xe^{2x}) = \begin{vmatrix} e^{2x} & xe^{2x} \\ 2e^{2x} & e^{2x}+2xe^{2x} \end{vmatrix} = e^{4x}$$

이고 주어진 미분방정식이 표준형이므로 $f(x) = (1+x)e^{2x}$ 이다. 따라서

$$W_1 = \begin{vmatrix} 0 & xe^{2x} \\ (1+x)e^{2x} & 2xe^{2x}+e^{2x} \end{vmatrix} = -x(x+1)e^{4x}$$

$$W_2 = \begin{vmatrix} e^{2x} & 0 \\ 2e^{2x} & (1+x)e^{2x} \end{vmatrix} = (1+x)e^{4x}$$

이고 $u_1{}' = \dfrac{W_1}{W} = -(x^2+x)$, $u_2{}' = \dfrac{W_2}{W} = x+1$ 이다. 적분하여 각각 u_1과 u_2를 구하면

$$\begin{aligned} y_p &= u_1y_1 + u_2y_2 = \left(-\frac{x^3}{3} - \frac{x^2}{2}\right)e^{2x} + \left(\frac{x^2}{2} + x\right)xe^{2x} \\ &= \left(\frac{x^3}{6} + \frac{x^2}{2}\right)e^{2x} \end{aligned}$$

따라서 일반해는 다음과 같다.

$$\begin{aligned} y &= y_c + y_p \\ &= c_1e^{2x} + c_2xe^{2x} + \left(\frac{x^3}{6} + \frac{x^2}{2}\right)e^{2x} \end{aligned}$$

상수계수가 아닌 2계 선형미분방정식에서 임의의 하나의 해를 알고 있을 때 또 다른 일차 독립인 해를 찾는 계수내림 방법에 대해 알아보자. 다음 2계 선형 미분방정식

$$y'' + p(x)y' + q(x)y = 0 \tag{3.12}$$

은 정의된 구간 I에서 $p(x)$와 $q(x)$는 연속이고, y_1을 하나의 해라고 하자. 정리 3.2에 의해 또 다른 해 y_2의 존재성을 알고 있다.

$$v(x) = \frac{y_2(x)}{y_1(x)}, \Rightarrow y_2(x) = v(x)y_1(x), \quad (y_1(x) \neq 0)$$

라 놓고 이를 미분하여

$$y_2{}' = vy_1{}' + v'y_1$$

$$y_2{}'' = vy_1{}'' + 2v'y_1{}' + v''y_1$$

미분방정식 (3.12)에 대입하면 다음과 같이 정리된다.

$$[vy_1{}'' + 2v'y_1{}' + v''y_1] + p[vy_1{}' + v'y_1] + qvy_1 = 0$$

$$\Rightarrow \quad v[y_1{}'' + p_1y_1{}' + qy_1] + v''y_1 + 2v'y_1{}' + pv'y_1 = 0$$

$$\Rightarrow \quad y_1v'' + (2y_1{}' + py_1)v' = 0, \quad (\because\ y_1{}'' + p_1y_1{}' + qy_1 = 0)$$

여기서 위의 식에서 $u = v'$ 이라하고 y_1 으로 양변을 나누어 정리하면

$$u' + (\frac{2y_1{}'}{y_1} + p(x))u = 0$$

가 되어 1계 선형미분방정식으로 계수 내림할 수 있다. 이 미분방정식의 적분인자는

$$\rho = \exp(\int (2\frac{y_1{}'}{y_1} + p(x))dx$$

$$= \exp(2\ln(y_1) + \int p(x)dx) = y_1^2 e^{\int p(x)dx}$$

가 되고, 이 적분인자를 위 미분방정식에 곱하여 적분하면

$$y_1^2 e^{\int p(x)dx}[u' + (\frac{2y_1{}'}{y_1} + p(x))u] = 0 \ \Rightarrow \ uy_1^2 e^{\int p(x)dx} = c$$

따라서 $v' = u = \frac{c}{y_1^2} e^{-\int p(x)dx}$ 를 구할 수 있고 다시 적분하면

$$\frac{y_2}{y_1} = v = c\int \frac{e^{-\int p(x)dx}}{y_1^2} dx + k$$

이고 $c = 1$과 $k = 0$을 택하면 두 번째 해 y_2는 다음과 같이 계산된다.

$$y_2 = y_1 \int \frac{e^{-\int p(x)dx}}{y_1^2} dx \tag{3.13}$$

지수함수는 영이 될 수 없으므로 y_2는 y_1의 상수배가 아니다. 따라서 y_1과 y_2는 일차독립인 해가 된다.

예제 3.5

$y_1 = x^3$은 미분방정식 $x^2y'' - 5xy' + 9y = 0$의 한 해이다. 계수내림방법으로 두 번째 해를 구하여라.

풀이 주어진 방정식을 표준형으로 고치면

$$y'' - \frac{5}{x}y' + \frac{9}{x^2}y = 0 \quad (x > 0)$$

이 되고 식 (3.12)에서 $p(x) = -\frac{5}{x}$이므로 $e^{-\int p(x)dx} = e^{5\ln x} = x^5$이다. 따라서 두 번째 해는 $y_2 = x^3 \int \frac{x^5}{(x^3)^2} dx = x^3 \ln x$이다.

다음은 각 항별로 계수변수 x의 차수와 y의 미분계수가 일치하는 특수한 형태의 미분방정식인 Cauchy-Euler 미분방정식의 해를 구하는 방법에 대해 알아보자. 일반적인 Cauchy–Euler **미분방정식**은 다음과 같다.

$$a_n x^n y^{(n)} + a_{n-1} x^{n-1} y^{(n-1)} + \cdots + a_1 x y' + a_0 y = 0 \tag{3.14}$$

여기서 $a_i\,(a_n \neq 0)$는 상수이고 계수변수 x의 차수와 y의 미분계수가 일치하기 때문에 $y = x^r$를 대입하면 각 항이 같은 차수를 갖게 된다. 따라서 $y = x^r$을 미분하여 (3.14)에 대입하여 정리하면

$$a_n r(r-1) \cdots (r-n+1) + \cdots + a_2 r(r-1) + a_1 r + a_0 = 0$$

인 n차 다항식을 구할 수 있고, 이 다항식을 Cauchy-Euler 미분방정식의 **특성방정식**(Characteristic equation)이라 한다. 만약 이 다항식이 서로 다른 n개의 근 $r_1, r_2, \cdots, r_n$을 갖는다면 n개의 일차독립인 해가 존재하여 코시-오일러(Cauchy-Euler) 미분방정식의 일반해는

$$y(x) = c_1 x^{r_1} + c_2 x^{r_2} + \cdots + c_n x^{r_n}, \quad (x > 0) \tag{3.15}$$

가 된다. 가장 많이 다루는 2계 Cauchy-Euler 미분방정식에 대해 해를 구하여보자. $y = x^r$을 대입하면

$$\begin{aligned} ax^2y'' + bxy' + cy &= ar(r-1)x^r + brx^r + cx^r \\ &= [ar^2 + (b-a)r + c]x^r \end{aligned}$$

이 되고, 특성방정식은 $ar^2+(b-a)r+c=0$가 된다.

정리 3.5 (2계 Cauchy–Euler 미분방정식의 일반해)

2계 코시-오일러(Cauchy-Euler) 미분방정식 $ax^2y''+bxy'+cy=0$의 특성방정식 $ar^2+(b-a)r+c=0$에 대하여

(a) $r_1, r_2 (r_1 \neq r_2)$가 서로 다른 실근일 때 일반해는 $y=c_1x^{r_1}+c_2x^{r_2}$이다.

(b) 중근 r을 가질 때 일반해는 $y=c_1x^r+c_2x^r\ln x$이다.

(c) 허근인 공액복소수 $r_1=\alpha+i\beta,\ r_2=\alpha-i\beta(\alpha,\beta:\text{실수})$을 가지면 일반해는

$y=x^{\alpha}[c_1\cos(\beta\ln x)+c_2\sin(\beta\ln x)]$이다.

(a)의 해는 식 (3.15)에 의해 쉽게 설명되고, (b)에 대해서는 중근 $r=\dfrac{-(b-a)}{2a}$에 의해 $y_1=x^r$만을 얻는다. 따라서 표준형으로 바꾸면 $y''+\dfrac{b}{ax}y'+\dfrac{c}{ax^2}y=0$가 되고 적분인자 $\rho=\int p(x)dx=\int \dfrac{b}{ax}dx=\dfrac{b}{a}\ln x$가 되고 계수내림방법에 의해 두 번째 해를 구하면

$$y_2=x^r\int \frac{e^{-\frac{b}{a}\ln x}}{x^{2r}}dx=x^r\int x^{-\frac{b}{a}}x^{-2r}dx$$

$$=x^r\int x^{-\frac{b}{a}}x^{\frac{b-a}{a}}dx=x^r\int\frac{1}{x}dx$$

$$=x^r\ln x.$$

따라서 일반해는 $y=c_1x^r+c_2x^r\ln x$가 된다. (c)의 일반해는 (3.15)에 의해

$$y=c_1x^{\alpha+i\beta}+c_2x^{\alpha-i\beta}$$

이고 이 식을 실수로만 표현하기 위해 $x^{i\beta}=(e^{\ln x})^{i\beta}=e^{i\beta\ln x}$와 Euler 공식

$$2\cos(\beta\ln x)=x^{i\beta}+x^{-i\beta},\quad 2i\sin(\beta\ln x)=x^{i\beta}-x^{-i\beta}$$

을 사용하면

$$\begin{aligned} y &= c_1 x^{\alpha + i\beta} + c_2 x^{\alpha - i\beta} \\ &= x^{\alpha}[c_1 x^{i\beta} + c_2 x^{-i\beta}] \\ &= x^{\alpha}[c_1(\cos(\beta \ln x) + i \sin(\beta \ln x)) + c_2(\cos(\beta \ln x) - i \sin(\beta \ln x))] \\ &= x^{\alpha}[(c_1 + c_2)\cos(\beta \ln x) + i(c_1 - c_2)\sin(\beta \ln x)] \end{aligned}$$

따라서 다시 치환하여 정리하면 일반해는

$$y = x^{\alpha}[c_1 \cos(\beta \ln x) + c_2 \sin(\beta \ln x)]$$

가 된다.

예제 3.6

다음 Cauchy-Euler 미분방정식을 풀어라.

(a) $x^2y'' - 2xy' - 4y = 0$ (b) $4x^2y'' + 8xy' + y = 0$

(c) $x^2y'' + 3xy' + 3y = 0$

풀이 (a) $y = x^r$을 각각 미분하여 주어진 미분방정식에 대입하여 정리하면

$$\begin{aligned} x^2y'' - 2xy' - 4y &= x^2 r(r-1)x^{r-2} - 2rx x^{r-1} - 4x^r \\ &= (r^2 - 3r - 4)x^r = 0 \end{aligned}$$

이고 특성방정식 $r^2 - 3r - 4 = 0$의 두 근은 $r = -1,\ 4$이므로 정리 3.5의 (a)에 의해 일반해는 $y = c_1 x^{-1} + c_2 x^4$ 가 된다.

(b) 같은 방법으로 $y = x^r$을 각각 미분하여 주어진 미분방정식에 대입하여 정리하면

$$\begin{aligned} 4x^2y'' + 8xy' + y &= x^r[4r(r-1) + 8r + 1] \\ &= x^r[4r^2 + 4r + 1] \\ &= x^r(2r+1)^2 = 0 \end{aligned}$$

으로 특성방정식 $(2r+1)^2 = 0$는 중근 $r = -\dfrac{1}{2}$가 되고 따라서 정리 3.5 (b)에 의해 일반해는 $y = c_1 x^{-\frac{1}{2}} + c_2 x^{-\frac{1}{2}} \ln x$가 된다.

(c) 특성방정식을 구하기 위해 $y = x^r$를 미분하여 대입하면

$$x^2y'' + xy' + 3y = x^r[r(r-1) + 3r + 3]$$
$$= x^r(r^2 + 2r + 3) = 0$$

가 되고 $r^2 + 2r + 3 = 0$은 두 허근 $r_1 = -1 + \sqrt{2}i$, $r_2 = -1 - \sqrt{2}i$을 갖는다. 따라서 정리 3.15의 (c)에 의해 일반해는

$$y = x^{-1}[c_1\cos(\sqrt{2}\ln x) + c_2\sin(\sqrt{2}\ln x)]$$

이다. ■

연습문제 2.3

1. 다음 상수계수 동차 미분방정식의 해를 구하여라.

(1) $y'' - 3y' + 2y = 0$

(2) $y'' + 8y' + 16y = 0$

(3) $y'' + 4y' - y = 0$

(4) $3y'' + y = 0$

(5) $y''' - 4y'' - 5y' = 0$

(6) $y''' + 3y'' + 3y' + y = 0$

(7) $y'' - 4y' - 5y = 0$, $y(1) = 0$, $y'(1) = 2$

(8) $y'' + y = 0$, $y(\frac{\pi}{3}) = 0$, $y'(\frac{\pi}{3}) = 2$

2. 다음 미분방정식의 특수해를 구하여라.

(1) $y'' + 4y = 3x^3$

(2) $y'' - 3y' + 2y = 3e^{-x} - 10\cos 3x$

(3) $y''' + y'' = 3e^x + 4x^2$

(4) $y'' + 4y = \cos 2x$

3. 다음 미분방정식의 일반해를 구하여라.

(1) $y'' + y = 4x$

(2) $y'' - y = 5e^x$

(3) $y'' + y = e^{-x}$

(4) $y'' - 2y' + 2y = e^x \sin x$

4. 매개변수변화법을 이용하여 다음 미분방정식을 풀어라.

(1) $y'' + y = \sec x$

(2) $y'' + a^2y = sex^3ax$

(3) $y'' + 2y' + 2y = e^{-x}\sec x$

(4) $x^4y'' + 2x^3y' - y = 16e^{\frac{3}{x}}$ $(y_c = c_1e^{\frac{1}{x}} + c_2e^{-\frac{1}{x}})$

5. 계수내림방법으로 다음 미분방정식을 풀어라.

(단, y_1은 주어진 미분방정식의 한 해)

(1) $(x^2-1)y'' - 2xy' + 2y = 0$ $(x^2 < 1)$, $y_1 = x$

(2) $y'' + 16y = 0$, $y_1 = \cos 4x$

(3) $9y'' - 12y' + 4y = 0$, $y_1 = e^{2x/3}$

(4) $xy'' + y' = 0$, $y_1 = \ln x$

6. 다음 Cauchy-Euler 미분방정식을 풀어라.

(1) $x^2y'' - 2y = 0$

(2) $4x^2y'' + y = 0$

(3) $x^2y'' + xy' + 4y = 0$

(4) $x^3y''' - 6y = 0$

2.4 연립미분방정식

아래와 같이 표현될 수 있는 고계 미분방정식 $x^{(n)} = f(t, x, x', \cdots, x^{(n-1)})$에 대해 종속 변수 x_1, $x_2, \cdots$, x_n을 다음과 같이 정의하자.

$$x_1 = x,\ x_2 = x',\ x_3 = x'',\ \cdots,\ x_n = x^{(n-1)} \tag{4.1}$$

그러면 $x_1{}' = x' = x_2$, $x_2{}' = x'' = x_3, \cdots$가 되고 이것을 주어진 방정식에 대입하면

$$\begin{aligned} &x_1{}' = x_2,\quad x_2{}' = x_3, \cdots,\ x'_{n-1} = x_n, \\ &x_n{}' = f(t,\ x_1, x_2, \cdots, x_n). \end{aligned} \tag{4.2}$$

이와 같이 n계의 연립미분방정식으로 전환할 수 있고, 또한 이 연립미분방정식은 분명히 n계 미분방정식과 동치이다. 왜냐하면 $x(t)$가 주어진 n계 미분방정식의 해라는 사실은 식 (4.1)에서 정의된 $x_1(t)$, $x_2(t)$, $\cdots$, $x_n(t)$가 연립방정식 (4.2)를 만족하는 것과 동치이기 때

문이다. 식 (4.2)와 같은 형태를 **선형 연립미분방정식의 표준형**이라 한다.

간단한 연립미분방정식은 대수적으로 연립방정식을 풀 때처럼 종속변수를 소거하여 하나의 종속변수에 관한 미분방정식으로 전환하여 해를 구할 수 있다.

예제 4.1

다음 연립방정식의 일반해를 구하여라.

$$\begin{cases} x' = 4x - 3y \\ y' = 6x - 7y \end{cases}$$

풀이 두 번째 미분방정식을 x에 관하여 정리하면 $x = \frac{1}{6}y' + \frac{7}{6}y$이므로 미분하면

$x' = \frac{1}{6}y'' + \frac{7}{6}y'$이고 첫 번째 미분 방정식에 각각 x와 x' 대신 대입하여 정리하면

$$\frac{1}{6}y'' + \frac{7}{6}y' = 4(\frac{1}{6}y' + \frac{7}{6}y) - 3y$$

가 되고 정리하여 다시 쓰면

$$y'' + 3y' - 10y = 0$$

이 되고 $y = e^{rx}$를 대입하여 특성방정식을 구하면

$$r^2 + 3r - 10 = (r-2)(r+5) = 0$$

이 된다. 따라서 $y(t)$에 관한 일반해는

$$y(t) = c_1e^{2t} + c_2e^{-5t}$$

를 얻는다.

한편 $x(t)$를 구하기 위해서 $y(t) = c_1e^{2t} + c_2e^{-5t}$를 처음 x에 관해 정리한 식 $x = \frac{1}{6}y' + \frac{7}{6}y$에 대입하면

$$x(t) = \frac{1}{6}(2c_1e^{2t} - 5c_2e^{-5t}) + \frac{7}{6}(c_1e^{2t} + c_2e^{-5t})$$

가 되므로 정리하여 $x(t)$의 일반해를 구하면 다음과 같다.

$$x(t) = \frac{3}{2}c_1e^{2t} + \frac{1}{3}c_2e^{-5t}$$

■

이제부터 다음과 같은 연립 1계 선형미분방정식의 해를 구하는 방법에 대해 알아보자.

$$x_1' = a_{11}(t)x_1 + a_{12}(t)x_2 + \cdots + a_{1n}(t)x_n + f_1(t) \tag{4.3}$$
$$x_2' = a_{21}(t)x_1 + a_{22}(t)x_2 + \cdots + a_{2n}(t)x_n + f_2(t)$$
$$\vdots$$
$$x_n' = a_{n1}(t)x_1 + a_{n2}(t)x_2 + \cdots + a_{nn}(t)x_n + f_n(t)$$

이 연립미분방정식을 행렬로 표현하기 위해서 계수행렬은

$$\boldsymbol{A}(t) = [a_{ij}(t)] = \begin{pmatrix} a_{11}(t) & a_{12}(t) & \cdots & a_{1n}(t) \\ a_{21}(t) & a_{22}(t) & \cdots & a_{2n}(t) \\ \vdots & & & \\ a_{n1}(t) & a_{n2}(t) & \cdots & a_{nn}(t) \end{pmatrix}$$

으로, 두 열 벡터를 $\boldsymbol{x} = [x_i]$ 그리고 $\boldsymbol{f}(t) = [f_i(t)]$과 같이 나타내자.

그러면 연립미분방정식 (4.3)은

$$\boldsymbol{x}' = \boldsymbol{A}(t)\boldsymbol{x} + \boldsymbol{f}(t)$$

또는

$$\frac{d\boldsymbol{x}}{dt} = \boldsymbol{A}(t)\boldsymbol{x} + \boldsymbol{f}(t) \tag{4.4}$$

로 쓸 수 있고 연립미분방정식 (4.4)를 만족하는 **해벡터**(solution vector)를

$$\boldsymbol{x} = \begin{pmatrix} x_1(t) \\ x_2(t) \\ \vdots \\ x_n(t) \end{pmatrix}$$

라 하자. 이때 각각의 성분은 미분 가능한 함수가 된다. 한편 연립미분방정식 (4.4)에서 $\boldsymbol{f}(t) = 0$일 때, 즉 $\boldsymbol{x}' = \boldsymbol{A}(t)\boldsymbol{x}$를 **동차 선형연립미분방정식**(homogeneous linear system of differential equations)이라하고, $\boldsymbol{f}(t) \neq 0$일 때 $\boldsymbol{x}' = \boldsymbol{A}(t)\boldsymbol{x} + \boldsymbol{f}(t)$를 **비동차**(nonhomogeneous) **선형 연립 미분방정식**이라 한다.

다음 정리는 동차 연립미분방정식의 일반해에 관한 정리이다.

정리 4.1 동차연립선형미분방정식의 일반해

$\boldsymbol{x}_1(t),\ \boldsymbol{x}_2(t),\ \cdots,\ \boldsymbol{x}_n(t)$를 구간 I에서 동차연립선형미분방정식 $\boldsymbol{x}' = \boldsymbol{A}(t)\boldsymbol{x}$의 n개의 1차 독립인 해들이라고 하자. 그러면 임의의 상수 $c_1, c_2, \cdots, c_n$에 대하여

$$\boldsymbol{x}(t) = c_1\boldsymbol{x}_1(t) + c_2\boldsymbol{x}_2(t) + \cdots + c_n\boldsymbol{x}_n(t)$$

는 구간 I에서 동차연립선형미분방정식 $\boldsymbol{x}' = \boldsymbol{A}(t)\boldsymbol{x}$의 해가 된다.

지금부터는 상수계수를 갖는 동차연립미분방정식의 일반해를 구하는 과정에 대해 알아보자. 일반적인 형태는 다음과 같다.

$$\begin{aligned} x_1{}' &= a_{11}x_1 + a_{12}x_2 + \cdots + a_{1n}x_n \\ x_2{}' &= a_{21}x_1 + a_{22}x_2 + \cdots + a_{2n}x_n \\ &\vdots \\ x_n{}' &= a_{n1}x_1 + a_{n2}x_2 + \cdots + a_{nn}x_n \end{aligned} \tag{4.5}$$

일반해를 찾기 위해서는 n개의 일차독립인 해를 찾는 것이 관건이다. 상수계수 동차 미분방정식의 특성방정식을 구하여 근을 이용하는 과정과 비슷하게 해들의 형태를 $x_i = k_i e^{\lambda t},\ i = 1, 2, \cdots, n$으로 하면 $x_i{}' = \lambda k_i e^{\lambda t}$가 된다. 따라서 동차연립미분방정식에 대해 해의 형태는 아래와 같다.

$$\boldsymbol{x} = \begin{pmatrix} k_1 \\ k_2 \\ \vdots \\ k_n \end{pmatrix} e^{\lambda t} = \boldsymbol{v}e^{\lambda t}$$

연립미분방정식 (4.5)는 $\boldsymbol{x}' = A\boldsymbol{x},\quad A = [a_{ij}]$이므로 $\boldsymbol{x} = \boldsymbol{v}e^{\lambda t}$와 $\boldsymbol{x}' = \lambda\boldsymbol{v}e^{\lambda t}$를 대입하면

$$\lambda\boldsymbol{v}e^{\lambda t} = A\boldsymbol{v}e^{\lambda t}$$

이고, $e^{\lambda t}(\neq 0)$로 나누면

$$A\boldsymbol{v} = \lambda\boldsymbol{v} \text{ 또는 } (A - \lambda I)\boldsymbol{v} = 0 \tag{4.6}$$

를 얻을 수 있다. 이것을 **고유벡터방정식**(characteristic vector equation)이라한다. 여기서 λ를 행렬 A의 고유치(eigenvalue)라 하고, 벡터 $\boldsymbol{v}$를 λ에 관한 고유벡터(eigenvector)라 한다. A가 $n \times n$ 행렬일 때, $\boldsymbol{x}' = A\boldsymbol{x}$의 해를 구하기 위해 선형대수학에서 배운 A의 고유치를 구하는 방법은 다음과 같다.

(1) 행렬식 $\det(A-\lambda I)=0$을 풀어서 행렬 A의 고유치 $\lambda_1, \lambda_2, \cdots, \lambda_n$을 구한다.

(2) 각각의 고유치에 해당되는 1차독립인 고유벡터 $\boldsymbol{v}_1,\ \boldsymbol{v}_2,\ \cdots,\ \boldsymbol{v}_n$을 찾는다.

(3) n개의 독립인 고유벡터를 찾았을 경우

$$\boldsymbol{x}_1(t)=\boldsymbol{v}_1 e^{\lambda_1 t},\ \ \boldsymbol{x}_2(t)=\boldsymbol{v}_2 e^{\lambda_2 t},\ \ \cdots,\ \ \boldsymbol{x}_n(t)=\boldsymbol{v}_n e^{\lambda_n t}$$

이 되고, 따라서 $\boldsymbol{x}'=A\boldsymbol{x}$의 일반해는 임의의 상수 $c_1, c_2, \cdots, c_n$에 대해

$$\boldsymbol{x}=c_1\boldsymbol{x}_1+c_2\boldsymbol{x}_2+\cdots+c_n\boldsymbol{x}_n$$

가 된다. 대수학의 기본정리에 의해 $\det(A-\lambda I)=0$는 복소수 공간에서 n개의 해를 구할 수 있다. 그러나 각 고유치가 서로 다른 실근, 복소근, 중근에 따라 연립미분방정식의 해의 형태는 달라진다. 이를 정리하면 다음과 같다.

정리 4.2 상수계수 동차연립선형미분방정식의 일반해

A가 $n\times n$ 행렬일 때, 동차 연립미분방정식 $\boldsymbol{x}'=A\boldsymbol{x}$의 일반해는 $\det(A-\lambda I)=0$ 의 해 $\lambda_1, \lambda_2, \cdots, \lambda_n$에 의해 다음과 같다.

(a) 서로 다른 실수 고유치 $\lambda_1, \lambda_2, \cdots, \lambda_n$와 각각의 고유벡터 $\boldsymbol{v}_1, \boldsymbol{v}_2, \cdots, \boldsymbol{v}_n$에 대해 $\boldsymbol{x}_1(t)=\boldsymbol{v}_1 e^{\lambda_1 t},\ \boldsymbol{x}_2(t)=\boldsymbol{v}_2 e^{\lambda_2 t},\ \cdots,\ \boldsymbol{x}_n(t)=\boldsymbol{v}_n e^{\lambda_n t}$인 n개의 일차독립인 해가 존재하여

$$\boldsymbol{x}=c_1\boldsymbol{x}_1+c_2\boldsymbol{x}_2+\cdots+c_n\boldsymbol{x}_n,\ c_1,\ c_2,\ \cdots,\ c_n\ :\text{상수}$$

(b) 복소근 $\lambda=p+qi$와 $\overline{\lambda}=p-qi$을 고유치로 가질 때 고유벡터는 $\boldsymbol{v}=\boldsymbol{a}+i\boldsymbol{b}$와 $\overline{\boldsymbol{v}}=\boldsymbol{a}-i\boldsymbol{b}$가 되고 해는

$$\boldsymbol{x}(t)=e^{pt}(\boldsymbol{a}\cos qt-\boldsymbol{b}\sin qt)+ie^{pt}(\boldsymbol{b}\cos qt+\boldsymbol{a}\sin qt),$$

여기서 $\boldsymbol{v}=\boldsymbol{a}+i\boldsymbol{b}=\begin{pmatrix}a_1\\a_2\\\vdots\\a_n\end{pmatrix}+i\begin{pmatrix}b_1\\b_2\\\vdots\\b_n\end{pmatrix}$이다.

(c) 중복도가 m인 고유치 λ에 대하여 m개의 1차독립인 고유벡터 $\boldsymbol{v}_1,\ \boldsymbol{v}_2,\ \cdots,\ \boldsymbol{v}_m$을 구할 수 있는 경우 일반해는 다음을 포함하여 구성된다.

$$c_1\boldsymbol{v}_1 e^{\lambda t}+c_2\boldsymbol{v}_2 e^{\lambda t}+\ \cdots\ +c_m\boldsymbol{v}_m e^{\lambda t}$$

위의 정리 4.2의 (c)에서 중복도가 m인 고유치 λ에 대응하는 오직 하나의 고유벡터가 존재할 경우에는 우선 먼저 이 고유치 λ에 관한 고유벡터 $\boldsymbol{v}$를 구하면 한 개의 해는

$$\boldsymbol{x}_1(t) = \boldsymbol{v}e^{\lambda t}$$

가 된다. 두 번째 해의 시험함수로 $\boldsymbol{x} = \boldsymbol{w}t\,e^{\lambda t}$를 택하여 연립미분방정식 $\boldsymbol{x}' = A\boldsymbol{x}$에 대입한다. 그러면

$$\boldsymbol{w}e^{\lambda t} + \boldsymbol{w}te^{\lambda t} = A\boldsymbol{w}te^{\lambda t}$$

가 되어 $\boldsymbol{w} = 0$이 되므로 비자명해를 구할 수 없다. 따라서 두 번째 시험함수로

$$\boldsymbol{x}_2(t) = \boldsymbol{v}te^{\lambda t} + \boldsymbol{w}e^{\lambda t}$$

를 택하여 연립미분방정식 $\boldsymbol{x}' = A\boldsymbol{x}$에 대입하여 보자. 그러면

$$\boldsymbol{v}e^{\lambda t} + \lambda\boldsymbol{v}te^{\lambda t} + \lambda\boldsymbol{w}e^{\lambda t} = A\boldsymbol{v}te^{\lambda t} + A\boldsymbol{w}e^{\lambda t}$$

$te^{\lambda t}$와 $e^{\lambda t}$에 대한 계수를 비교하면

$$(A - \lambda I)\boldsymbol{v} = 0 \tag{4.7}$$

그리고

$$(A - \lambda I)\boldsymbol{w} = \boldsymbol{v} \tag{4.8}$$

(4.7)은 $\boldsymbol{v}$가 λ에 관한 고유벡터임을 말하고, 이 $\boldsymbol{v}$에 대하여 (4.8)을 만족하는 $\boldsymbol{w}$를 구할 수 있다.

예제 4.2

다음 연립미분방정식의 일반해를 구하여라.

(a) $\begin{aligned} x' &= 4x + 2y \\ y' &= 3x + 3y \end{aligned}$

(b) $\begin{aligned} x' &= 6x - y \\ y' &= 5x + 4y \end{aligned}$

(c) $\begin{aligned} x' &= \quad\;\; 2y + 2z \\ y' &= 2x \quad\;\; + 2z \\ z' &= 2x + 2y \end{aligned}$

(d) $\begin{aligned} x' &= x - 3y \\ y' &= 3x + 7y \end{aligned}$

풀이 (a) 행렬 형태는 $\boldsymbol{x}' = \begin{pmatrix} 4 & 2 \\ 3 & 3 \end{pmatrix}\boldsymbol{x}$이고 A의 고유방정식은

$$\begin{vmatrix} 4-\lambda & 2 \\ 3 & 3-\lambda \end{vmatrix} = \lambda^2 - 7\lambda + 6 = 0$$

이고 고유치는 $\lambda_1 = 1$, $\lambda_2 = 6$ 이다. 우선 $\lambda_1 = 1$에 대한 고유벡터를 구하기 위해

$$\begin{pmatrix} 4-\lambda & 2 \\ 3 & 3-\lambda \end{pmatrix}\begin{pmatrix} v_1 \\ v_2 \end{pmatrix} = \begin{pmatrix} 0 \\ 0 \end{pmatrix} \tag{1}$$

에 λ 대신 $\lambda_1 = 1$을 대입하여 정리하면 $3v_1 + 2v_2 = 0$가 되고 v_1과 v_2를 구하면 고유벡터 $\boldsymbol{v}_1 = \begin{pmatrix} 2 \\ -3 \end{pmatrix}$가 되고, 식 (1)에 λ 대신 $\lambda_2 = 6$을 대입하여 정리하면 $v_1 - v_2 = 0$가 되고 v_1과 v_2를 구하면 고유벡터는 $\boldsymbol{v}_2 = \begin{pmatrix} 1 \\ 1 \end{pmatrix}$이 된다. 따라서 $\boldsymbol{x}_1(t) = \begin{pmatrix} 2 \\ -3 \end{pmatrix}e^t$, $\boldsymbol{x}_2(t) = \begin{pmatrix} 1 \\ 1 \end{pmatrix}e^{6t}$이고 서로 다른 고유치에 대한 고유벡터는 항상 일차독립이므로 일반해는

$$\boldsymbol{x}(t) = c_1\boldsymbol{x}_1 + c_2\boldsymbol{x}_2 = c_1\begin{pmatrix} 2 \\ -3 \end{pmatrix}e^t + c_2\begin{pmatrix} 1 \\ 1 \end{pmatrix}e^{6t}$$

즉 $x(t) = 2c_1e^t + c_2e^{6t}$, $\quad y(t) = -3c_1e^t + c_2e^{6t}$이다.

(b) 고유방정식

$$\det(A - \lambda I) = \begin{vmatrix} 6-\lambda & -1 \\ 5 & 4-\lambda \end{vmatrix} = \lambda^2 - 10\lambda + 29 = 0$$

으로부터 고유치는 $\lambda_1 = 5 + 2i$, $\quad \lambda_2 = 5 - 2i$를 얻는다. 따라서 $\lambda_1 = 5 + 2i$에 대한 고유벡터 $\boldsymbol{v}_1 = \begin{pmatrix} v_1 \\ v_2 \end{pmatrix}$를 구하기 위해 λ 대신 $\lambda_1 = 5 + 2i$를

$$\begin{pmatrix} 6-\lambda & -1 \\ 5 & 4-\lambda \end{pmatrix}\begin{pmatrix} v_1 \\ v_2 \end{pmatrix} = \begin{pmatrix} 0 \\ 0 \end{pmatrix}$$

에 대입하여 v_1과 v_2에 대해 정리하면

$$(1-2i)v_1 - v_2 = 0, \quad 5v_1 - (1+2i)v_2 = 0$$

이 식에서 $v_2 = (1-2i)v_1$이므로 $v_1 = 1$이면 $v_2 = 1 - 2i$이다. 따라서 $\lambda_1 = 5 + 2i$에 관한 고유벡터 $\boldsymbol{v}_1 = \begin{pmatrix} 1 \\ 1-2i \end{pmatrix}$이다. 같은 방법으로 $\lambda_2 = 5 - 2i$에 관한 고유벡터는 $\boldsymbol{v}_2 = \begin{pmatrix} 1 \\ 1+2i \end{pmatrix}$이다. 따라서 주어진 방정식의 두 해는

$$\boldsymbol{x}_1 = \begin{pmatrix} 1 \\ 1-2i \end{pmatrix}e^{(5+2i)t}, \quad \boldsymbol{x}_2 = \begin{pmatrix} 1 \\ 1+2i \end{pmatrix}e^{(5-2i)t}$$

이다. 이 해를 실함수로 고쳐 쓰고 Euler 공식을 적용하면

$$x(t) = c_1 e^{(5+2i)t} + c_2 e^{(5-2i)t}$$

$$= e^{5t}[(c_1+c_2)\cos 2t + (c_1-c_2)i\sin 2t]$$

$$y(t) = c_1(1-2i)e^{(5+2i)t} + c_2(1+2i)e^{(5-2i)t}$$

$$= e^{5t}[\{c_1(1-2i)+c_2(1+2i)\}\cos 2t + \{c_1(1-2i)i - c_2(1+2i)i\}\sin 2t]$$

$$= e^{5t}[(c_1+c_2)-2(c_1-c_2)i]\cos 2t + e^{5t}[2(c_1+c_2)+(c_1-c_2)i]\sin 2t$$

이 된다. $c_1+c_2 = C_1$과 $(c_1-c_2)i = C_2$로 다시 고쳐 쓰면

$$x = e^{5t}(C_1\cos 2t + C_2\sin 2t)$$

$$y = e^{5t}(C_1-2C_2)\cos 2t + e^{5t}(2C_1+C_2)\sin 2t$$

이 되고 벡터로 고쳐 쓰면 다음과 같다.

$$\boldsymbol{x} = \begin{pmatrix} x \\ y \end{pmatrix} = C_1\begin{pmatrix} \cos 2t \\ \cos 2t + 2\sin 2t \end{pmatrix}e^{5t} + C_2\begin{pmatrix} \sin 2t \\ -2\cos 2t + \sin 2t \end{pmatrix}e^{5t}$$

(c) 고유방정식

$$\det(A-\lambda I) = \begin{vmatrix} -\lambda & 2 & 2 \\ 2 & -\lambda & 2 \\ 2 & 2 & -2 \end{vmatrix} = (\lambda+2)(-\lambda^2+2\lambda+8)$$

$$= -(\lambda+2)^2(\lambda-4) = 0$$

이므로 고유치는 각각 $\lambda_1 = 4$, $\lambda_2 = -2$(중복도 2)가 된다. 따라서 $\lambda_1 = 4$에 대한 고유벡터를 구하기 위하여 λ 대신 $\lambda_1 = 4$를 아래 식에 대입하여

$$(A-\lambda I)\boldsymbol{v} = \begin{pmatrix} -\lambda & 2 & 2 \\ 2 & -\lambda & 2 \\ 2 & 2 & -\lambda \end{pmatrix}\begin{pmatrix} v_1 \\ v_2 \\ v_3 \end{pmatrix} = \begin{pmatrix} 0 \\ 0 \\ 0 \end{pmatrix}$$

구하면 대응되는 고유벡터는 $\boldsymbol{v}_1 = \begin{pmatrix} 1 \\ 1 \\ 1 \end{pmatrix}$이 된다. 한편 $\lambda_2 = -2$를 고유방정식에 대입하여 계산하면 하나의 방정식 $2v_1 + 2v_2 + 2v_3 = 0$을 얻을 수 있고, $v_1 = 1$, $v_2 = 0$을 택하면 $v_3 = -1$이 되고, $v_1 = 0$, $v_2 = 1$을 택하면 $v_3 = -1$이 되어 1차 독립인 두 개의 벡터를 구할 수 있다. 따라서 세 벡터는 1차 독립이므로 일반해를 다음과 같이 구할 수 있다.

$$\boldsymbol{x}(t) = c_1\begin{pmatrix} 1 \\ 1 \\ 1 \end{pmatrix}e^{4t} + c_2\begin{pmatrix} 1 \\ 0 \\ -1 \end{pmatrix}e^{-2t} + c_3\begin{pmatrix} 0 \\ 1 \\ -1 \end{pmatrix}e^{-2t}$$

(d) 고유방정식

$$\det(A-\lambda I)=\begin{vmatrix}1-\lambda & -3\\ 3 & 7-\lambda\end{vmatrix}=(1-\lambda)(7-\lambda)+9$$
$$=(\lambda-4)^2=0$$

이므로 중복도 2인 고유치 $\lambda=4$를 구한다. 고유벡터방정식

$$(A-\lambda I)\boldsymbol{v}=\begin{pmatrix}1-\lambda & 3\\ 3 & 7-\lambda\end{pmatrix}\begin{pmatrix}v_1\\ v_2\end{pmatrix}=\begin{pmatrix}0\\ 0\end{pmatrix}$$

에 $\lambda=4$를 대입하면 $-3v_1-3v_2=-3(v_1+v_2)=0$이 된다. 따라서 $\lambda=4$에 대한 고유벡터 $\boldsymbol{v}=\begin{pmatrix}1\\ -1\end{pmatrix}$와 하나의 해 $\boldsymbol{x}_1(t)=\begin{pmatrix}1\\ -1\end{pmatrix}e^{4t}$를 얻는다. 식 (4.8)에 해당되는 식은

$$\begin{pmatrix}-3 & -3\\ 3 & 3\end{pmatrix}\begin{pmatrix}w_1\\ w_2\end{pmatrix}=\begin{pmatrix}1\\ -1\end{pmatrix}$$

이다. $3w_1+3w_2=-1$로부터 $w_1=0$와 $w_2=-\dfrac{1}{3}$를 택하면 두 번째 해는

$$\boldsymbol{x}_2(t)=\boldsymbol{v}te^{4t}+\boldsymbol{w}e^{4t}$$
$$=\begin{pmatrix}1\\ 1\end{pmatrix}te^{4t}+\begin{pmatrix}0\\ -\dfrac{1}{3}\end{pmatrix}e^{4t}$$

따라서 $\boldsymbol{x}_1(t)$와 $\boldsymbol{x}_2(t)$는 독립이므로 일반해는 다음과 같다.

$$\boldsymbol{x}=\begin{pmatrix}x\\ y\end{pmatrix}=c_1\boldsymbol{x}_1(t)+c_2\boldsymbol{x}_2(t)$$
$$=c_1\begin{pmatrix}1\\ -1\end{pmatrix}e^{4t}+c_2\begin{pmatrix}t\\ -t-\dfrac{1}{3}\end{pmatrix}e^{4t}$$
$$=\begin{pmatrix}c_1+c_2t\\ -c_1-c_2(t+\dfrac{1}{3})\end{pmatrix}e^{4t}$$

만약 행렬 A가 중복도 3인 고유치 λ와 이에 대응되는 고유벡터 $\boldsymbol{u}$를 갖는다면 $\boldsymbol{x}'=A\boldsymbol{x}$의 1차 독립인 해는 다음과 같이 구성된다.

$$\boldsymbol{x}_1(t)=\boldsymbol{u}e^{\lambda t} \tag{4.9}$$
$$\boldsymbol{x}_2(t)=\boldsymbol{u}te^{\lambda t}+\boldsymbol{v}e^{\lambda t}$$
$$\boldsymbol{x}_3(t)=\frac{1}{2}\boldsymbol{u}t^2e^{\lambda t}+\boldsymbol{v}te^{\lambda t}+\boldsymbol{w}e^{\lambda t}$$

그리고 $\boldsymbol{u}$, $\boldsymbol{v}$, $\boldsymbol{w}$ 사이의 관계는 다음과 같다.

$$(A-\lambda I)\boldsymbol{u}=0 \tag{4.10}$$

$$(A-\lambda I)\boldsymbol{v}=\boldsymbol{u}$$

$$(A-\lambda I)\boldsymbol{w}=\boldsymbol{v}$$

한편 비동차 연립미분방정식의 일반적인 형태는

$$\boldsymbol{x}'=A\boldsymbol{x}+\boldsymbol{f}(t) \tag{4.11}$$

이다. 여기서 A는 상수계수를 갖는 $n\times n$ 행렬이다. 이 비동차 연립미분방정식 (4.11)의 일반해는

$$\boldsymbol{x}(t)=\boldsymbol{x}_c(t)+\boldsymbol{x}_p(t)$$

이다. 여기서 $\boldsymbol{x}_c$는 $\boldsymbol{x}'=A\boldsymbol{x}$의 일반해이고, $\boldsymbol{x}_p$는 (4.11)의 하나의 특수해이다. 앞에서 $\boldsymbol{x}_c$를 구하는 방법을 공부했음으로 비동차 연립미분방정식의 특수해를 구해보자. 이 특수해는 일반적으로 하나의 미분방정식에서 했던 것과 유사하게 미정계수법을 적용하는 것이 일반적이다.

예제 4.3

다음 연립미분방정식의 특수해를 구하여라.

$$x'=4x+2y-8t$$

$$y'=3x-y+2t+3$$

풀이 대응되는 동차방정식의 해 $\boldsymbol{x}_c$는

$$\boldsymbol{x}_c(t)=\begin{pmatrix}x_c\\y_c\end{pmatrix}=c_1\begin{pmatrix}1\\-3\end{pmatrix}e^{-2t}+c_2\begin{pmatrix}2\\1\end{pmatrix}e^{5t}$$

이다. $\boldsymbol{x}_c$의 항들과 주어진 방정식의 비동차항 $(-8t,\ 2t+3)$들 사이에 겹치는 항이 없기 때문에 특수해 $\boldsymbol{x}_p$는 다음과 같은 형태가 된다고 볼 수 있다.

$$\boldsymbol{x}_p=\begin{pmatrix}x_p\\y_p\end{pmatrix}=\boldsymbol{a}t+\boldsymbol{b}=\begin{pmatrix}a_1\\a_2\end{pmatrix}t+\begin{pmatrix}b_1\\b_2\end{pmatrix} \tag{1}$$

(1)을 주어진 방정식에 대입하면

$$\begin{pmatrix} a_1 \\ a_2 \end{pmatrix} = \begin{pmatrix} 4 & 2 \\ 3 & -1 \end{pmatrix}\begin{pmatrix} a_1 t + b_1 \\ a_2 t + b_2 \end{pmatrix} + \begin{pmatrix} -8t \\ 2t+3 \end{pmatrix}$$

$$= \begin{pmatrix} 4a_1 + 2a_2 - 8 \\ 3a_1 - a_2 + 2 \end{pmatrix} t + \begin{pmatrix} 4b_1 + 2b_2 \\ 3b_1 - b_2 + 3 \end{pmatrix}$$

이다. 여기서 상수항과 t의 계수를 각각 비교하면,

$$4a_1 + 2a_2 = 8, \quad 3a_1 - a_2 = -2$$

$$4b_1 + 2b_2 = a_1, \quad 3b_1 - b_2 = a_2 - 3$$

이므로 $a_1 = \dfrac{2}{5}$, $a_2 = \dfrac{16}{5}$를 얻고 또한 끝의 두 방정식으로부터 $b_1 = \dfrac{2}{25}$, $b_2 = \dfrac{1}{25}$이다. 따라서 특수해는

$$\boldsymbol{x}_p(t) = \begin{pmatrix} \dfrac{2}{5}t + \dfrac{2}{25} \\ \dfrac{16}{5}t + \dfrac{1}{25} \end{pmatrix}$$

가 된다.

연습문제 2.4

1. 다음 연립미분방정식을 풀어라.

(1) $x' = 3x - y, \ y' = 5x - 3y, \ x(0) = 1, \ y(0) = -1$

(2) $x'' = 6x + 2y, \ y'' = 3x + 7y$

2. 다음 연립미분방정식에 대하여 고유치, 고유벡터, 그리고 일반해를 구하여라.

(1) $x_1{}' = 2x_1 + 3x_2$
$x_2{}' = 2x_1 + x_2$

(2) $x_1{}' = 3x_1 + 2x_2$
$x_2{}' = -x_1 + x_2$

(3) $x_1{}' = 2x_1 + x_2 + 6x_3$
$x_2{}' = 2x_2 + 5x_3$
$x_3{}' = 2x_3$

(4) $x_1{}' = x_1 - 2x_2$
$x_2{}' = 2x_1 + 5x_2$

(5) $x_1{}' = 5x_1 + 5x_2 + 2x_3$
$x_2{}' = -6x_1 - 6x_2 - 5x_3$
$x_3{}' = 6x_1 + 6x_2 + 5x_3$

(6) $x_1{}' = x_1 - 2x_2$
$x_2{}' = 2x_1 + x_2, \quad x_1(0) = 2, \ x_2(0) = 3$

3. 미정계수법을 적용하여 비동차 연립미분방정식의 특수해를 구하여라.

(1) $x' = x + 2y + 3$
$y' = 2x + y - 2$

(2) $x' = 2x + 3y + 5$
$y' = 2x + y - 2t$

(3) $x' = x + 3y + 20$
$y' = x + 2y - 3e^t$

(4) $x' = 6x - 7y + 10$
$y' = x - 2y - 2e^{-t}$

제 3 장 무기의 확률론적 특성

새로운 무기체계의 도입과 유지에 대한 결정은 한 국가의 군사력에 결정적인 역할을 하게 된다. 무기체계는 무기의 효과와 성능을 고려하여 도입하는데, 무기효과는 일정한 전투 상황에서 단위시간당 인원 및 장비에 치명적인 영향을 주어 적 전투력에 손실을 입혀 전투효과를 실제로 달성하거나, 달성할 것으로 예상되는 정도를 말한다. 일반적으로 화력, 기동력, 생존성, 가용성, 신뢰성, 전투수행능력 등의 서로 복합적으로 고려되는 어떤 함수 관계에 의해 표시된다. 반면 무기성능은 보다 하위 개념으로 특정한 동작이나 기능적인 면에서 적용되며 무기체계의 정확도, 사거리, 발사속도, 표적획득시간, 표적탐지 및 추적, 탄두나 미사일이 표적까지 비행시간 등의 특성에 관한 능력이라 할 수 있다.

무기의 성능 중에서 가장 중요한 것은 특정한 목표에 대한 무기의 정확도와 피해효과를 나타내는 것이다. 이런 모수들은 적절한 실험적 데이터를 수집하는 시스템으로부터 실질적 검증을 통해 정확히 얻을 수 있다. 무기체계에 대한 정확도를 검증하기 위하여 데이터를 수집하는 과정은 어떤 화기에 대한 사거리별 측정 장치에 의해 다양한 모수를 계산하는 방법을 살펴볼 수 있다. 이 장은 기초 통계학에서 이미 잘 알려진 내용을 무기의 화력시험(firing test)을 통해 얻을 수 있는 모수로 산술평균, 중앙값, 평균편차, 표준편차, 변이계수(coefficient of variation)을 포함한다. 마지막으로 조준점에서 편차가 발생하는 오차의 근본 원인에 대한 개념을 통해 평균 탄착점을 정의한다.

3.1 무기 성능에 대한 모수

무기의 성능을 나타내는 모수는 1) 정확성, 2) 사거리, 3) 발사속도(firing rate), 4) 표적에 대한 탄두 또는 탄약의 피해효과, 5) 표적획득 시간, 탐지 및 추적, 6) 탄두의 비행속도, 7) 무게와 크기, 8) 신뢰성 및 정비율 등 여러 가지로 대변할 수 있다. 그 중에서도 가장 중요한 모수는 지향하는 특정 표적에 대한 정확성, 피해 효과, 그리고 신뢰성이라 할 수 있다. 그러나 이 세 가지 모수는 상호 연관되어 있다고 볼 수 있는데, 예를 들면, 정확성이 떨어지면 피해 효과가 줄어 들 것이고, 따라서 신뢰성마저 떨어지게 된다.

무기의 **정확성**(accuracy)은 조준한 표적에 대해 탄착점의 위치로서 정의한다. 아래 그림 3.1을 보면 정확성에 대한 개념을 쉽게 이해할 수 있다.

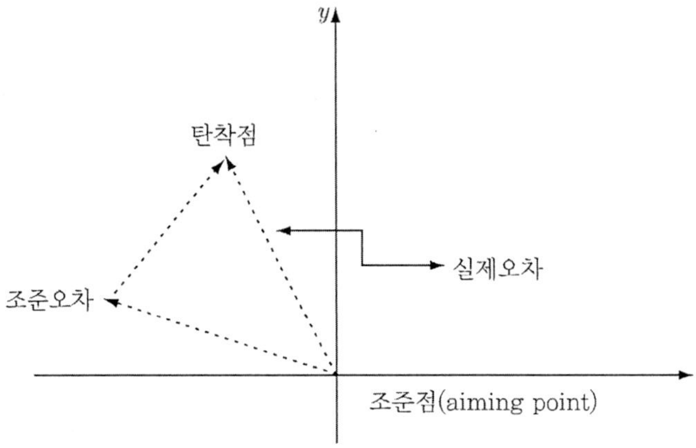

[그림 3.1] 정확도

탄착점과 조준점의 거리는 랜덤 함수(random function)라 할 수 있다. 위 그림에서 간단히 조준오차에 의해 최초 조준점의 위치 대비 탄착점을 비교해 놓았지만, 조준오차를 발생시키는 요인으로는 포탄, 미사일, 또는 탄두의 생산오차, 표적이동, 대기환경 조건, 사수의 개인적 특성에 의한 조준 오차 등을 들 수 있다. 이러한 다양한 오차들의 결합에 의해 포탄이나 미사일의 실제 비행경로는 동일하지 않기 때문에 점표적이나 지역표적 위의 탄착점은 조준점과 랜덤하게 거리 차이가 나게 된다. 그래서 미리 이 거리차를 계산할 수는 없지만 실험적 데이터를 분석하여 몇 가지 중요한 모수적 특징을 찾을 수 있다.

탱크, 장갑차 같은 입체표적에 대한 포탄이나 미사일사격에 대해 조준점과 탄착점의 랜덤 편차는 표적을 관통하는 산포도 평면은 xy 좌표평면을 도입하여 측정할 수 있다. 탄착점에 대한 산포도 평면은 공대지 사격에 대해서는 표적을 관통하는 지표면 또는 공대공 사격에 대해서는 공중표적을 중심으로 가상의 평면으로 구체화할 수 있다. 반면 표적에 근접하여 폭발하는 지대공 무기인 지대공 미사일이나 대공포의 근접신관 탄두의 경우는 xyz의 3차원 공간좌표인 입체 산포도에 의해 측정할 수 있다. 그러나 산포도의 특성은 무기의 성능을 판단하는 지표로 사용할 수 없다. 따라서 무기체계의 특별한 확률적 모수가 정확성을 측정하는데 사용되어야 한다.

무기체계의 정확성을 구하는 절차는 해당 무기체계의 포탄이나 탄약을 실제 사격한 결과를 분석한다. 실제 탄착점에 대한 전형적인 산포 패턴은 아래 그림 3.2에서 볼 수 있다.

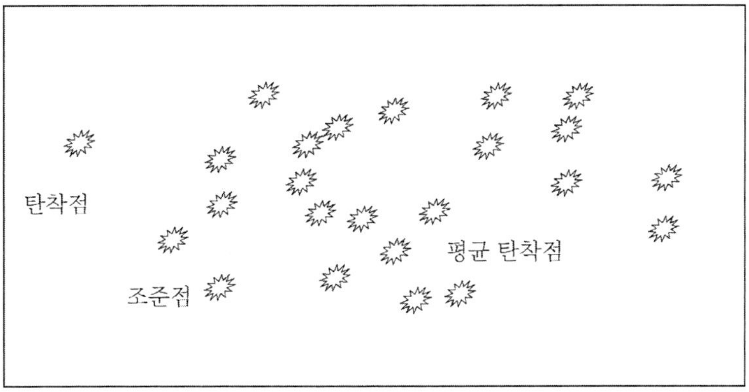

[그림 3.2] 화기의 탄착 산포도

테스트의 목적은 단순히 주어진 조준점에 대한 무기의 사거리를 판단하기 위함이다. 예를 들어 새로 개발한 개인화기의 사거리를 측정하기 위하여 500m의 표적지에 조준점을 설정해 두고 250m부터 50m마다 탄착점을 측정할 수 탄착 탐지장비를 설치하고 사격할 때 마다 지정된 지점에서 탄착 수를 계산한 결과 다음과 같았다.

사거리 (m)	250~300	300~350	350~400	400~450	450~500	500~550	550~600	600~650	650~700	700~750	750~800	800~850	계
탄착수	1	1	4	9	23	27	22	8	3	1	0	1	100
확률	0.01	0.01	0.04	0.09	0.23	0.27	0.22	0.08	0.03	0.01	0.00	0.01	1

이 시험 결과 250m부터 50m 단위의 사거리별 탄착수의 빈도를 히스토그램과 상대도수다각형으로 쉽게 그릴 수 있다.

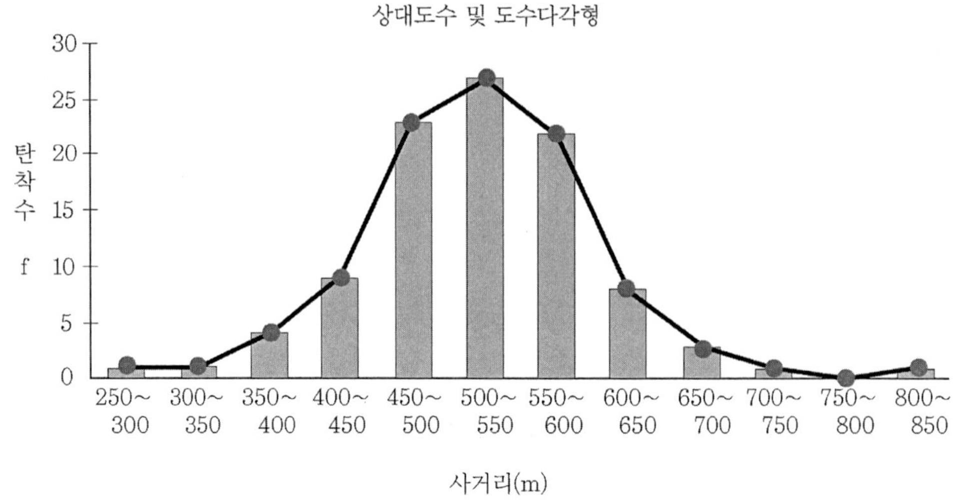

이 도수 다각형을 이용하여 확률을 계산할 수도 있다. 예를 들면 사거리 450m에서 600m에 탄착할 확률을 알아보기 위해서는 450m~500m, 500m~550와 550m~600m에 탄착한 도수에 대한 확률을 도수다각형을 이용하여 계산한다.

$$P(450 < R < 600) = 0.23 + 0.27 + 0.22 = 0.72$$

여기서 R은 사거리에 대한 탄착점의 위치를 나타낸다. 사격발수를 충분히 증가시키고 탄착점 탐지 간격을 계속하여 줄인다면 도수다각형은 부드러운 곡선이 될 것이다. 이러한 사격 테스트를 무제한 실시하면 위의 도수다각형은 부드러운 곡선으로 근사하게 되고, 이 곡선을 확률분포 또는 확률밀도라고 말한다.

임의의 두 지점과 확률분포곡선으로 둘러싸인 내부의 면적은 무작위로 시행된 전체 시행 대비 대응되는 사거리 내에서 탄착된 하나의 관측에 대한 확률을 나타낸다. 이 아이디어는 모집단 대신 하나의 표본에 적용할 수 있기 때문에 실제 응용에서 가장 유용하다.

하나의 화기에 대한 사격 시험에서 얻어진 수치적 데이터들은 무기의 성능 평가에 유용한 통계적 데이터를 수집하기 위해 보다 세부적으로 분석될 수도 있다. 도표, 히스토그램, 도수다각형, 확률분포함수 등은 수치적 정보를 나타내는데 특히 유용하다. 일반적으로 표본의 근원적인 특성을 나타내는 데이터를 좀 더 압축하거나 어떤 통계적 모수를 구할 필요가 있다. 이런 표본 집단의 모수들은 전체 모집단에 대한 특성을 대변할 수 있다. 두 가지 주요 모수가 있는데, 첫 번째는 데이터의 중심위치에 대한 측도이고 다른 하나는 분포 또는 산포도에 대한 측도이다.

무기체계의 특성을 대변하는 가장 중요한 모수가 정확성이다. 물론 다른 특성으로는 무기체계의 단위시간당 발사속도(firing rate)이다. 이 발사속도는 1라운드 명중확률 또는 미사일이 표적에 손상을 주거나 살상을 입히는 효력사와 관련지어 설명할 수 있다.

3.2 측도를 이용하는 방법

중심위치의 측도로는 평균, 중앙값, 최빈값 등이 있다. 이 중 가장 많이 사용하는 것이 평균(mean)인데, 관측된 데이터들의 값이 $X_1, X_2, \cdots, X_n$ 일 때 **산술평균**(arithmetic mean)은

$$\text{평균} = \frac{X_1 + X_2 + \cdots + X_n}{n} = \frac{1}{n}\sum_{i=1}^{n} X_i \ (n : \text{데이터의 수})$$

이다. 이때 주어진 데이터들이 모집단일 때 **모평균**(population mean)이라하고 μ로 나타내며, 주어진 데이터들이 표본일 때 **표본평균**(sample mean)이라하고 $\overline{X}$로 표시한다. 평균의 단점을 보완하기 위해 데이터들을 순서대로 나열한 후 극단점을 제거하기 위해 자료의 큰 값과 작은 값 등 일정 개수를 제외한 평균을 **다듬은 평균**(trimmed mean)이라한다. 또한 각각의 측정값에 일정한 가중치를 곱하여 구한 평균을 **가중평균**(weighted mean)이라한다. 데이터들의 측정값이 X_1, X_2, $\cdots$, X_n 이고 각각의 가중치를 ω_1, ω_2, $\cdots$, ω_n 일 때,

$$\textbf{가중평균} = \frac{\omega_1 X_1 + \omega_2 X_2 + \cdots + \omega_n X_n}{\omega_1 + \omega_2 + \cdots + \omega_n} = \frac{\sum_{i=1}^{n} \omega_i X_i}{\sum_{i=1}^{n} \omega_i}$$

로 정의한다. 중앙값은 자료를 크기순으로 나열할 때 중앙에 위치하는 값이며,

$$M = \begin{cases} \frac{1}{2}[\frac{1}{2}n\text{번째 관측값} + (\frac{1}{2}n+1)\text{번째 관측값}];\ (n : \text{짝수}) \\ \\ \frac{1}{2}(n+1)\text{번째 관측값};\quad (n : \text{홀수}) \end{cases}$$

으로 정의한다.

평균은 그 자체로 통계적 데이터의 분포에 대한 완전한 그림으로 충분하지 못하다. 예를

들면 어느 사격 시합에서 A 선수의 점수가 3, 4, 6, 7점이고 B 선수는 2, 4, 6, 8점이었다. 두 선수 모두 평균은 5점이지만 B선수는 A선수에 비해 편차가 크다는 것을 알 수 있다. 이 같이 자료가 흩어진 정도를 수치로 측정하는 것을 **산포도의 측도**(measure of dispersion)라 한다. 많이 쓰이는 산포도의 측도는 분산 및 표준편차, 평균절대편차, 범위, 사분위수 등이 있다.

분산(variance)이란 각 데이터 값과 평균과의 거리를 제곱하여 합을 구한 후 이를 자료의 수로 나눈 것이다. 따라서 데이터가 평균을 중심으로 많이 흩어져 있으면 분산이 커지고, 자료가 평균 주위에 몰려 있으면 분산이 작게 된다. 모집단의 분산을 **모분산**(population variance)이라 부르고 σ^2 으로 표시하며, 표본의 분산을 **표본분산**(sample variance)이라 부르고, S^2 으로 표시한다.

모분산 $\sigma^2 = \frac{1}{n}\sum_{i=1}^{n}(X_i - \mu)^2 = \frac{1}{n}\sum_{i=1} X_i^2 - \mu^2$ (n : 자료수, μ: 모평균)

표본분산 $S^2 = \frac{1}{n-1}\sum(X_i - \overline{X})^2 = \frac{1}{n-1}\left(\sum_{i=1}^{n} X_i^2 - n\overline{X^2}\right)$ (n : 자료수, $\overline{X}$: 표본평균)

위의 식에서 표본분산을 계산할 때 n 대신 $n-1$을 사용하는데 이는 모분산을 추정하기 위한 좋은 추정량으로 표분분산이 되게 하기 위해 사용한다.

표준편차(standard deviation)는 분산의 제곱근으로 정의되며, 모집단의 표준편차를 **모표준편차**라고 부르며 σ로 표시하고, 표본의 표준편차를 **표본표준편차**라고 부르며 S로 표시한다.

모표준편차 $\sigma = \sqrt{\sigma^2}$

표본표준편차 $S = \sqrt{S^2}$

만일에 두 개 이상의 자료에 대한 표준편차를 비교할 때에는 자료의 개수나 측정단위가 서로 달라서 두 표준편차를 비교하는 것이 무의미하다. 이런 경우에 사용하는 측도가 표준편차를 평균으로 나눈 표준화된 표준편차 또는 **변이계수**(coefficient of variation)이다.

변이계수(모집단) $C = \frac{\sigma}{\mu} \times 100$ (단위 %)

변이계수(표본) $C = \frac{S}{\overline{X}} \times 100$(단위 %)

평균절대편차(mean absolute deviation)는 각 자료값과 평균과의 거리의 절댓값의 합을 구한 후 자료의 수로 나눈 것이다. 즉 자료중심으로부터의 평균 거리를 계산한 것이다. 따라서 분산과 마찬가지로 평균절대편차는 자료가 평균을 중심으로 많이 흩어져 있으면 값이 커지고, 자료가 평균주위에 몰려 있으면 값이 작아진다. 그러나 거리로 친근감을 주나 수학적으로는 절댓값 함수는 미분 불가능 등 처리하기 힘든 점이 있어 덜 사용되고 있다.

평균절대편차 $MAD = \frac{1}{n}\sum_{i=1}^{n}|X_i - \overline{X}|$

$$MAD = \frac{\sum_{i=1}^{n}\omega_i \mid X_i - \overline{X} \mid}{\sum_{i=1}^{n}\omega_i} \quad (\omega_i : \text{가중치})$$

범위(range)는 자료의 최댓값에서 최솟값을 뺀 차이를 나타낸다. 범위는 계산하기가 간편하나 극단점이 있을 경우 올바른 산포의 측도가 되지 못한다.

범위의 단점을 보완한 것이 사분위수 범위인데 이것을 알기 위해서는 먼저 백분위수를 알아야 한다. p% **백분위수**(percentile)의 정의는 자료를 작은 것부터 큰 것까지 순서대로 나열한 후, 자기값 이하(값포함)로 적어도 p%의 관측값과 자기값 이상(값포함)으로 적어도 $(100-p)$%의 관측값들이 있는 수를 뜻한다. 이 정의에 의하면 자료가 적을 경우 한 관측값이 여러 개의 백분위수에 해당될 수도 있다. 백분위수 중 25% 백분위수를 **일사분위수**(1st quartile, Q_1으로 표시), 50% 백분위수를 **이사분위수**(2nd quartile) 또는 중앙값(m으로 표시), 75% 백분위수를 **삼사분위수**(3rd quartile, Q_3로 표시)라 부른다. **사분위수범위**(interquartile range, IQR로 표시)는 삼사분위수에서 일사분위수를 뺀 값 즉, $Q_3 - Q_1$이다.

상자그림(box-whisker plot)은 이러한 사분위수에 관한 자료의 정보를 그림으로 나타내는 것으로 먼저 일사분위수와 삼사분위수를 네모 상자로 연결한 다음 중앙값을 상자안에 표시하고, $(Q_1 - 1.5 \times IQR)$와 $(Q_3 + 1.5 \times IQR)$를 경계로 하여 상자와 선으로 연결한다. 이 경계내의 최댓값과 최솟값을 상자와 굵은 선으로 연결하고 경계 밖의 값은 극단점으로 표시한다. 아래 그림 3.3의 상자그림을 이용하면 자료분포의 대칭성, 자료의 중심위치, 산포의 정도, 극단점 등을 잘 알아 볼 수 있다.

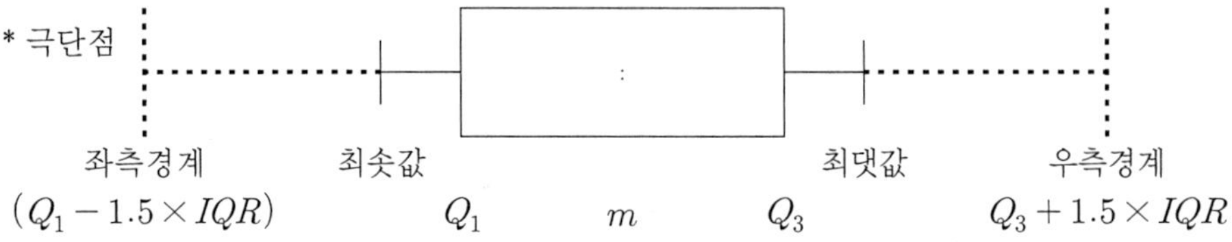

[그림 3.3] 상자그림

3.3 평균 탄착점

평균탄착점(mean point of impact)은 사격에 의해 관찰된 모든 탄착점들의 산술평균으로 정의한다. 그 위치는 전체 사격한 결과 탄착군이 형성된 무게중심위치와 동일하다. 그림 3.2에서 보는 바와 같이 무기의 탄착 산포도를 분석하면 평균탄착점은 조준점과 일치하지 않음을 알 수 있다. 이는 모든 무기는 매 사격시마다 평균탄착점을 겨냥하는 것이 조준점을 겨냥하는 것 보다 효율적임을 설명해 준다. 이 두 탄착 조준점의 차이는 시스템 오류로 말할 수 있다. 그림 3.4에서 보여주는 것처럼 탄착점의 조준점을 벗어난 경우는 무기의 랜덤한 특성과 시스템 오류에 의해 발생했다고 볼 수 있다. 통계학적으로 시스템 오류는 예측 가능한 것으로 볼 수 있기 때문에 제거 또한 가능하다. 그러나 무기체계에 적용하면 반드시 그러하지는 않다. 예를 들면 산악 등 고지대에 폭탄 투하시 시스템 오류는 폭격조준기 그 자체의 기계적 오류에 의해 일부 나타나기도 하고, 조준기 작동에 대한 개인적 능력에 의해서 발생하기도 한다. 그러나 이 모든 경우를 감안하여도 풍속과 폭탄투하를 위한 비행 등이 불충분하여 발생하기도 한다.

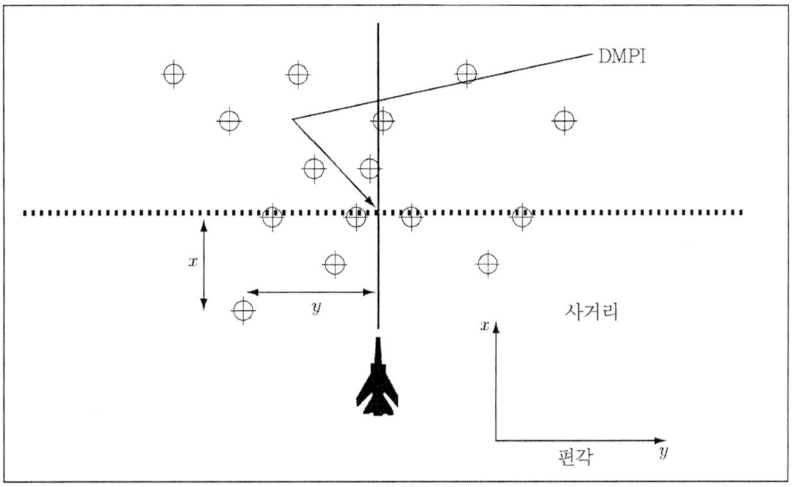

[그림 3.4] 사거리와 편류 거리오차

그림 3.4은 전투기가 수평 표적을 조준하여 지상에서 관측된 탄착점들을 표시하여 **요구탄착점**(desired mean point of impact, DMPI)을 보여주고 있다. 아래 그림 3.5는 전형적인 표적 근처의 탄착군을 보여준다.

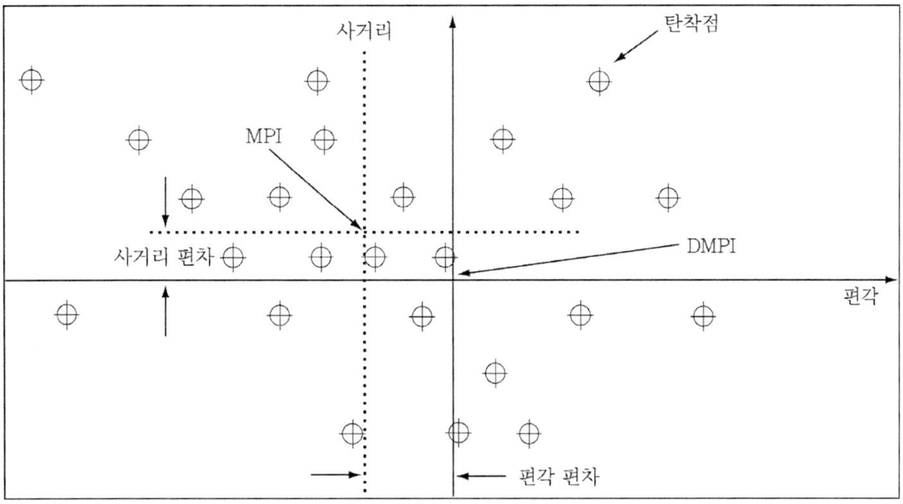

[그림 3.5] DMPI 근방의 탄착군 분포도

사실 특정한 무기에 대한 특성을 예견하는 것은 불가능하므로 발사된 무기의 표본으로부터 통계적인 의미로 그 위력과 특성들을 묘사할 수 있다. 즉 요구탄착점(DMPI)은 지상의 조준점의 위치이다. 부가적인 손상 효과들을 연구하기 위해 DMPI는 무기가 이 위치에서부터 효력을 발휘하는 표적까지의 어떤 특정한 거리를 말한다. 평면에서 두 방향은 사거리와 편각으로 표현되는데, **사거리**(range)는 폭격할 때 전투기의 속도벡터로 비행방향을 말하고 **편각**(deflection)은 사거리에 수직인 좌표축이다. 이 두 좌표를 도입하였을 때, 가장 간단한 통계적 분석 목표는 각 탄착점에 대한 사거리와 편각 좌표들의 평균을 구하는 것이다. 이것이 바로 **평균탄착점**(Mean point of impact, MPI)이다. 따라서 그림 3.5에서 보는 것처럼 DMPI로부터 사거리 편차와 편각편차를 보정한 것이다. 이렇게 평균값과 더불어 탄착점의 산포도와 분포의 어떤 측도는 유용한 특성을 가지고 있다. 비록 앞 절에서 분산, 표준편차를 설명했지만 적절한 의미에서 무기공학자들은 **사거리공산오차**(range error probable, REP)와 **편각공산오차**(deflection error probable, DEP)를 주로 사용한다. 사거리공산오차(REP)는 그림 3.6에서 보는 것처럼 DMPI에서 사거리 방향으로 탄착점들의 50%가 형성된 두 직선 중 한 직선과의 거리를 말한다.

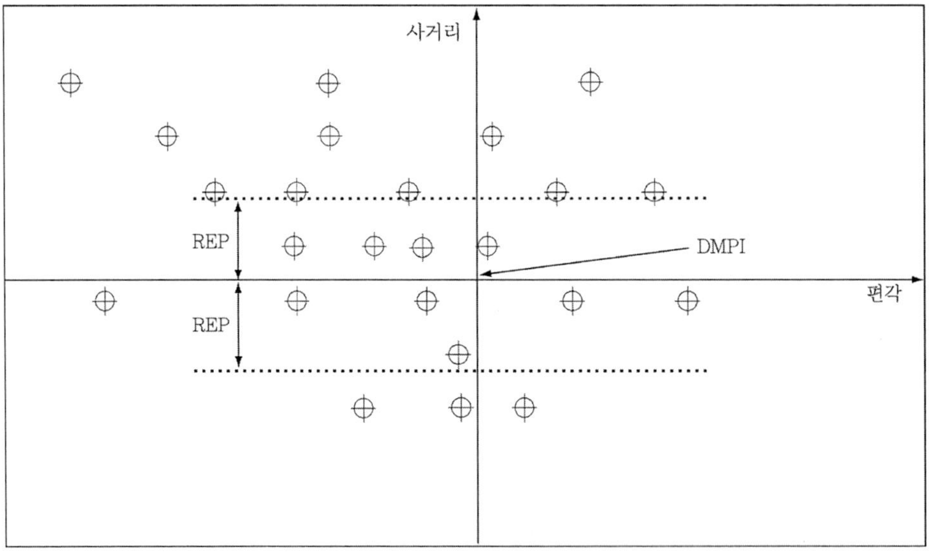

[그림 3.6] 사거리공산오차(REP)의 정의

마찬가지로 편각공산오차(DEP)는 그림 3.7에서 보는 것처럼 DMPI에서 편각 방향으로 탄착점들의 50%가 형성된 두 직선 중 한 직선과의 거리를 말한다.

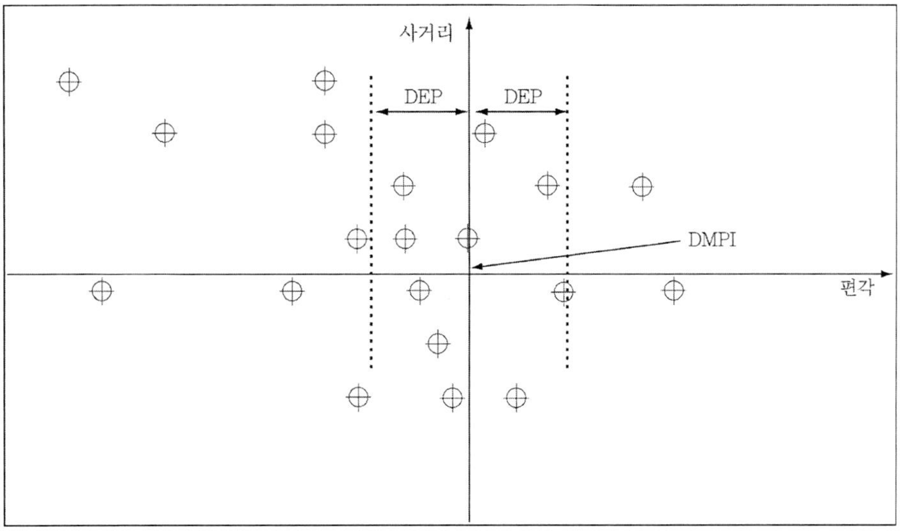

[그림 3.7] 편각공산오차(DEP)의 정의

실제로 REP와 DEP는 편차를 계산하고 데이터들로부터 보정하여 야전 실험 데이터들로부터 계산된다. 비록 REP와 DEP는 사거리 방향과 편각 방향의 산포도에 대한 아이디어를 주지만 보다 일반적으로 사용되는 측도는 **원형공산오차**(circular error probable, CEP)이다. CEP는 그림 3.8에서 보는 것처럼 DMPI를 중심으로 탄착점의 50%가 형성되는 원의 반경을 말한다.

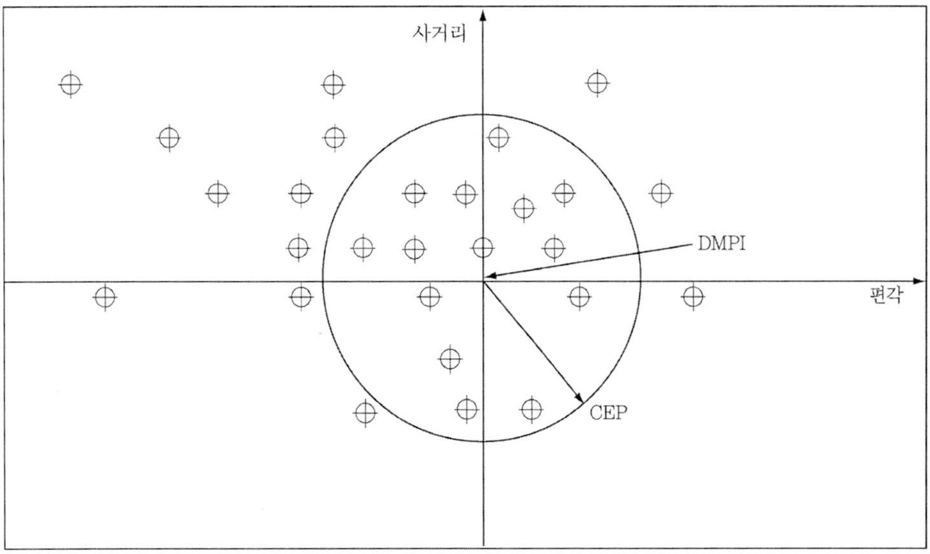

[그림 3.8] 원형공산오차(CEP)의 정의

REP와 DEP로부터 CEP를 유도할 수 있는지 보일 수 있기 때문에 REP와 DEP가 CEP보다 더 유용하다. 그러나 반대방향은 간단한 수학적 가정을 하지 않는다면 쉽지 않다. 이에 대한 계산은 다음 장에서 세부적으로 알아보겠다.

3.4 간단한 이산형 확률분포

새로 개발한 개인화기로 노출된 고정표적에 사격을 실시하여, 명중확률을 알 수 있다면 차후 이 소총이 전력화 되었을 때 무기체계 효과에 대한 분석이 필요하다. 이 소총의 명중확률이 p, 실패확률이 q로 알려졌다면 $p+q=1$이다. 만약 확률변수 X를 이 소총을 사격하여 명중하면 $X=1$, 실패하면 $X=0$로 정의하면 $P(X=1)=p$, $P(X=0)=q$가 된다. 사실 기초 확률론에서 이러한 확률변수를 **베르누이 분포**를 따른다고 하고 기댓값과 분산은 각각

$$E(X)=1\times p+0\times q=p$$

$$V(X)=E(X^2)-E(X)^2=p-p^2=p(1-p)=pq$$

가 된다. 만일 $X_1, X_2, \cdots, X_n$을 서로 독립이고 동일분포를 따를 때 이 확률변수들을 **서로 독립이고 동일분포**(independent and identically distributed, iid)를 따르는 확률변수라 하고 간단하게 iid **확률변수**라고 부른다. 그러면 이와 같은 종류의 모든 소총은 동일한 명중확률과 실패확률을 갖는다고 가정할 수 있을 것이다. 따라서 동종의 소총을 여러 개 또는 하나를 랜덤하게 선택하여 수백발의 사격을 실시하여 소총의 성능을 분석하고자 한다. 하나의 소총을 랜덤하게 추출하여 n번 사격을 한다고 할 때, 각각 첫 번째 사격 결과를 X_1, 두 번째 결과를 X_2, 등 마지막 n번째 결과를 X_n이라하면, $X_1, X_2, \cdots, X_n$는 iid인 확률변수들이 되고 $S_n=X_1+X_2+\cdots+X_n$이라하면 S_n은 명중한 수를 나타내는 확률변수가 된다. 예를 들어 n번 사격한 결과 한 번도 명중하지 않을 확률은

$$P(S_n=0)=q\cdot q\cdot\ \cdots\ \cdot q(n\text{번})=q^n$$

이고, 첫 번째 사격에서 명중하고 나머지는 모두 놓칠 확률은

$$p\cdot q\cdot q\cdots q$$

로 q가 $n-1$번 나타낸다. 두 번째 명중하고 나머지는 모두 놓칠 확률은

$$q \cdot p \cdot q \cdots q$$

가 된다. 이와 같은 방법으로 n번 사격한 결과 한 번 명중할 확률 즉

$$P(S_n = 1) = npq^{n-1}$$

이 된다. 같은 방법으로 n번 사격한 결과 명중할 확률을 생각해 볼 수 있다. n번 사격한 결과 r번 명중할 전체 수는 n개에서 r개를 선택하는 수와 같고 이는 이항정리의 공식

$$\binom{n}{r} = \frac{n!}{r!(n-r)!}$$

이다. 따라서 n번 사격한 결과 r번 명중할 확률은

$$P(S_n = r) = \binom{n}{r} p^r q^{n-r}, \quad r = 0, 1, 2, \cdots, n \tag{3.1}$$

가 된다. 식 (3.1)은 n번 사격한 결과에 대한 분포를 나타낸다. 특히 확률 $P(S_n = r)$은 $(p+q)^n$의 이항전개에서 $r+1$번째 이항계수와 같으므로 이것은 **이항확률분포**(binomial probability distribution)라 말한다. 따라서 일어날 모든 사건들의 각 확률을 전부 더하면

$$\sum_{r=0}^{n} P(S_n = r) = 1$$

이 된다. 이 식을 간단히 증명하기 위하여 $(p+q)^n = 1$을 이용하면

$$\begin{aligned}(p+q)^n &= \binom{n}{0} p^0 q^n + \binom{n}{1} p^1 q^{n-1} + \binom{n}{2} p^2 q^{n-2} + \cdots + \binom{n}{n} p^n q^0 \\ &= 1\end{aligned}$$

으로 쉽게 증명할 수 있다

그러나 실제 응용에서는 특정한 수 r_0번 명중할 확률보다는 최소한 r_0번 이상 명중할 확률 등에 관심이 많다. 그러면 우리는 확률 $P(S_n \geq r_0)$을 구해야 하는데

$$\begin{aligned}P(S_n \geq r_0) &= \sum_{r=r_0}^{n} P(S_n = r) \\ &= \sum_{r=r_0}^{n} \binom{n}{r} p^r q^{n-r}\end{aligned}$$

이 된다. 이 확률은 다시 여사건 $(S_n \geq r_0) = S_n \cap (S_n \leq r_0 - 1)^c$을 이용하여

$$P(S_n \geq r_0) = 1 - \sum_{r=0}^{r_0 - 1} P(S_n = r)$$

으로 구할 수도 있다. 따라서 일반적으로 이산형 확률변수 X에 대한 **평균**(mean) 또는 **기댓값**(expectation)은

$$E(X) = \sum_{r=0}^{n} rP(X = r)$$

로 정의되므로 이항분포에서 기댓값은

$$\begin{aligned} E(S_n) &= \sum_{r=0}^{n} rP(S_n = r) \\ &= \sum_{r=0}^{n} r\binom{n}{r} p^{r-1} q^{n-r} \\ &= \sum_{r=0}^{n} \frac{n!r}{r!(n-r)!} p^r q^{n-r} \\ &= np \sum_{r=1}^{n} \frac{(n-1)!}{(r-1)!(n-r)!} p^r q^{n-r} \\ &= np \sum_{s=0}^{n-1} \frac{(n-1)!}{s!(n-1-s)!} p^s q^{n-1-s} \\ &= np(p+q)^{n-1} = np \end{aligned}$$

이 된다. 한편 확률변수 X에 대한 분산은 $V(X) = E(X^2) - E(X)^2$ 이므로

$$V(S_n) = \sigma^2 = npq \tag{3.2}$$

임을 구할 수 있다. 이를 구하기 위해서

$$\begin{aligned} \sigma^2 &= \sum_{r=0}^{n} r^2 P(S_n = r) - (E(S_n))^2 \\ &= \sum_{r=0}^{n} \frac{n!r^2}{r!(n-r)!} p^r q^{n-r} - n^2 p^2 \end{aligned}$$

을 이용하여 기댓값 구하는 과정을 반복 응용하면 된다.

위의 이항확률분포에서 소총의 사격 횟수 n을 충분히 증가시키고 반면 $p < 0.1$을 감소시

켜 $np=\lambda$로 일정하게 하자. 이 경우 또 다른 근사값을 다음과 같이 구할 수 있다. 즉 $r=0$일 때,

$$P(S_n=0)=q^n=(1-p)^n \tag{3.3}$$

이 되고, $r=1$일 때 $np=\lambda$이라 두면

$$P(S_n=1)=np(1-p)^{n-1}=\lambda(1-p)^{n-1}$$

가 된다. 식 (3.3)은 $\ln(1+x)=\sum_{n=1}^{\infty}(-1)^{n-1}\frac{x^n}{n}$인 매클로린급수 전개를 이용하면

$$\ln P(S_n=0)=n\ln(1-p)=n(p-\frac{p^2}{2}+\frac{p^3}{3}-\cdots)$$

가 되고, p가 작기 때문에

$$\ln P(S_n=0)=-np=-\lambda$$

가 된다. 따라서

$$\begin{aligned}\lim_{n\to\infty}P(S_n=0)&=P(S_\infty=0)\\&=\lim_{n\to\infty}e^{-np}=e^{-\lambda}\end{aligned}$$

가 된다. 이와 마찬가지로 식 (3.3)을 이용하면 근사적으로

$$\begin{aligned}\ln P(S_n=1)&=\ln\lambda+(n-1)\ln(1-p)\\&\cong\ln\lambda-np\end{aligned}$$

가 된다. 따라서

$$\ln\left[\frac{P(S_n=1)}{\lambda}\right]=-\lambda$$

이고

$$\lim_{n\to\infty}P(S_n=1)=P(S_\infty=1)=\lambda e^{-\lambda}$$

가 된다. 같은 방법으로 $P(S_\infty=2)=\frac{\lambda^2}{2!}e^{-\lambda}$를 구할 수 있다. 따라서 일반적으로

$$P(S_\infty=r)=\frac{\lambda^r}{r!}e^{-\lambda} \tag{3.4}$$

가 된다. 이항분포에서 n을 충분히 크게하고 명중확률 p를 충분히 감소시켜 구한 근사식을 **푸아송 분포**(poisson distribution)라 한다.

푸아송분포는 사건이 일정한 평균 변화율 λ인 공간과 시간에 드물게 일어나는 군사작전에서 대표적으로 사용된다. 대표적인 응용은 다음에서 요약할 수 있다.

(a) 정비 대기나 전투장비 손실정비와 같은 어떤 장비가 차례대로 일정한 비율로 랜덤하게 도착하는 대기행렬 문제 분석

(b) 어떤 특정한 부품이 일정한 비율로 고장날 때 부품의 신뢰도 분석

(c) 무기의 추진체나 파편이 표적 주위에 랜덤하게 분포될 때 전투 손실 산정

이항분포와 마찬가지로 푸아송분포도

$$\sum_{r=0}^{\infty} P(S_{\infty} = r) = 1 \tag{3.5}$$

임을 보일 수 있다. 이를 증명하기 위해 식 (3.5)에 식 (3.4)를 대치하면

$$\begin{aligned} P(S_{\infty} = 0) + P(S_{\infty} = 1) + P(S_{\infty} = 2) + \cdots &= e^{-\lambda}\left(\frac{\lambda^0}{0!} + \frac{\lambda^1}{1!} + \frac{\lambda^2}{2!} + \cdots\right) \\ &= e^{-\lambda} e^{\lambda} = 1 \end{aligned}$$

이항분포에서처럼 특정한 수 r_0번 일어날 확률보다는 최소한 r_0번 이상 일어날 확률은

$$\begin{aligned} P(S_{\infty} \geq r_0) &= \sum_{r=r_0}^{\infty} P(S_{\infty} = r) \\ &= \sum_{r=r_0}^{\infty} \frac{\lambda^r}{r!} e^{-\lambda} \\ &= 1 - \sum_{r=0}^{r_0 - 1} \frac{\lambda^r}{r!} e^{-\lambda} \end{aligned}$$

으로 계산할 수 있다.

예제 4.1

폭발하는 포탄에서 일정 거리에서 $1m^2$당 유산탄 평균파편수가 0.05이다. 적어도 하나의 파편이 $2m^2$인 지역표적에 명중할 확률을 구하여라.

풀이 푸아송분포를 이용하면 모수 $\lambda = 0.05 \times 2 = 0.1$ 파편/$2m^2$ 또는 0.1 파편/지역표적이다. 이 지역표적에 하나도 명중하지 않을 확률은

$$P(S=0) = \frac{(0.1)^0}{0!} e^{-0.1} = 0.9048$$

이 된다. 따라서 적어도 하나가 명중할 확률은

$$P(S \geq 1) = 1 - P(S=0) = 1 - 0.9048 = 0.0952$$

가 된다.

연습문제 3.4

1. 00미리 박격포를 사거리별 50미터 간격으로 25번 사격한 결과 다음과 같은 탄착점들의 데이터를 수집하였다. 각 탄착점의 거리를 중간점으로 하여 다음을 구하여라.

사거리(m)	500-550	550-600	600-650	650-700	750-800
탄착점(수)	2	6	11	5	1

(a) 상대도수 다각형을 그려라.

(b) 평균과 분산을 각각 구하여라.

(c) 중앙값, 좌측경계, 우측경계, 최대, 최솟값을 구하여 상자그림을 완성하여라.

2. 탄착점, 조준점, 평균탄착점에 대하여 설명하여라.

3. 사거리공산오차, 편각공산오차와, 원형공산오차에 대하여 설명하여라.

제4장 고정표적의 명중확률과 무기 유효반경

앞 장에서 이항분포 및 푸아송분포와 관련된 몇 가지 모델들을 알아봤다. 그리고 충분히 많은 시험을 통해 이항분포는 정규분포로 근사된다는 사실을 알고 있고, 이 사실을 뒷받침할 수 있는 수학적 정리가 중심극한정리이다. 따라서 정규분포를 이용하여 가시선상, 평면상, 그리고 표적과 동일하거나 표적으로부터 보정된 거리를 적용한 공간상에 노출된 점표적의 파괴확률을 구할 수 있다. 이러한 확률들은 무기의 유효사거리 반경 R 안에 있을 때 표적이 파괴되고, 유효사거리 반경 밖에 있을 때는 안전성이 보장되는 "cookie cutter" 피해함수에 의해 유도된다. 2차원 평면에서 점표적에 대해서는 영점조준 보정(zero aiming offset)과 동일 분산, 보정조준과 동일 분산, 영점조준 보정 및 다른 분산, 보정조준과 다른 분산 등 4가지 경우를 고려할 수 있다. 앞 장에서 단순히 무기의 정확도 측면에서 소개된 선형공산오차, 원형공산오차, 구형공산오차의 개념을 이해하고 계산하는 방법을 수학적으로 좀 더 세부적으로 살펴본다. 더불어 일반적인 예제를 이용하여 균등한 피해 수치를 갖는 원형표적의 부분적인 피해에 대해 복잡한 계산 방법을 비교적 쉽게 유도해 보겠다. 또한 피해 메커니즘의 정확한 표현을 소개하는 대상과 함께 네 가지 서로 다른 피해함수들을 논의한다. 한편 가우스 피해함수, 지수 피해함수, 상향 계단 피해함수, 로그 정규 피해함수, 파편 피해함수들을 소개한다.

모든 화기사격의 경우 항상 기계적 오류와 라운드 사탄산포 오차를 포함한다. 이미 그림 3.1에서 간단히 소개하였지만 세부적으로 살펴보면 다음의 그림 4.1은 실 표적위치와 인지된 표적위치, 조준점, 탄착점 사이의 관계를 보여준다. 이러한 오류발생 원인에 대해 세부적으로 알아본다.

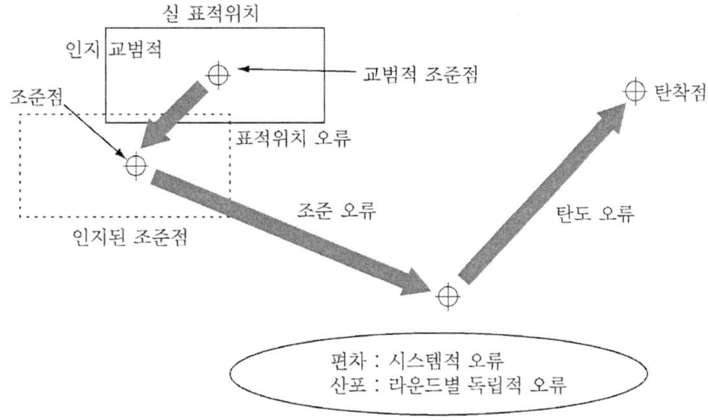

[그림 4.1] 편차와 산포 오류의 관계

4.1 정규분포 및 선형공산오차

평균이 μ이고 분산이 σ^2인 정규분포를 따르는 확률변수 X의 확률밀도함수는

$$f_X(x) = \frac{1}{\sqrt{2\pi}\,\sigma} e^{-\frac{(x-\mu)^2}{2\sigma^2}}, \quad -\infty < x < \infty \tag{4.1}$$

와 같이 주어진다. 이 분포는 평균 μ(평균 탄착점)를 중심으로 대칭이고 그림 4.2에서 보는 것처럼 종형 모양이다.

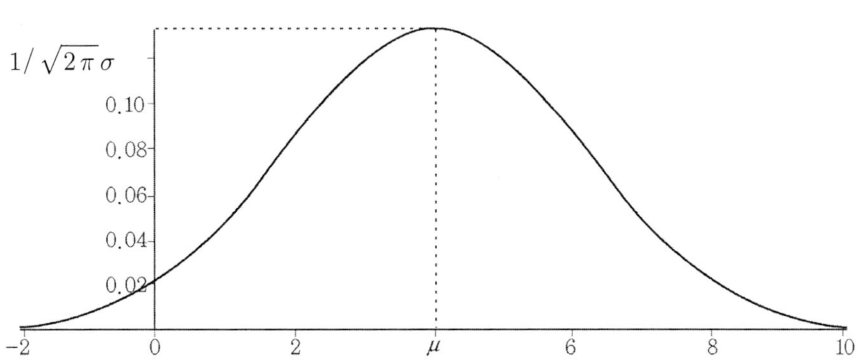

[그림 4.2] 정규분포 확률밀도함수

이 정규분포에 대한 확률 계산은

$$P(x_1 \le X \le x_2) = \int_{x_1}^{x_2} f_X(x)dx$$

$$= \frac{1}{\sqrt{2\pi}\,\sigma} \int_{x_1}^{x_2} e^{-\frac{(x-\mu)^2}{2\sigma^2}} dx$$

로 계산한다. 그러나 이 식을 사용하여 계산하기는 무척 어렵다. 위의 식에서 $z = \dfrac{x-\mu}{\sigma}$로 치환하면 $dz = \dfrac{1}{\sigma}dx$, $z_1 = \dfrac{x_1-\mu}{\sigma}$, $z_2 = \dfrac{x_2-\mu}{\sigma}$가 되고 확률변수 X는 표준화하여 $Z = \dfrac{X-\mu}{\sigma}$로 치환하면 Z는 평균 0, 분산 1인 표준정규분포를 따르는 확률변수가 된다. 따라서

$$P(x_1 \le X \le x_2) = P\left(\frac{x_1-\mu}{\sigma} \le \frac{X-\mu}{\sigma} \le \frac{x_2-\mu}{\sigma}\right)$$

$$= P(z_1 \le Z \le z_2)$$

$$= \frac{1}{\sqrt{2\pi}} \int_{z_1}^{z_2} e^{-\frac{1}{2}z^2} dz$$

가 된다. 그래서 실제에서는 평균이 0이고 분산이 1인 표준정규분포를 이용하여 계산하는데, 아래 그림 4.3에서 표준정규분포의 확률밀도함수와 x축의 점 a로 둘러싸인 영역은 누적분포함수 $\Phi(a)$를 나타내고

$$\Phi(a) = P(-\infty < Z \le a) = \frac{1}{\sqrt{2\pi}} \int_{-\infty}^{a} e^{-\frac{1}{2}z^2} dz \tag{4.2}$$

$$\Phi(-a) = P(-\infty \le Z \le -a) = P(a \le Z < \infty) \tag{4.3}$$

$$= \frac{1}{\sqrt{2\pi}} \int_{a}^{\infty} e^{-\frac{1}{2}z^2} dz$$

로 정의한다. 그러므로 $\Phi(a) + \Phi(-a) = 1$이 되고

$$\begin{aligned}\Phi(a) &= 1-\Phi(-a)\\ &= 1-P(a \le Z < \infty)\\ &= 1-\frac{1}{\sqrt{2\pi}}\int_a^{\infty} e^{-\frac{1}{2}z^2}dz\end{aligned}$$

로 계산할 수 있다. 아래 그림에서 이 관계를 살펴보면 다음과 같다.

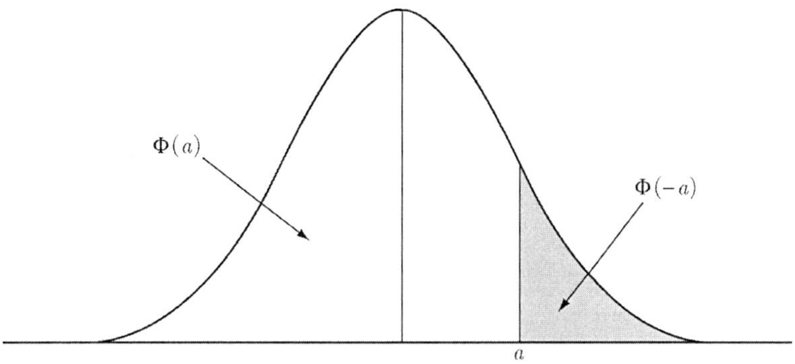

[그림 4.3] 누적분포함수를 이용한 확률의 계산

비행 오차에 대한 통계적 연구나 분석에서의 통상적인 오류 측도는 표준편차를 이용하나 무기효과 분석에서는 공산오차(error probable)를 주로 사용한다.

정의 4.1 공산오차(error probable)의 정의

평균 μ를 중심으로 양쪽 끝 부분의 확률이 각각 0.25가 되도록 하여 총 50%의 오차를 나타내는 확률적 오류이다.

이 정의를 좀 더 쉬운 정규분포의 확률을 이용하면 좌우측에서 각각 $\mu \pm 0.6745\sigma$에 의해 둘러싸인 부분의 면적이 각각 0.25가 되고, 평균을 중심으로 중앙부분의 면적이 0.5가 된다.

정의 4.2 선형공산오차(linear error probable, LEP)

평균 μ를 중심으로 양쪽 끝 부분의 확률이 각각 0.25가 되도록 아래 그림에서 $\nu = \mu \pm 0.6745\sigma$를 택하면 정규분포의 확률밀도함수의 중앙부분의 면적이 0.5를 나타내는 오류이다.

그러므로 표준화 $z = \dfrac{x-\mu}{\sigma}$ 과정을 이용하면 선형오차 범위(LEP)는

$$LEP_{range} = 0.6745\sigma \tag{4.4}$$

로 정의된다.

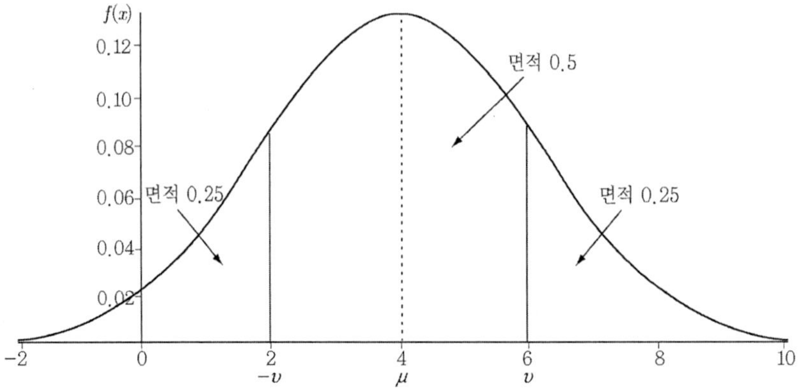

[그림 4.4] 선형 공산오차 (50% 오류 확률)

예제 4.1

어떤 전차포의 사거리공산오차가 25m라고 한다. 만약 표적중앙을 조준할 때 길이 20m의 표적에 명중할 확률을 구하여라. 단, 시스템적 오류는 없고 그림 4.5에서 보는 것처럼 조준점을 중심으로 정규분포를 이룬다고 가정한다.

풀이 정규분포를 이루고 있으므로 $\mu = 0$이고

$$\sigma = \frac{LEP_{range}}{0.6745} = \frac{25}{0.6745} = 37.0644m$$

가 되고 $x = \pm 10m$이므로 $v = \pm \frac{10}{37.0644} = \pm 0.2698$이 된다. 따라서 표준정규분포표를 이용하면 $P(Z > 0.2698) = 0.3937$이다. 그러므로

$$P(-0.2698 < Z < 0.2698) = 1 - 2 \times 0.3937 = 0.2126$$

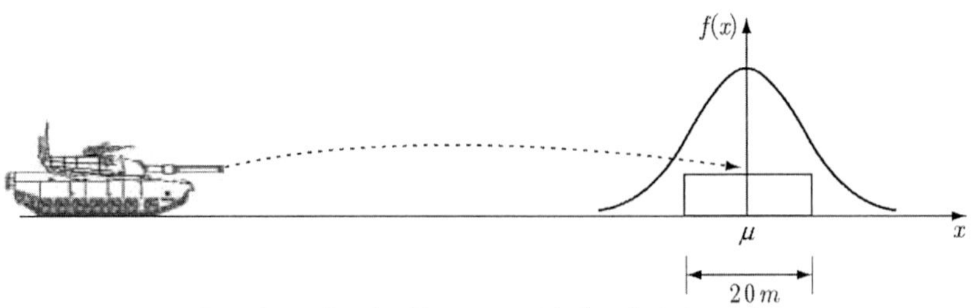

[그림 4.5] 정규확률분포 $f(x)$ 범위의 표적

위의 예제에서 구한 확률 값은 단발사격에 의한 표적 명중확률이고 기호로 P_{SSH}로 나타낸다. 그러므로 빗나갈 확률은 $1-P_{SSH}$이다. 만약 n번 사격을 할 때 모두 빗나갈 확률은 $(1-P_{SSH})^n$, 그리고 1번 이상 명중확률은

$$P_n = 1-(1-P_{SSH})^n \tag{4.5}$$

임을 알 수 있다.

4.2 단발사격에 의한 직사각형 표적 명중확률

표적 형태가 직사각형 모양인 경우의 명중확률을 생각해보자. 그림 4.6에서 보는 것처럼 직사각형의 한 변은 사거리 방향과 평행이고 다른 한 변은 수직으로 교차하는 방향으로 표준편차 σ_x와 σ_y, 사거리공산오차(REP)와 교차사거리공산오차(cross range error probable, CREP)가 알려져 있는 것으로 가정한다.

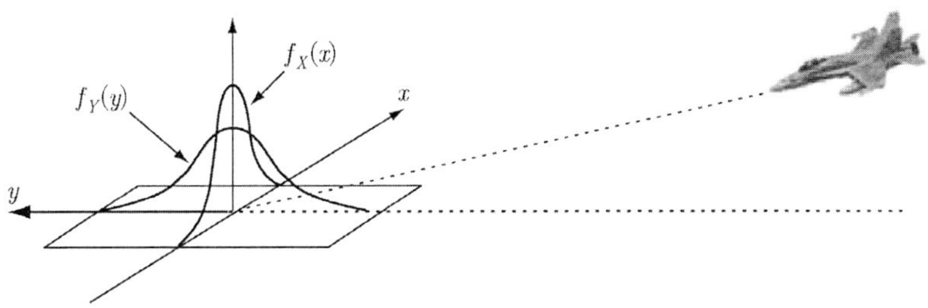

[그림 4.6] 지상표적에 대한 공대지 사격

또한 문제를 해결하기 쉽게 사거리와 교차사거리는 서로 독립이라 가정한다. 그러면 표적에 대한 결합확률밀도함수는 사거리 확률밀도함수 $f_X(x)$와 교차사거리 확률밀도함수 $f_Y(y)$의 곱

$$f(x,y) = f_X(x) \cdot f_Y(y) \tag{4.6}$$

가 된다. 여기서 조준점을 평균 $\mu_x = 0$, $\mu_y = 0$이 된다고 가정하면

$$f_X(x) = \frac{1}{\sqrt{2\pi}\,\sigma_x} e^{-\frac{x^2}{2\sigma_x^2}} \tag{4.7}$$

$$f_Y(y) = \frac{1}{\sqrt{2\pi}\,\sigma_y} e^{-\frac{y^2}{2\sigma_y^2}}$$

이다. 그러므로 $2\alpha \times 2\beta$ 크기의 직사각형 표적의 명중확률은

$$\begin{aligned} P_{SSH} &= \iint_{\text{표적}} f(x,y)dxdy = \int_{-\beta}^{\beta}\int_{-\alpha}^{\alpha} f_X(x)f_Y(y)dxdy \qquad (4.8) \\ &= \int_{-\alpha}^{\alpha} f_X(x)dx \int_{-\beta}^{\beta} f_Y(y)dy \\ &= P_{\text{사거리}} \times P_{\text{교차사거리}} \\ &= A \times B \end{aligned}$$

가 된다. 여기서 그림 4.7에서 보는 것처럼 영역 A와 영역 B에 해당하는 사거리 주변 확률밀도함수와 교차사거리 주변 확률밀도함수에 의해 지정된 표적에 대한 확률이다.

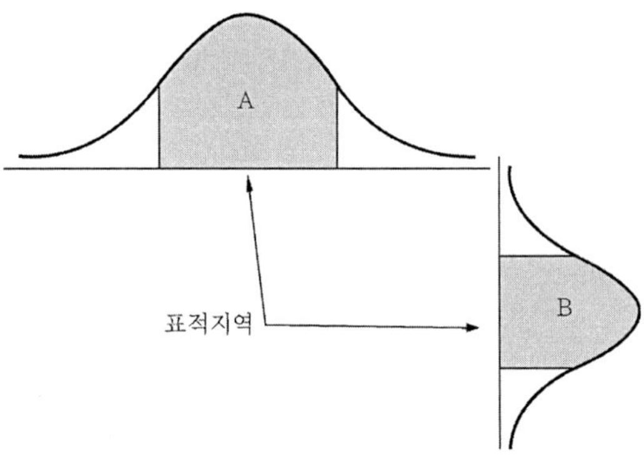

[그림 4.7] 사거리와 교차 사거리 방향의 확률분포

예제 4.2

F-15 전투기의 기총이 $9m \times 4m$ 크기의 직사각형 표적에 사격을 실시한다. 사거리공산오차(REP=LEP)는 5.93이고 교차사거리공산오차(CREP=LEP)는 2.96이라고 알려져 있다. 시스템적 오류는 없고 평균은 조준점을 중심으로 정규분포를 이룬다고 한다. 이때 직사각형 표적에 명중할 확률을 구하여라.

풀이 $\sigma_x = REP/0.6745 = 8.792$, $x = \pm 4.5$이고 $\sigma_y = REP/0.6745 = 4.39$, $y = \pm 2$이다. 따라서 $z_1 = \pm \dfrac{4.5}{8.792} = \pm 0.5118$, $z_2 = \pm \dfrac{2}{4.39} = \pm 0.456$를 구할 수 있다. 그러면

$$P(-z_1 \le Z \le z_1) = 1 - 2P(Z \ge 0.512) = 1 - 2 \times 0.3015 = 0.397$$
$$P(-z_2 \le Z \le z_2) = 1 - 2P(Z \ge 0.456) = 1 - 2 \times 0.3605 = 0.279$$

식 (4.8)에 의해 다음과 같이 구할 수 있다.

$$P_{SSH} = P_{\text{사거리}} \times P_{\text{교차사거리}} = 0.397 \times 0.279 \simeq 0.111.$$

4.3 표적살상확률과 다중사격 명중확률

K를 살상확률변수, H를 명중확률변수라고 하자. 표적에 명중하였을 때 살상될 조건부확률을 $P(K \mid H)$이라하면 단발사격 명중 후 생존힐 확률은 $1 - P(K \mid H)$가 된다. 그러므로 $n-1$번 명중하였을 때 생존할 확률은 $(1 - P(K \mid H))^{n-1}$이 된다. 만약 n번째 사격을 명중한 후 표적이 살상되었다면 이 사건에 대한 확률은

$$P_n(K) = n-1\text{번 명중 후 생존확률} \times \text{단발 명중 살상확률} \tag{4.9}$$
$$= (1 - P(K \mid H))^{n-1} P(K \mid H).$$

따라서 유효 사거리 내에 있는 노출된 표적에 무한번 명중할 경우 표적살상 확률은 반드시 $\sum_{n=1}^{\infty} P_n(K) = 1$이다. 표적에 명중하였을 때 살상될 조건부확률 $P(K \mid H) \neq 0$이므로 $0 < 1 - P(K \mid H) < 1$이다. 그러므로 기하급수를 이용하여

$$\sum_{n=1}^{\infty} P_n(K) = \sum_{n=1}^{\infty} (1 - P(K \mid H)^{n-1} P(K \mid H)$$
$$= \frac{P(K \mid H)}{1 - (1 - P(K \mid H))}$$
$$= 1$$

임을 알 수 있다.

예제 4.3

표적에 명중하였을 때 살상될 조건부확률 $P(K \mid H)$가 각각 0.7, 0.5, 0.3일 때 명중한 횟수에 대하여 $n=1$부터 6까지 살상될 확률을 각각 구하여라.

풀이 식 (4.9) $P_n(K) = (1-P(K \mid H))^{n-1}P(K \mid H)$에 각각 $P(K \mid H)$=0.7, 0.5, 0.3을 대입하고 그 때 $n=1$부터 6까지 구하면 된다. 확률 도표로 살펴보면

n	$P_n(K)$	$P_n(K)$	$P_n(K)$
0	0	0	0
1	0.7	0.5	0.3
2	0.21	0.25	0.21
3	0.063	0.125	0.147
4	0.0189	0.0625	0.1029
5	0.00567	0.03125	0.07203
6	0.001701	0.015625	0.050421

이고 추세 확률 곡선은 아래 그림 4.8에서 볼 수 있다.

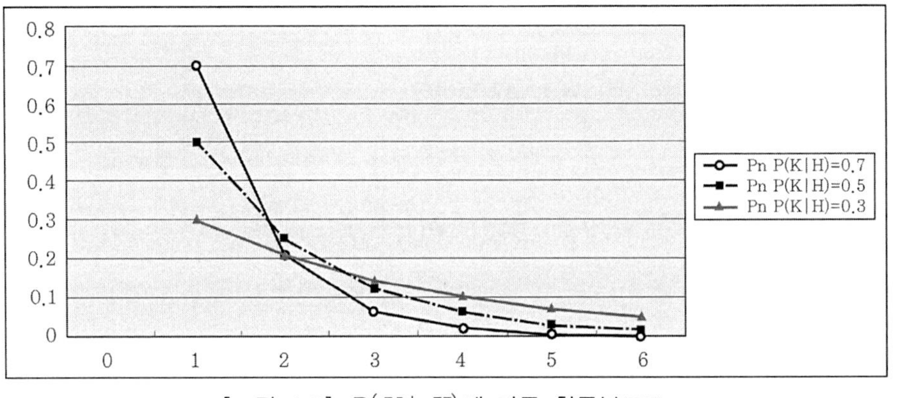

[그림 4.8] $P(K \mid H)$에 따른 확률분포도

이와 유사하게 단발명중 확률이 P_{SSH}이면 빗나갈 확률은 $1-P_{SSH}$가 된다. 따라서 $n-1$번 사격까지 빗나갈 확률은 $(1-P_{SSH})^{n-1}$이고 n번째 사격에서 표적에 명중할 확률은 다음과 같다.

$$P_n(H) = (1-P_{SSH})^{n-1}P_{SSH} \tag{4.10}$$

정리 4.1

화기의 단발명중확률 P_{SSH}에 대하여 임의의 n번 사격에서 적어도 한 번 이상 명중할 확률은 $P_n(H \geq 1) = 1-(1-P_{SSH})^n$이다.

증명 단발명중확률이 $0 < P_{SSH} < 1$이므로 급수 $\sum_{i=1}^{n}(1-P_{SSH})^{i-1}$는 초항 1, 공비가 $1-P_{SSH}$인 등비급수이다. 따라서 n번 사격에서 최소한 1번 이상 명중할 확률은

$$P_n(H \geq 1) = \sum_{i=1}^{n}(1-P_{SSH})^{i-1}P_{SSH}$$

$$= \frac{P_{SSH}(1-(1-P_{SSH})^n)}{1-(1-P_{SSH})}$$

$$= 1-(1-P_{SSH})^n$$

이다.

예제 4.4

화기의 단발명중확률 P_{SSH}가 각각 0.7, 0.5, 0.3일 때 n번 사격에서 적어도 한 번 이상 명중될 확률을 각각 구하여라.

풀이 정리 4.1에서 명중할 확률은 $P_n(H \geq 1) = 1-(1-P_{SSH})^n$에 각각 $P_{SSH} = 0.7, 0.5, 0.3$을 대입하고 그 때 $n=1$부터 6까지 구하면 된다. 확률 도표로 살펴보면

n	$P_{SSH}=0.7$	$P_{SSH}=0.5$	$P_{SSH}=0.3$
1	0.7	0.5	0.3
2	0.91	0.75	0.51
3	0.973	0.875	0.657
4	0.9919	0.9375	0.7599
5	0.99757	0.96875	0.83193
6	0.999271	0.984375	0.882351

이고 $P_n(H \geq 1)$의 추세 확률곡선은 아래 그림 4.9에서 볼 수 있다.

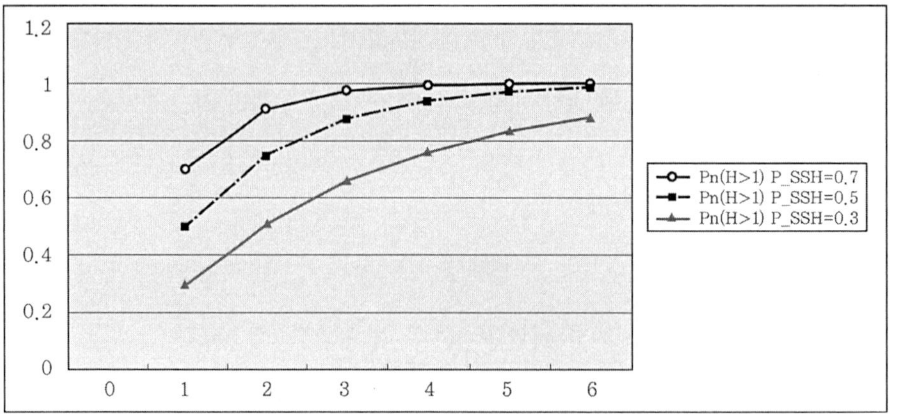

[그림 4.9] P_{SSH}에 따른 확률분포도

4.4 점표적 파괴확률

아래 그림 4.10에서 보는 것처럼 이변량정규분포는 평균 $\mu_x,\ \mu_y \in \mathrm{R}$ 이고, 표준편차가 각각 $\sigma_x,\ \sigma_y > 0$ 이며, $-1 < \rho_{x,y} < 1$을 만족하는 상관계수 $\rho_{x,y}$에 대하여 R^2에서 결합확률밀도함수 $f(x,y)$는 다음과 같다.

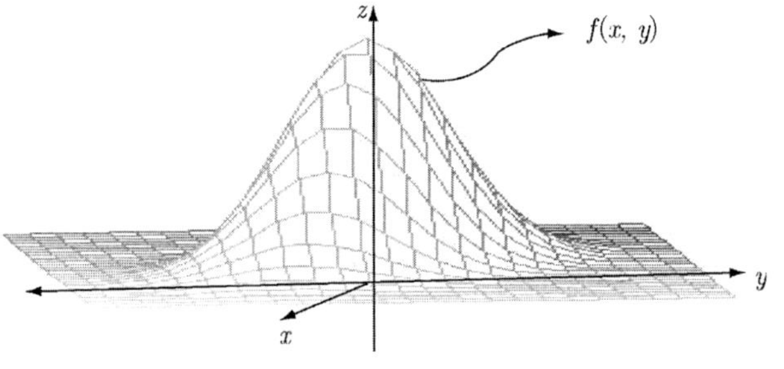

[그림 4.10] 이변량정규분포의 결합확률밀도함수

$$f(x,y) = \frac{1}{2\pi\sigma_x\sigma_y\sqrt{1-\rho_{x,y}^2}} exp\left\{-\frac{1}{2(1-\rho_{x,y}^2)}\left[\left(\frac{x-\mu_x}{\sigma_x}\right)^2 - 2\rho_{x,y}\left(\frac{x-\mu_x}{\sigma_x}\right)\left(\frac{y-\mu_y}{\sigma_y}\right) + \left(\frac{y-\mu_y}{\sigma_y}\right)^2\right]\right\}. \tag{4.11}$$

만약 식 (4.11)에 $\mu_x = \mu_y = 0$과 $\sigma_x = \sigma_y = 1$을 대입하면 $\rho_{x,y}$에 대한 이변량 표준정규분포를 구할 수 있다.

위와 같이 기초 통계학에서 다루는 이변량정규분포를 이용하여 점표적의 파괴확률을 구해보자. 표적이 파괴될 수 있는 무기체계의 유효반경과 표적의 크기를 비교하여 작을 때 수학적 모델링에서는 이러한 공격대상을 **점표적**(point target)으로 나타낸다. 그러면 이러한 점표적의 단발표적파괴확률을 구해보자. 이러한 **단발표적살상확률**(single shot probability kill)을 P_{SSK}로 나타내자. 만약 주어진 P_{SSK}에 대하여 첫 번째 사격에서 표적이 파괴 되지 않을 확률은 $1-P_{SSK}$, 두 번째 사격에서 파괴되지 않을 확률은 $(1-P_{SSK})^2$로 서로 독립적이다. 즉 매 사격마다 서로 독립이기 때문에 n번 사격에서 파괴되지 않을 확률은 $(1-P_{SSK})^n$이 된다. 따라서 적어도 n번 독립적인 조준사격에 의해 표적이 파괴될 확률은

$$P(n\text{번 사격}) = 1-(1-P_{SSK})^n \tag{4.12}$$

이 된다.

점표적에 조준된 무기에 대하여 상관계수 $\rho_{x,y}=0$이라 가정하면 식 (4.11)로부터 결합확률밀도함수는 다음과 같다.

$$\begin{aligned} f(x,y) &= \frac{1}{2\pi\sigma_x\sigma_y} exp\left\{-\frac{1}{2}\left[\left(\frac{x-\mu_x}{\sigma_x}\right)^2 + \left(\frac{y-\mu_y}{\sigma_y}\right)^2\right]\right\} \\ &= \frac{1}{\sqrt{2\pi}\,\sigma_x} exp\left[-\frac{1}{2}\left(\frac{x-\mu_x}{\sigma_x}\right)^2\right] \cdot \frac{1}{\sqrt{2\pi}\,\sigma_y} exp\left[-\frac{1}{2}\left(\frac{y-\mu_y}{\sigma_y}\right)^2\right] \\ &= f_X(x) \cdot f_Y(y) \end{aligned} \tag{4.13}$$

여기서 편의상 x와 y좌표는 점표적에서 측정된 방향좌표이고, (μ_x, μ_y)는 무기의 탄착점의 평균 좌표이며, σ_x와 σ_y는 각각 x와 y방향의 표준편차이다. 점표적으로부터 반경 R내에 명중할 확률은 조준점을 각각 평균으로 하면

$$P = \iint_{(x^2+y^2 \le R^2)} f(x,y)\,dxdy \tag{4.14}$$

으로 계산된다. 식 (4.14)와 같이 주어진 이중적분은 극좌표계로 바꾸어 적분하면 보다 쉽다. 미분적분학에서 배운것처럼 주어진 이중적분에서 $x = r\cos\theta,\ y = r\sin\theta$로 치환하면 피적분 함수 $f(x,y)$는 $f(rcos\theta, r\sin\theta)$가 되고 $dxdy = rdrd\theta$가 된다. 그리고 적분 영역

$\{(x,y) \mid x^2+y^2 \le R^2\}$는 $\{(r,\theta) \mid 0 \le r \le R,\ 0 \le \theta \le 2\pi\}$인 원이다. 극좌표계에서 이 중적분으로 식 (4.14)를 변환하면

$$P = \int_0^{2\pi}\int_0^R f(r\cos\theta,\ r\sin\theta)\, r\,dr d\theta \tag{4.15}$$

이 된다.

만약 무기의 탄착점이 (x,y)일 때 피해함수를 $d(x,y)$로 나타내면 이 무기에 대한 무조건적 표적파괴확률은

$$P_d = \int_{-\infty}^{\infty}\int_{-\infty}^{\infty} d(x,y) f(x,y)\,dxdy \tag{4.16}$$

로 표현된다. 이 확률은 부분적으로 손상을 입었을 때 가장 유용하게 사용된다. 이런 경우 $d(x,y)$는 (x,y)에서 탄두가 명중되었을 때 파괴될 것으로 예상되는 일부분을 나타내고, P_d는 명중된 표적에서 반드시 파괴될 것으로 예측되는 영역이다. 대부분 수치적 계산에서 적용되는 피해함수는 원대칭(circularly symmetric) 함수이고 $d(x,y)$는 일변수함수 $r=\sqrt{x^2+y^2}$로 표현된다. 이 함수의 가장 간단한 형태가 **쿠키커터**(cookie cutter) **피해함수**로

$$d(x,y) = \begin{cases} 1, & r \le R \\ 0, & otherwise \end{cases} \tag{4.17}$$

이다. 살상반경 R인 쿠키커터 피해함수에 대한 점표적의 파괴확률 P_d는 원의 반경 R 내부의 명중확률 P와 같다.

정리 4.2 무보정 동일분산(zero offset and equal variances)

$\mu_x=\mu_y=0$이고 $\sigma_x^2=\sigma_y^2=\sigma^2$일 때, 쿠키커터 피해함수 $d(x,y)=\begin{cases}1, & r\le R\\ 0, & r>R\end{cases}$에 대하여

(a) $P_d(R/\sigma)=1-e^{-\frac{R^2}{2\sigma^2}}$, (b) $P(r)=1-e^{-\frac{r^2}{2\sigma^2}}$이다.

증명 $\mu_x=\mu_y=0$이고 $\sigma_x^2=\sigma_y^2=\sigma^2$이므로 결합확률밀도함수 (4.13)은 다음과 같다.

$$\begin{aligned} f(x,y) &= \frac{1}{2\pi\sigma_x\sigma_y} exp\left\{-\frac{1}{2}\left[\left(\frac{x-\mu_x}{\sigma_x}\right)^2+\left(\frac{y-\mu_y}{\sigma_y}\right)^2\right]\right\} \\ &= \frac{1}{2\pi\sigma^2} exp\left\{-\frac{1}{2\sigma^2}(x^2+y^2)\right\} \end{aligned}$$

극좌표계를 이용하여 $x = r\cos\theta,\ y = r\sin\theta$로 바꾸면 식 (4.16)은

$$P_d\left(\frac{R}{\sigma}\right) = \int_{-\infty}^{\infty}\int_{-\infty}^{\infty} d(x,y)f(x,y)dxdy$$

$$= \int_0^{2\pi}\int_0^R \frac{1}{2\pi\sigma^2} e^{-\frac{r^2}{2\sigma^2}} r\, dr\, d\theta$$

$$= \int_0^R \frac{r}{\sigma^2} e^{-\frac{r^2}{2\sigma^2}} dr$$

$$= 1 - e^{-\frac{R^2}{2\sigma^2}}$$

유사하게 결합확률밀도함수 (4.13)과 식 (4.14) $P = \iint_{(x^2+y^2 \le R^2)} f(x,y)dxdy$에 대하여 극좌표에서의 이중적분을 이용하면 반경이 r인 표적에 명중할 확률

$$P(r) = 1 - e^{-\frac{r^2}{2\sigma^2}} \tag{4.18}$$

을 구할 수 있다.

다음은 사거리 또는 교차 사거리 공산오차 또는 50% 오차의 개념을 알아보자. 만약 $R_0 > 0$를 점표적에 대한 명중확률 $P(R_0) = 1 - e^{-\frac{R_0^2}{2\sigma^2}} = \frac{1}{2}$이 되는 표적의 반경이라 하자. 이러한 반경의 의미는 확률분포 $P(r)$에 대한 모든 탄착점들의 50%가 반경 $r \le R_0$ 범위 안에 있고 나머지 50%는 $r > R_0$ 밖에 탄착점이 형성된다는 것을 말한다. 이 때 반경 R_0를 **원형 공산오차**(CEP)로 정의하며 무기체계의 정확도를 부여하는데 매우 중요한 요소 중의 하나이다.

정리 4.3

만약 무보정 동일분산($\mu_x = \mu_y = 0$이고 $\sigma_x^2 = \sigma_y^2 = \sigma^2$)인 무기에 대하여 $R_0 > 0$가 점표적에 대한 명중확률

$$P(R_0) = 1 - e^{-\frac{R_0^2}{2\sigma^2}} = \frac{1}{2} \tag{4.19}$$

이 되는 반경이면 $R_0 \approx 1.1774\sigma$ 이고, 임의의 $r \le R_0$에 대하여

$$P(r) = 1 - \exp\left(-0.6932\frac{r^2}{R_0^2}\right) \tag{4.20}$$

이다.

증명 식 (4.19)을 정리하면 $e^{-\frac{R_0^2}{2\sigma^2}} = \frac{1}{2}$이 되고 양변에 자연로그를 취하면 다음과 같다.

$$-\frac{R_0^2}{2\sigma^2} = \ln\frac{1}{2} \Rightarrow R_0^2 = 2\sigma^2 \ln 2 = 1.3863\sigma^2 \tag{4.21}$$

따라서 $\frac{R_0^2}{2\sigma^2} = \ln 2$를 만족하고, $R_0 = 1.1774\sigma$이다.

한편, 반경이 r인 표적에 명중할 확률 $P(r) = 1 - e^{-\frac{r^2}{2\sigma^2}}$을 동치인 형태로 다시 쓰면 미지수 k에 대하여 다음과 같이 정리하여 쓸 수 있다.

$$P(r) = 1 - e^{-\frac{r^2}{2\sigma^2}} = 1 - \left(\frac{1}{2}\right)^k$$

따라서 $e^{-\frac{r^2}{2\sigma^2}} = \left(\frac{1}{2}\right)^k$이 되고 양변에 다시 자연로그를 취하고 위에서 구한 식 (4.21)에서 $\frac{R_0^2}{2\sigma^2} = \ln 2$임을 이용하면

$$\frac{r^2}{2\sigma^2} = -k\ln\frac{1}{2} = k\ln 2 \Rightarrow k = \frac{r^2}{2\sigma^2}(\ln 2)^{-1} \Rightarrow \quad k = \frac{r^2}{R_0^2}$$

이다. 그러므로

$$P(r) = 1 - \left(\frac{1}{2}\right)^k, \ (\because k = \frac{r^2}{R_0^2})$$
$$= 1 - \left(\frac{1}{2}\right)^{r^2/R_0^2}$$

정리하여 다시 쓰면,

$$P(r) = 1 - \exp\left(-\frac{r^2}{2\sigma^2}\right), \quad (\because \sigma^2 = \frac{R_0^2}{1.3863})$$

$$= 1 - \exp(-0.6932\frac{r^2}{R_0^2})$$

임을 증명할 수 있다.

원형공산오차가 R_0인 무기가 반경 r범위 내의 표적에 명중할 확률을 도식해 보면 다음과 같다. 이 그래프에서 $x = \dfrac{r}{R_0}$ 이고 $y = P(r)$이다.

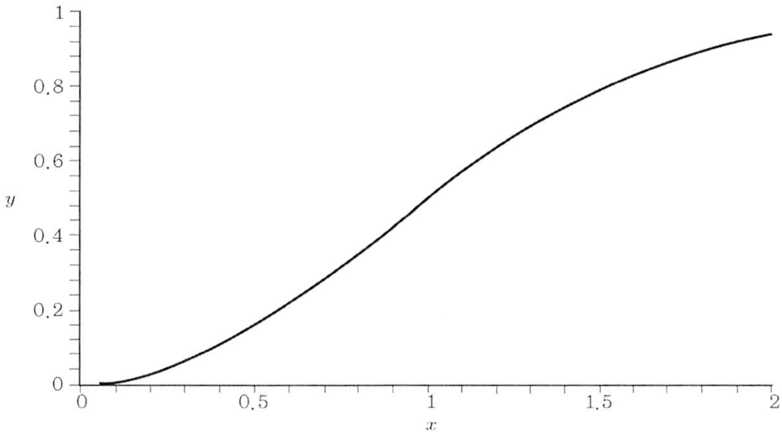

[그림 4.11] CEP R_0에 반경 r에 대한 명중확률

예제 4.5

코브라 전투 헬기에 장착된 어떤 무기의 명중확률분포는 무보정 동일 표준편차 $\sigma_x = \sigma_y = 2.5$ 라고 한다. 또한 명중 분포는 표적의 조준점을 중심으로 정규분포를 따른다고 한다. 화기의 $5m$ 이내의 표적명중확률을 구하여라.

풀이 정리 4.3에 의해 $R_0 \approx 1.1774\sigma = 1.1774 \times 2.5 = 2.9435$이고 다시 정리 4.3의 식 (4.20)을 이용하면 다음과 같다.

$$P(5) = 1 - \exp\left(-0.6932\frac{r^2}{R_0^2}\right) = 1 - \exp(-0.6932 \times 5^2 / 2.9435^2) = 0.8647$$

■

위의 무보정 동일분산인 경우와 달리 동일편차 $\sigma_x^2 = \sigma_y^2 = \sigma^2$이지만 보정이 있는 경우를 살펴보자. 조준점의 보정(offset)은 각 평균탄착점 $(\mu_x,\ \mu_y)$에 대하여

$$r_0 = \sqrt{\mu_x^2 + \mu_y^2} \tag{4.22}$$

로 정의한다.

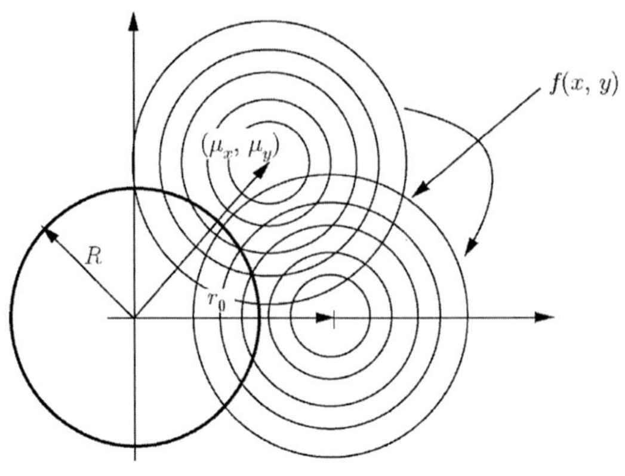

[그림 4.12] 보정분포 동일분산의 좌표축 회전

정리 4.4 보정분포 동일분산(offset distribution and equal variances)

평균탄착점 (μ_x, μ_y)에 의한 조준점 보정(offset)에 대해 $\sigma_x^2 = \sigma_y^2 = \sigma^2$일 때, 쿠키커터 피해함수 $d(x,y) = \begin{cases} 1, & r \le R \\ 0, & r > R \end{cases}$ 에 대하여 표적명중확률 P_d는

$$P_d(\frac{R}{\sigma}, \frac{r_0}{\sigma}) = \frac{1}{2\pi\sigma^2} exp\left(-\frac{r_0^2}{2\sigma^2}\right) \int_0^{2\pi} \int_0^R \exp\left(-\frac{r^2}{2\sigma^2} + \frac{rr_0\cos\theta}{\sigma^2}\right) rdrd\theta \quad (4.23)$$

이다. 여기서 $P_d = P_d(\frac{R}{\sigma}, \frac{r_0}{\sigma})$는 두 변수 R/σ와 r_0/σ에 의존하는 함수이다.

증명 식 (4.16)의 무조건적 표적파괴확률과 쿠키커터피해함수 $d(x,y) = \begin{cases} 1, & r \le R \\ 0, & r > R \end{cases}$에 대하여

$$P_d = \int_{-\infty}^{\infty} \int_{-\infty}^{\infty} d(x,y) f(x,y) dxdy$$

$$= \iint_{(x^2+y^2 \le R^2)} \frac{1}{2\pi\sigma^2} exp\left\{-\frac{1}{2\sigma^2}[(x-\mu_x)^2 + (y-\mu_y)^2]\right\} dxdy$$

이고, 적분을 쉽게 계산하기 위해 그림 4.12에서 보는 것처럼 좌표축을 회전하여 보정점 r_0를 x축에 오도록 하면

$$P_d = \frac{1}{2\pi\sigma^2} \iint_{(x^2+y^2 \le R^2)} \exp\left\{-\frac{1}{2\sigma^2}[(x-r_0)^2 + y^2]\right\} dxdy$$

이 된다. 따라서 다시 극좌표계의 이중적분을 이용하여 $x = r\cos\theta$, $y = r\sin\theta$로 치환하고 자코비안을 고려하면 $dxdy = rdrd\theta$이 되므로 위 식은

$$P_d(\frac{R}{\sigma}, \frac{r_0}{\sigma}) = \frac{1}{2\pi\sigma^2} exp\left(-\frac{r_0^2}{2\sigma^2}\right) \int_0^{2\pi} \int_0^R \exp\left(-\frac{r^2}{2\sigma^2} + \frac{rr_0\cos\theta}{\sigma^2}\right) rdrd\theta$$

이 된다.

그러면 지금부터 식 (4.23)을 적분해서 간단히 정리해 보자.

0차 베셀함수를 변형하고 $\cosh(z\cos\theta) = \frac{1}{2}(e^{z\cos\theta} + e^{-z\cos\theta})$를 이용하여 다시 쓰면

$$B_0(z) = \frac{1}{\pi}\int_0^{\pi}\cosh(z\cos\theta)d\theta$$

$$= \frac{1}{\pi}\int_0^{\pi}\frac{1}{2}(e^{z\cos\theta} + e^{-z\cos\theta})d\theta$$

$$= \frac{1}{\pi}\int_0^{\pi}e^{z\cos\theta}d\theta$$

이 되고, 또한 $z\cos\theta$는 $\theta = \pi$에 대하여 대칭이므로

$$B_0(z) = \frac{1}{2\pi}\int_0^{2\pi}e^{z\cos\theta}d\theta$$

가 된다. 따라서 식 (4.23)에 대입하면 다음과 같다.

$$P_d(\frac{R}{\sigma}, \frac{r_0}{\sigma}) = \frac{1}{2\pi\sigma^2}exp\left(-\frac{r_0^2}{2\sigma^2}\right)\int_0^{2\pi}\int_0^{R}\exp\left(-\frac{r^2}{2\sigma^2} + \frac{rr_0\cos\theta}{\sigma^2}\right)rdrd\theta$$

$$= \frac{1}{\sigma^2}exp\left(-\frac{r_0^2}{2\sigma^2}\right)\int_0^{R}r\exp\left(-\frac{r^2}{2\sigma^2}\right)B_0(\frac{r_0 r}{\sigma^2})dr.$$

여기서 새로운 변수 $r = R\sqrt{s}$로 치환하면 $dr = \frac{R}{2\sqrt{s}}ds$이 되고 적분영역은 $[0,\ R]$에서 $[0, 1]$로 바뀐다. 따라서 윗 식은 아래와 같이 다시 쓸 수 있다.

$$P_d(\frac{R}{\sigma}, \frac{r_0}{\sigma}) = \frac{1}{\sigma^2}\exp\left(-\frac{r_0^2}{2\sigma^2}\right)\int_0^{R}r\exp\left(-\frac{r^2}{2\sigma^2}\right)B_0(\frac{r_0 r}{\sigma^2})dr \tag{4.24}$$

$$= \frac{R^2}{2\sigma^2}\exp\left(-\frac{r_0^2}{2\sigma^2}\right)\int_0^{1}\exp\left(-\frac{R^2 \cdot s}{2\sigma^2}\right)B_0(\frac{Rr_0 s^{\frac{1}{2}}}{\sigma^2})ds.$$

식 (4.24)를 계산하기 위해 0차 베셀함수의 무한급수 형태인 $B_0(z) = \sum_{n=0}^{\infty}\frac{(\frac{1}{2}z)^{2n}}{(n!)^2}$을 이용하면 다음과 같이 되므로

$$B_0\left(\frac{Rr_0\sqrt{s}}{\sigma^2}\right) = \sum_{n=0}^{\infty}\left(\frac{R^2}{2\sigma^2}\right)^n\left(\frac{r_0^2}{2\sigma^2}\right)^n\frac{s^n}{(n!)^2}.$$

식 (4.24)는 아래와 같이 간단히 표현된다.

$$P_d\left(\frac{R}{\sigma}, \frac{r_0}{\sigma}\right) = \sum_{n=0}^{\infty} \frac{1}{n!}\left(\frac{r_0^2}{2\sigma^2}\right)^n \exp\left(-\frac{r_0^2}{2\sigma^2}\right) \quad (4.25)$$

$$\times \frac{1}{n!}\left(\frac{R^2}{2\sigma^2}\right)^{n+1} \int_0^1 s^n \exp\left(-\frac{R^2 s}{2\sigma^2}\right) ds$$

$$= \sum_{n=0}^{\infty} g_n h_n.$$

여기서 $g_n = \frac{1}{n!}\left(\frac{r_0^2}{2\sigma^2}\right)^n \exp\left(-\frac{r_0^2}{2\sigma^2}\right) = \frac{1}{n}\left(\frac{r_0^2}{2\sigma^2}\right) g_{n-1}$ 이고 h_n은 부분적분을 이용하면

$$h_n = \frac{1}{n!}\left(\frac{R^2}{2\sigma^2}\right)^{n+1} \int_0^1 s^n \exp\left(-\frac{R^2 s}{2\sigma^2}\right) ds$$

$$= -\frac{1}{n!}\left(\frac{R^2}{2\sigma^2}\right)^n \exp\left(-\frac{R^2}{2\sigma^2}\right) + h_{n-1}$$

과 같이 반복적 형태로 간단히 할 수 있다.

위의 식 (4.25)를 그래프를 그려 비교하면 대략적으로 그림 4.13과 같고 특히 $r_0/\sigma = 0$이면 정리 4.3에서처럼 무보정 동일 분산인 경우와 같다.

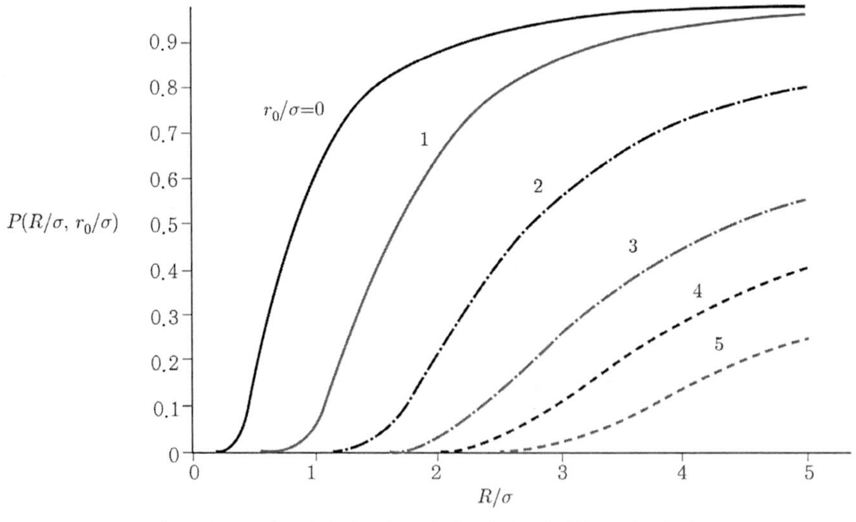

[그림 4.13] 지상의 점표적에 대한 파괴확률의 추이

예제 4.6

M1A1 탱크의 주포가 반경 $5m$인 표적에 사격을 할 때 표적의 중심으로부터 $3m$를 보정하고 표준편차는 $\sigma = 4$라고 할 때 표적에 명중할 확률을 구하여라.

풀이 쿠키커터 피해함수 $d(x,y) = \begin{cases} 1, & r \le R \\ 0, & r > R \end{cases}$에서 반경 $R = 5$이고 $\sigma_x^2 = \sigma_y^2 = \sigma^2 = 4^2$이다. 따라서 식 (4.24)

$$P_d(\frac{R}{\sigma}, \frac{r_0}{\sigma}) = \frac{R^2}{2\sigma^2}\exp\left(-\frac{r_0^2}{2\sigma^2}\right)\int_0^1 \exp\left(-\frac{r_0^2}{2\sigma^2}\right)B_0(\frac{R r_0 s^{\frac{1}{2}}}{\sigma^2})ds$$

에서

$$P_d(\frac{5}{4}, \frac{3}{4}) = \frac{5^2}{2 \cdot 4^2}\exp\left(-\frac{3^2}{2 \cdot 4^2}\right)\int_0^1 \exp\left(-\frac{5^2 \cdot s}{2 \cdot 4^2}\right)B_0(\frac{5 \cdot 3\sqrt{s}}{4^2})ds$$

$$= 0.445$$

임을 Maple 9.51을 이용하여 구할 수 있다. ■

무보정($\mu_x = \mu_y = 0$) 다른 분산($\sigma_x^2 \neq \sigma_y^2$)을 갖는 경우 쿠키커터 피해함수에 대한 표적파괴확률은 두 매개변수 $R/\sigma_{\max}$와 $c = \sigma_x^2/\sigma_y^2$의 형태로 표현된다. 특히 다른 분산이므로 $\sigma_x^2 > \sigma_y^2$라 가정하면 확률함수 $P_d(R/\sigma_{\max}, c)$는 수치적으로 구할 수 있고, 그림 4.14에서 보는 것처럼 확률은 R/σ_x와 상수 c의 함수로 표현되고, 특히 $c = 1$일 때 확률함수는 무보정 동일분산인 경우와 같다.

마지막으로 보정분포($\mu_x \neq 0$, $\mu_y \neq 0$)로 다른 분산($\sigma_x^2 \neq \sigma_y^2$)을 갖는 경우 쿠키커터 피해함수에 대한 표적파괴확률은 그림 4.15에서 보는 것처럼 4개의 매개변수의 함수 $P_d = P_d\left(\frac{R}{\sigma_y}, \frac{1}{c}, \frac{\mu_x}{\sigma_x}, \frac{\mu_y}{\sigma_y}\right)$로 표현된다. 여기서 $c = \sigma_x^2/\sigma_y^2$이다.

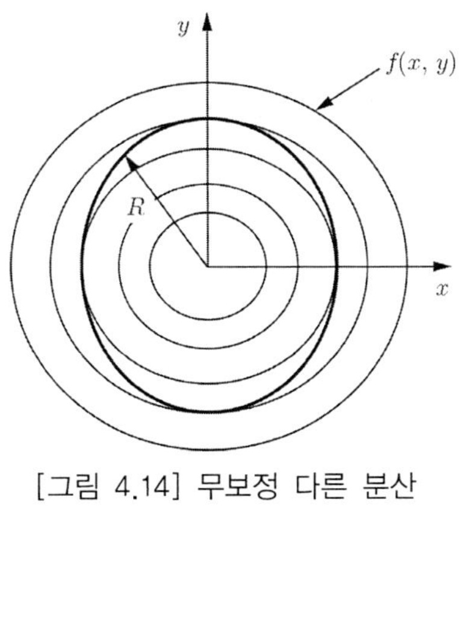

[그림 4.14] 무보정 다른 분산

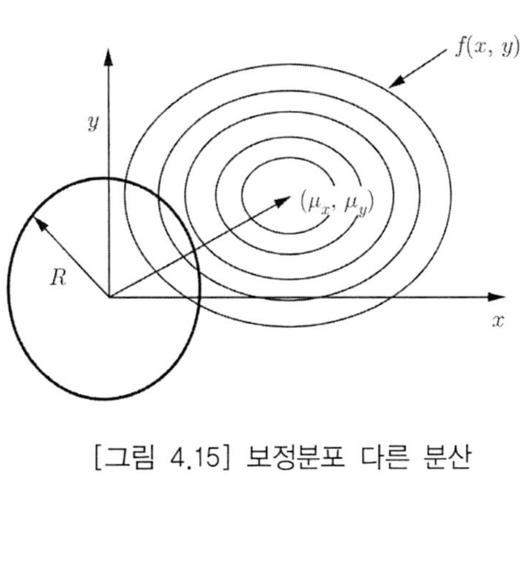

[그림 4.15] 보정분포 다른 분산

4.5 직사각형표적 명중확률

크기가 $2a \times 2b$인 직사각형 모양의 표적에 대한 명중확률은 식 (4.13)과 식 (4.14)로부터 구할 수 있다. 무기의 탄착점의 평균 좌표는 (μ_x, μ_y)이며, σ_x와 σ_y는 각각 x와 y방향의 표준편차이다. 이 때 상관계수 $\rho_{x,y}=0$(서로 독립이라 가정) 일 때, 결합확률밀도함수는

$$f(x,y)=\frac{1}{2\pi\sigma_x\sigma_y}exp\left\{-\frac{1}{2}[(\frac{x-\mu_x}{\sigma_x})^2+(\frac{y-\mu_y}{\sigma_y})^2]\right\}$$

가 되고, 특히 $\mu_x=\mu_y=0$이면 결합확률밀도함수가

$$f(x,y)=\frac{1}{2\pi\sigma_x\sigma_y}exp\left\{-\frac{1}{2}[\frac{x^2}{\sigma_x^2}+\frac{y^2}{\sigma_y^2}]\right\}$$

가 된다. 따라서 크기가 $2a \times 2b$인 직사각형 표적에 명중할 확률은

$$P_{\text{직사각형}}=\frac{1}{2\pi\sigma_x\sigma_y}\int_{-a}^{a}\int_{-b}^{b}\exp\left[-\frac{1}{2}(\frac{x^2}{\sigma_x^2}+\frac{y^2}{\sigma_y^2})\right]dydx. \tag{4.26}$$

특히 Polya-Williams 근사에 의하면 정사각형 표적 대신 동일한 원형에서 적분할 경우 오차 확률이 1.42% 이상 차이가 나지 않는다고 알려져 있다.

정리 4.5 동일분산인 정사각형 표적명중확률

크기가 $2a \times 2a$인 정사각형 표적에 대해 $\sigma_x^2=\sigma_y^2=\sigma^2$일 때, 쿠키커터 피해함수 $d(x,y)=\begin{cases}1, & r \le R \\ 0, & r > R\end{cases}$ $(R=2a/\sqrt{\pi})$에 대하여 표적명중확률은

$$P_{\text{정사각형}} \approx 1-\exp\left(-\frac{2a^2}{\pi\sigma^2}\right) \tag{4.27}$$

이다.

증명 그림 4.16에서 보는 것처럼 크기가 $2a \times 2a$인 정사각형과 반경 R 사이의 면적차이에 의한 오차가 발생한다. 원의 면적과 직사각형의 면적이 같을 때 $\pi R^2=4a^2$에서 $R=2a/\sqrt{\pi}$를 구할 수 있다. 그림 4.16에서 정사각형 영역 A에서 적분은 원B에서 적분한 값보다 작음을 알 수 있다.

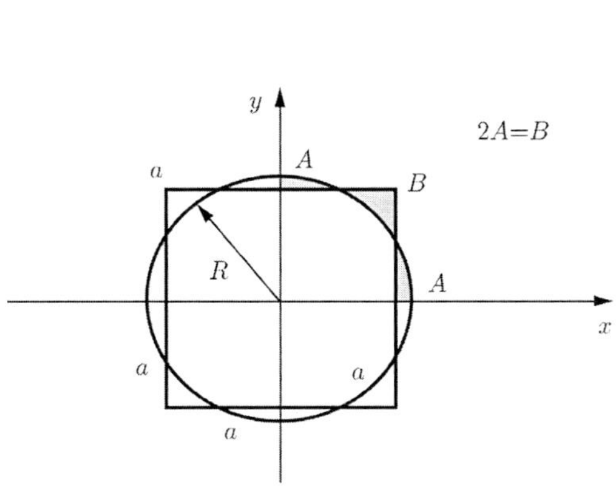

[그림 4.16] 동일면적의 원과 정사각형 표적

$$P_{정사각형} = \frac{1}{2\pi\sigma_x\sigma_y}\int_{-a}^{a}\int_{-a}^{a} \exp\left[-\frac{1}{2}(\frac{x^2}{\sigma_x^2}+\frac{y^2}{\sigma_y^2})\right]dydx$$

$$\leq \frac{1}{2\pi\sigma_x\sigma_y}\int\int_{(x^2+y^2\leq R^2)} \exp\left[-\frac{1}{2}(\frac{x^2}{\sigma_x^2}+\frac{y^2}{\sigma_y^2})\right]dydx$$

그러므로 극좌표계에서 이중적분을 위해 $x = r\cos\theta$, $y = r\sin\theta$로 치환하고 쟈코비안을 고려하면 $dxdy = rdrd\theta$가 되므로

$$P_{정사각형} \approx \frac{1}{2\pi\sigma^2}\int\int_{(x^2+y^2\leq R^2)} \exp\left[-\frac{1}{2}(\frac{x^2}{\sigma^2}+\frac{y^2}{\sigma^2})\right]dydx \qquad (4.28)$$

$$= \int_0^{2\pi}\int_0^{R}\frac{1}{2\pi\sigma^2}e^{-\frac{r^2}{2\sigma^2}}r\,dr\,d\theta = \int_0^{R}\frac{r}{\sigma^2}e^{-\frac{r^2}{2\sigma^2}}dr$$

$$= \left[-\exp\left(-\frac{r^2}{2\sigma^2}\right)\right]_0^R = 1-\exp\left(-\frac{R^2}{2a^2}\right)$$

$$= 1-\exp\left(-\frac{2a^2}{\pi\sigma^2}\right). \qquad (\because \quad R = 2a/\sqrt{\pi}\,)$$

로 증명할 수 있다.

앞으로 명중확률을 계산하기 위해 식 (4.26)으로부터 정확한 값을 계산하기 보다는 Polya-Williams의 근사값을 이용하기로 한다.

〈표 4.1〉 REP에 대한 정사각형 표적에 대한 Polya-Williams의 근사값 오차

a/REP	P-W 근사	정확한 P_{square}	퍼센트 오차
0	0.0000	0.0000	0.0000
0.2	0.0115	0.0115	0.027
0.4	0.0453	0.0452	0.107
0.6	0.0990	0.0988	0.232
0.8	0.1692	0.1658	0.393
1.0	0.2515	0.2500	0.581
1.2	0.3410	0.3384	0.778
1.4	0.4331	0.4290	0.969
1.6	0.5236	0.5177	1.139
1.8	0.6087	0.6011	1.276
2.0	0.6860	0.6768	1.371
2.2	0.7538	0.7433	1.415
2.4	0.8114	0.8001	1.410
2.6	0.8588	0.8473	1.356
2.8	0.8968	0.8856	1.262
3.0	0.9262	0.9158	1.137

정리 4.6 다른 분산인 직사각형표적 명중확률

크기가 $2a \times 2b$인 직사각형 표적에 대해 $\sigma_x^2 \neq \sigma_y^2$일 때, 표적명중확률은

$$P_{\text{직사각형}} \approx \left\{ \left[1 - \exp\left(-\frac{2a^2}{\pi\sigma_x^2} \right) \right] \left[1 - \exp\left(-\frac{2b^2}{\pi\sigma_y^2} \right) \right] \right\}^{\frac{1}{2}} \tag{4.29}$$

이다.

증명 식 (4.28)을 증명하는 과정을 살펴보면

$$\frac{1}{\sqrt{2\pi}\,\sigma} \int_{-a}^{a} \exp\left(-\frac{x^2}{2\sigma^2} \right) dx \approx \left[1 - \exp(-\frac{2a^2}{\pi\sigma^2}) \right]^{\frac{1}{2}}$$

임을 알 수 있다. 따라서

$$P_{\text{직사각형}} = \frac{1}{\sqrt{2\pi}\,\sigma_x}\int_{-a}^{a}\exp\left(-\frac{x^2}{2\sigma_x^2}\right)dx \quad \frac{1}{\sqrt{2\pi}\,\sigma_y}\int_{-b}^{b}\exp\left(-\frac{y^2}{2\sigma_y^2}\right)dy$$
$$\approx \left[1-\exp\left(-\frac{2a^2}{\pi\sigma_x^2}\right)\right]^{\frac{1}{2}}\left[1-\exp\left(-\frac{2b^2}{\pi\sigma_y^2}\right)\right]^{\frac{1}{2}}$$

임을 증명할 수 있다.

그러나 이 근사식은 $a < b$가 크게 차이 날수록 오차가 커지는 단점을 있다. 그러므로 수학적으로는 계산되지만 무기체계를 도입하는 과정에서 표적명중률을 높이기 위해 좌우편차를 작게 설계하여야 한다.

4.6 타원형표적 명중확률

포병이 보유하고 있는 105미리, 155미리 곡사포의 포탄 파편의 비산분포는 대략 타원형을 형성한다. 파편의 비산분포보다는 개발되는 무기체계를 신규로 도입하기 위해서 또는 전략적 획득과 전력화 필요에 의해서 타원형 지역표적에 명중할 확률을 분석할 필요성이 있다. 지금까지 위에서 논의 된 폴야-윌리엄(Polya-Williams) 근사방법이 타원형 표적에 대해서도 적용된다. 같은 면적의 직사각형 표적 대신 타원형 표적으로 바꾸면 되는데, 타원의 장축의 길이 2c, 단축의 길이 2d라 하면 크기가 $2a \times 2b$ 직사각형 표적에 대하여

$$\pi cd = 2a \times 2b$$

와 같다. 따라서 그림 4.17에서 보는 것처럼 가로의 길이 $a = c\sqrt{\pi}/2$, 세로의 길이는 $b = d\sqrt{\pi}/2$로 타원을 근사할 수 있다.

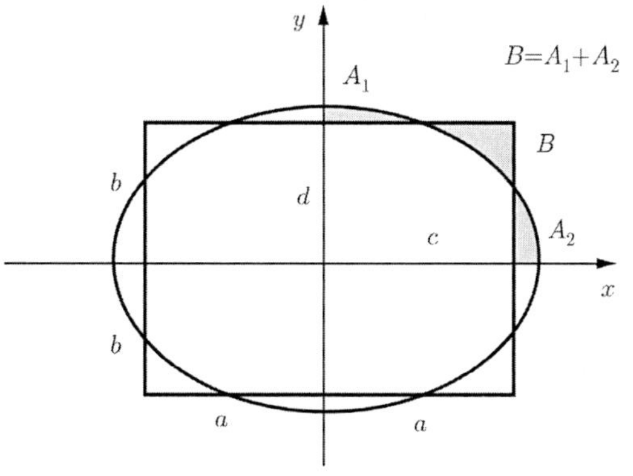

[그림 4.17] 타원표적에 대한 근사

따라서 타원형 표적에 대해 $\sigma_x^2 \neq \sigma_y^2$ 일 때, 표적명중확률은

$$P_{타원} \approx \left\{ \left[1 - \exp\left(-\frac{c^2}{2\sigma_x^2} \right) \right] \left[1 - \exp\left(-\frac{d^2}{2\sigma_y^2} \right) \right] \right\}^{\frac{1}{2}} \tag{4.30}$$

이다. 같은 방법으로 원형표적 $c = d = R$이고 $\sigma_x^2 \neq \sigma_y^2$ 일 때, 표적명중확률은

$$P_{원} \approx \left\{ \left[1 - \exp\left(-\frac{R^2}{2\sigma_x^2} \right) \right] \left[1 - \exp\left(-\frac{R^2}{2\sigma_y^2} \right) \right] \right\}^{\frac{1}{2}} \tag{4.31}$$

와 같이 근사할 수 있다.

4.7 공중에서 점표적 명중확률

2차원 평면에서 점표적에 대한 명중확률을 확장하여 3차원 공간(공중)에서 점표적에 대한 명중확률을 구하여보자. 3차원 공간상에서 확률계산은 반드시 삼중적분이 요구된다. 이 삼중적분을 보다 쉽게 계산하기 위해 구면좌표계를 도입하자. 그림 4.18에서처럼 $x = \rho\sin\phi\cos\theta$, $y = \rho\sin\phi\sin\theta$, $z = \rho\cos\phi$로 치환하면 구면좌표계로 표현된다.

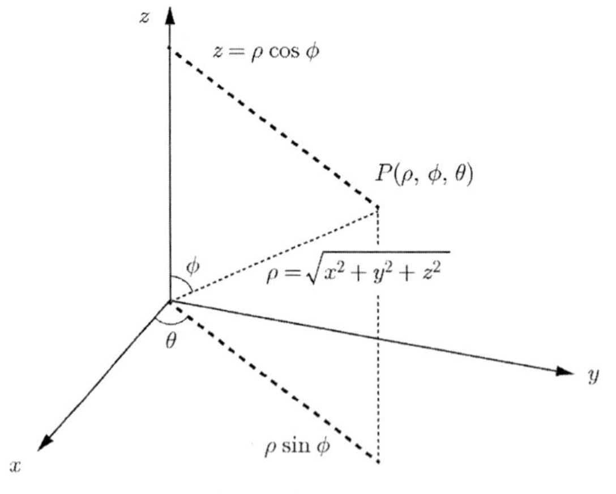

[그림 4.18] 구면좌표계

평면에서 점표적에 미치는 무기효과는 한쪽 방향으로 살상반경이 형성되지만 공간에서 점표적에 미치는 대공무기의 효과는 표적을 중심으로 모든 방향으로 살상반경 내에서 동일

하게 작용하며 그 크기는 비교적 작다. 그림 4.19에서 보는 것처럼 조준 보정점은 점표적에서 거리 r_0에 있고, 계산을 간단하게 하기위해 좌표축 회전을 통해 대공무기의 폭발평균점(mean point of detonation)을 z축이라 가정하자. 따라서 동일분산 $\sigma_x^2 = \sigma_y^2 = \sigma_z^2 = \sigma^2$이고 $\mu_x = \mu_y = 0,\ \mu_z = r_0$인 경우 3차원 공간에서 결합확률밀도함수는

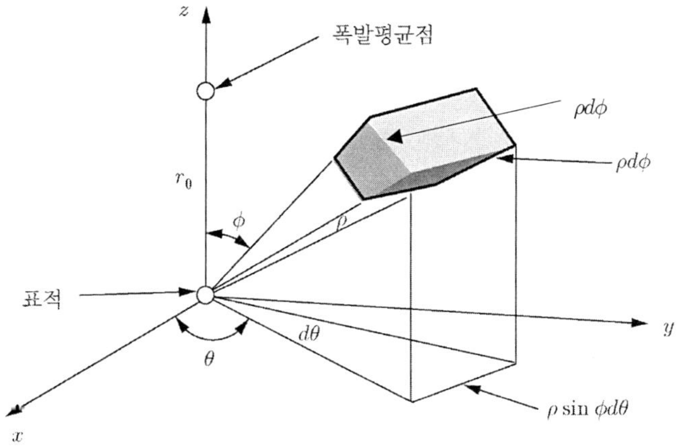

[그림 4.19] 공간에서 점표적

$$f(x,y,z) = \frac{1}{(\sqrt{2\pi})^3 \sigma_x \sigma_y \sigma_z} exp\left[-\frac{(x-\mu_x)^2}{2\sigma_x^2} - \frac{(y-\mu_y)^2}{2\sigma_y^2} - \frac{(z-\mu_z)^2}{2\sigma_z^2}\right] \quad (4.32)$$

$$= \frac{1}{(\sqrt{2\pi})^3 \sigma^3} exp\left[-\frac{x^2}{2\sigma^2} - \frac{y^2}{2\sigma^2} - \frac{(z-r_0)^2}{2\sigma^2}\right]$$

이 된다.

정리 4.7 동일분산인 공간 점표적 명중확률

동일분산 $\sigma_x^2 = \sigma_y^2 = \sigma_z^2 = \sigma^2$이고 $\mu_x = \mu_y = 0,\ \mu_z = r_0$인 3차원 공간에서 쿠키커터 피해함수 $d(x,y,z) = \begin{cases} 1, & r \le R \\ 0, & r > R \end{cases}$에 대한 점표적의 파괴확률은

$$P_d = \frac{1}{\sqrt{2\pi}\,\sigma r_0} \int_0^R \rho \left\{ \exp\left[-\frac{(\rho - r_0)^2}{2\sigma^2}\right] - \exp\left[\frac{(\rho + r_0)^2}{2\sigma^2}\right] \right\} d\rho \quad (4.33)$$

이다.

증명 3차원 공간에서 점표적 명중확률은 다음과 같다.

$$P_d = \int_{-\infty}^{\infty}\int_{-\infty}^{\infty}\int_{-\infty}^{\infty} d(x,y,z)f(x,y,z)dxdydz \tag{4.34}$$

$$= \iiint_{x^2+y^2+z^2 \le R^2} f(x,y,z)dxdydz$$

윗 식을 구면좌표계로 바꾸면 확률밀도함수는 다음과 같다.

$$f(\rho,\theta,\phi) = \frac{1}{(\sqrt{2\pi})^3\sigma^3}\exp\left(-\frac{r_0^2}{2\sigma^2}\right)\exp\left(-\frac{\rho^2}{2\sigma^2}+\frac{\rho r_0\cos\phi}{\sigma^2}\right) \tag{4.35}$$

위 확률결합밀도함수에 대해 구면좌표계를 이용하여 삼중적분을 계산하기 위해 $x=\rho\sin\phi\cos\theta$, $y=\rho\sin\phi\sin\theta$, $z=\rho\cos\phi$로 치환하고 쟈코비안을 고려하면 $dxdydz=\rho^2\sin\phi\, d\rho\, d\theta\, d\phi$가 되고, 적분영역은 $0\le\rho\le R, 0\le\phi\le\pi, 0\le\theta\le 2\pi$가 된다. 따라서 명중(파괴)확률은 아래와 같다.

$$P_d = \int_0^{2\pi}\int_0^{\pi}\int_0^{R} f(\rho,\phi,\theta)\rho^2\sin\phi d\rho d\phi d\theta$$

$$= \frac{1}{(\sqrt{2\pi})^3\sigma^3}\exp\left(-\frac{r_0^2}{2\sigma^2}\right)\int_0^{2\pi}\int_0^{\pi}\int_0^{R}\exp\left(-\frac{\rho^2-2\rho r_0\cos\phi}{2\sigma^2}\right)\rho^2\sin\phi d\rho d\phi d\theta$$

$$= \frac{1}{\sqrt{2\pi}\,\sigma^3}\exp\left(-\frac{r_0^2}{2\sigma^2}\right)\int_0^{R}\int_0^{\pi}\exp\left(-\frac{\rho^2}{2\sigma^2}\right)\exp\left(\frac{\rho r_0\cos\phi}{\sigma^2}\right)\rho^2\sin\phi\, d\phi\, d\rho$$

여기서, 다시 $u=\cos\phi$ 치환하면 $du=-\sin\phi d\phi$가 되어 위의 적분은 다시

$$\frac{1}{\sqrt{2\pi}\,\sigma^3}exp\left(-\frac{r_0^2}{2\sigma^2}\right)\int_0^{R}\int_{-1}^{1}\exp\left(-\frac{\rho^2}{2\sigma^2}\right)\exp\left(\frac{\rho r_0 u}{\sigma^2}\right)\rho^2 du\, d\rho$$

$$= \frac{1}{\sqrt{2\pi}\,\sigma r_0}\int_0^{R}\rho\left\{\exp\left[-\frac{(\rho-r_0)^2}{2\sigma^2}\right]-\exp\left[-\frac{(\rho+r_0)^2}{2\sigma^2}\right]\right\}d\rho$$

으로 증명된다.

식 (4.33)을 구체적으로 계산하기 위해 $\eta=\rho/\sqrt{2}\sigma$로 치환하면 $d\eta=1/\sqrt{2}\sigma d\rho$이고 (반면, 적분범위나 매개변수로 사용할 경우 $\eta=R/\sqrt{2}\sigma$로 치환) $\eta_0=r_0/\sqrt{2}\sigma$, $\tau=\eta-\eta_0$, $\nu=\eta+\eta_0$로 치환하면 $d\tau=d\eta$, $d\nu=d\eta$가 되어 식 (4.33)에 대입하면

$$P_d = \frac{1}{\sqrt{2\pi}\,\sigma r_0}\int_0^R \rho\left\{\exp\left[-\frac{(\rho-r_0)^2}{2\sigma^2}\right]-\exp\left[-\frac{(\rho+r_0)^2}{2\sigma^2}\right]\right\}d\rho$$

$$= \frac{1}{\sqrt{2\pi}\,\sigma\,\sqrt{2}\,\sigma\eta_0}\int_0^{\frac{R}{\sqrt{2}\sigma}} \sqrt{2}\,\sigma\eta\left[e^{-(\eta-\eta_0)^2}-e^{-(\eta+\eta_0)^2}\right]\sqrt{2}\,\sigma d\eta$$

$$= \frac{1}{\sqrt{\pi}\,\eta_0}\left[\int_{-\eta_0}^{\eta-\eta_0}(\tau+\eta_0)e^{-\tau^2}d\tau-\int_{\eta_0}^{\eta+\eta_0}(\nu-\eta_0)e^{-\nu^2}d\nu\right]$$

으로 계산된다. 그러므로 이제 적분이 가능하므로 오차함수와 지수함수를 사용하면

$$P_d = P_d\left(\frac{R}{\sigma},\frac{r_0}{\sigma}\right) \tag{4.36}$$

$$= \frac{1}{2\sqrt{\pi}\,\eta_0}\left\{e^{-(\eta+\eta_0)^2}-e^{-(\eta-\eta_0)^2}+\sqrt{\pi}\,\eta_0\left[erf(\eta+\eta_0)+erf(\eta-\eta_0)\right]\right\}$$

여기서 $erf(z)$는 오차함수(error function)로서 다음과 같이 정의된다.

$$erf(z) = \frac{2}{\sqrt{\pi}}\int_0^z e^{-t^2}dt$$

한편 $r_0=0$인 경우(즉, 표적과 폭발평균점이 같을 경우) P_d의 극한값을 구하기 위해 로피탈 정리를 사용하면 다음과 같이 구해진다.

$$P_d\left(\frac{R}{\sigma},0\right) = -\frac{2}{\sqrt{\pi}}\eta e^{-\eta^2}+erf(\eta)$$

4.8 선형, 원형, 구형 공산오차

원형공산오차(CEP)는 탄착점의 50%가 반경 내에 형성되고 나머지 50%는 이 반경 밖에 떨어지는 반경 R_0로 정의했다. 이 정의는 $r_0=0$인 경우에 사용되었으나 $r_0 \neq 0$인 경우까지 확장할 수 있다. 그래서 식 (4.25)에서 확률 0.5에 해당하는

$$P_d\left(\frac{R}{\sigma},\frac{r_0}{\sigma}\right) = \sum_{n=0}^{\infty} g_n h_n = \frac{1}{2} \tag{4.37}$$

은 CEP에 대한 R/σ와 r_0/σ 사이의 관계식을 보여준다. 이와 마찬가지로 식 (4.36)으로부터

$$P_d(\frac{R}{\sigma}, \frac{r_0}{\sigma}) = \frac{1}{2\sqrt{\pi}\,\eta_0}\left\{e^{-(\eta+\eta_0)^2} - e^{-(\eta-\eta_0)^2} + \sqrt{\pi}\,\eta_0\,[erf(\eta+\eta_0) + erf(\eta-\eta_0)]\right\}$$

$$= \frac{1}{2} \tag{4.38}$$

으로 **구형공산오차**(spherical error probable, SEP)에 대한 R/σ와 r_0/σ 사이의 관계식을 보여준다.

이와 같은 표현은 선형인 경우에도 유추할 수 있다. 그러나 사탄산포가 오직 한 방향으로 제한되기 때문에 그 유용성은 다소 떨어진다. 간단한 모델을 그림 4.20에서 살펴보면 살상반경이 R, 조준점 보정은 μ_{x_0}, 표준편차는 σ인 경우의 모델이다.

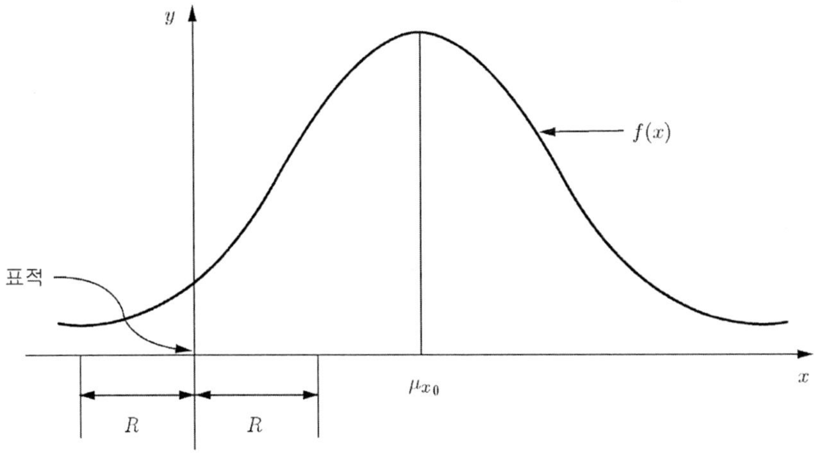

[그림 4.20] 1차원 공간의 선형공산오차 모델

따라서 1차원 직선상에서 점표적의 파괴확률은 다음과 같이 쉽게 유도할 수 있다.

$$P_d\left(\frac{R}{\sigma}, \frac{\mu_{x_0}}{\sigma}\right) = \frac{1}{2}\left[erf\left(\frac{R-\mu_{x_0}}{\sqrt{2}\,\sigma}\right) + erf\left(\frac{R+\mu_{x_0}}{\sqrt{2}\,\sigma}\right)\right]$$

여기서 μ_{x_0}/σ의 무한급수에 대한 R/σ의 함수관계식을 설명해 준다. 그러므로 선형공산오차(LEP)는

$$P_d\left(\frac{R}{\sigma}, \frac{\mu_{x_0}}{\sigma}\right) = \frac{1}{2}\left[erf\left(\frac{R-\mu_{x_0}}{\sqrt{2}\,\sigma}\right) + erf\left(\frac{R+\mu_{x_0}}{\sqrt{2}\,\sigma}\right)\right] = \frac{1}{2} \tag{4.39}$$

로부터 구할 수 있다.

선형공산오차(LEP)는 또한 사거리 확률분포에 대한 사거리공산오차(REP)로 말하기도 하며, 한편 마찬가지로 대응되는 교차사거리 확률분포에 대한 교차사거리 공산오차(CREP)가 되기도 한다. 무보정에 대한 공산오차와 표준편차 σ 사이의 중요한 관계는 각각 앞의 식에서 구할 수 있는데 세부적인 사항은 독자들에게 맡겨둔다. 위에서 소개된 식 (4.37), (4.38), (4.39)에서

$$\mathrm{LEP}, \mathrm{REP}, \text{ 또는 } \mathrm{CREP} = 0.6745\sigma \tag{4.40}$$

$$\mathrm{CEP} = 1.1774\sigma$$

$$\mathrm{SEP} = 1.5382\sigma$$

을 구할 수 있다.

4.9 표적의 부분손상에 대한 예측

앞 절에서 점표적의 명중확률과 파괴확률을 다루었는데, 전략 · 전술적 차원의 무기체계는 보다 광범위한 지역을 주 공격표적으로 확대하고 있다. 특히 포병 및 미사일 같은 무기는 통상 지역표적을 주 공격대상으로 한다. 이러한 지역 표적에 대해서는 미사일이나 포탄이 명중될 때 표적의 전부 또는 일부분만 파괴된다. 따라서 하나의 무기에 의해 파괴된 표적의 예상 부분을 결정하는 방법을 소개하고자 한다.

표적은 직교좌표계의 x, y 평면상의 반경 L내에서 균등한 값을 가지고, 이 반경 밖에서는 0의 값을 갖는다고 가정하자. 무기의 탄착점에 대한 결합확률밀도함수는 $f(x,y)$이고 무기의 살상반경을 R이라하자. 또한, 표적지역 내의 점 (x_t, y_t)에서 면적 $dx_t\, dy_t$는 무기의 탄착점 (x,y)에서 단위표적 면적당 쿠키커터 피해함수 $d(x-x_t,\ y-y_t)$의 범위 내에서 파괴된 확률이다. 따라서 표적 내의 점 (x_t, y_t)에서 파괴될 확률은 탄착점으로부터 거리의 함수가 된다.

정의 4.3

만약 $d(x-x_t, y-y_t)dx_t\, dy_t$가 점 (x_t, y_t)에서 예상되는 부분손실이라 하면 **하나의 무기에 의해 표적 부분손상에 대한 기댓값은**

$$E = \int_{-\infty}^{\infty} \int_{-\infty}^{\infty} \iint_{(x_t^2 + y_t^2 \le L^2)} d(x - x_t, y - y_t) f(x, y) dx_t dy_t dx dy \tag{4.41}$$

이다.

정의를 구체적으로 설명하기 위해 아래 그림 4.21을 참고하여 살펴보자.

정의에서 주어진 식 (4.41)의 적분

$$\iint_{(x_t^2 + y_t^2 \le L^2)} d(x - x_t, y - y_t) dx_t dy_t$$

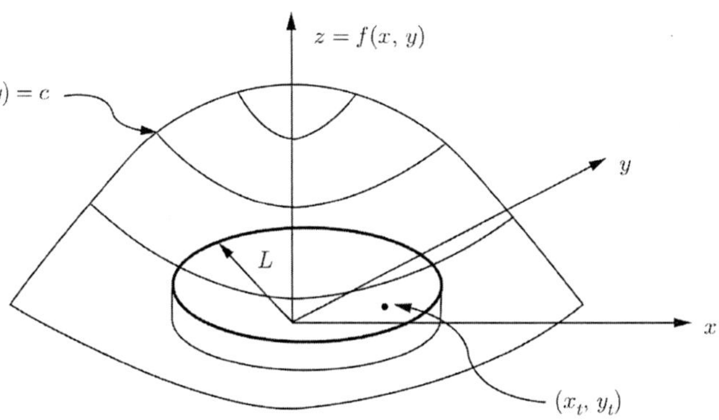

[그림 4.21] 지표면의 균등한 값을 갖는 표적

는 탄착점이 $(x,\ y)$일 때 표적의 부분적 손실을 나타낸다. 이 식은 결합확률밀도함수 $f(x,y)$와 하나의 무기에 의해 파괴될 것으로 예상되는 표적의 일부분을 구하기 위한 무기의 살상반경 R내의 적분과 함께 구성되어 있다.

만약 단위 표적면적당 쿠키커터 피해함수 $d(x - x_t,\ y - y_t)$가 아래와 같이 균등분포

$$d(x - x_t,\ y - y_t) = \begin{cases} \dfrac{1}{\pi L^2}, & (x_t^2 + y_t^2) \le L^2 \\ 0, & (x_t^2 + y_t^2) > L^2 \end{cases}$$

라 하면, 하나의 무기에 의해 파괴된 예상 부분은 아래와 같이 간단히 표현된다.

$$E = \int_{-\infty}^{\infty}\int_{-\infty}^{\infty}\iint_{(x_t^2+y_t^2 \le L^2)} d(x-x_t, y-y_t) f(x,y) dx_t dy_t dx dy$$

$$= \frac{1}{\pi L^2}\iint_S \iint_T f(x,y) dx_t dy_t dx dy$$

여기서$S = \{(x,\ y) \mid (x-x_t)^2 + (y-y_t)^2 \le R^2\}$이고 $T = \{(x_t,\ y_t) \mid x_t^2 + y_t^2 \le L^2\}$을 나타낸다. 수학적 계산을 위해 결합확률밀도함수 $f(x,\ y)$는 이변량 정규분포함수

$$f(x,y) = \frac{1}{2\pi\sigma^2}\exp\left(-\frac{x^2+y^2}{2\sigma^2}\right)$$

로 가정한다. 특히 이 확률밀도함수의 가장 큰 장점은 원대칭이고 표적의 중앙을 중심으로 형성되어 있다. 따라서 이변량정규분포의 결합확률밀도함수 $f(x,y) = \frac{1}{2\pi\sigma^2}\exp\left(-\frac{x^2+y^2}{2\sigma^2}\right)$에 대하여 $S = \{(x,y) \mid (x-x_t)^2 + (y-y_t)^2 \le R^2\}$ 에서 함수 $F(x_t, y_t)$를 다음과 같이 정의하자.

$$F(x_t, y_t) = \iint_S f(x,y) dx dy$$

$$= \frac{1}{2\pi\sigma^2}\iint_S \exp\left(-\frac{x^2+y^2}{2\sigma^2}\right) dx dy.$$

위 적분을 풀기 위해 변수변환을 하고, 극좌표계를 도입하여 이중적분을 풀면 쉽게 해결된다. 따라서 $\eta = x - x_t$, $\tau = y - y_t$라고 치환하면 $d\eta = dx$, $d\tau = dy$가 되고

$$F(x_t, y_t) = \frac{1}{2\pi\sigma^2}\exp\left(-\frac{x_t^2+y_t^2}{2\sigma^2}\right) \tag{4.42}$$

$$\times \iint_{(\eta^2+\tau^2 \le R^2)} \exp\left(-\frac{\eta^2+\tau^2+2\eta x_t+2\tau y_t}{2\sigma^2}\right) d\eta d\tau.$$

여기서 그림 4.22에서 보는 것처럼 극좌표계를 도입하여 변수를 $\eta = \rho\cos\theta$, $\tau = \rho\sin\theta$로 치환하면 $\eta^2 + \tau^2 = \rho^2$이 되고, $x_t = \rho_t\cos\phi$, $y_t = \rho_t\sin\phi$가 되어 범위는 $0 \le \rho \le R$, $0 \le \theta \le 2\pi$, $0 \le \rho_t \le L$이 된다.

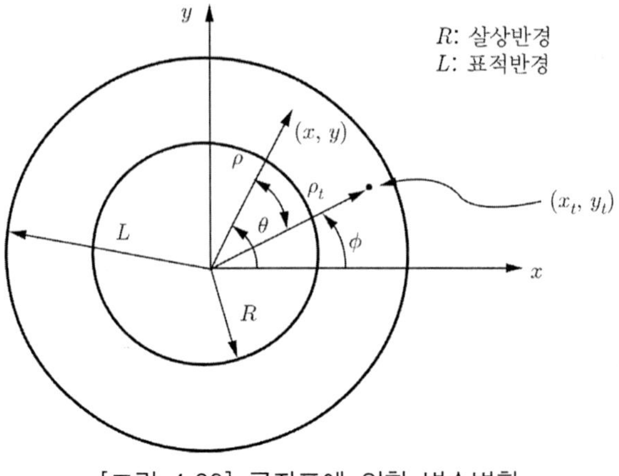

[그림 4.22] 극좌표에 의한 변수변환

식 (4.42)의 함수 $F(x_t, y_t)$을 계산하여보자. 극좌표계에서의 이중적분으로 다시 쓰면, 사잇각 $\alpha = \theta - \phi$에 대하여

$$F(x_t, y_t) = \frac{1}{2\pi\sigma^2}\exp\left(-\frac{x_t^2 + y_t^2}{2\sigma^2}\right)\iint_{(\eta^2+\tau^2 \le R^2)}\exp\left(-\frac{\eta^2+\tau^2+2\eta x_t + 2\tau y_t}{2\sigma^2}\right)d\eta\, d\tau$$

$$= \frac{1}{2\pi\sigma^2}\exp\left(-\frac{\rho_t^2}{2\sigma^2}\right)\int_0^R\int_0^{2\pi}\exp\left(-\frac{\rho^2}{2\sigma^2}\right)\times$$

$$\exp\left(\frac{(x_t\cos\theta + y_t\sin\theta)\rho}{\sigma^2}\right)\rho\, d\theta\, d\rho$$

$$= \frac{1}{2\pi\sigma^2}\exp\left(-\frac{\rho_t^2}{2\sigma^2}\right)\int_0^R\int_0^{2\pi}\exp\left(-\frac{\rho^2}{2\sigma^2}\right)\exp\left(\rho\rho_t\frac{\cos(\theta-\phi)}{\sigma^2}\right)\rho d\theta d\rho$$

$$= \frac{1}{2\pi\sigma^2}\exp\left(-\frac{\rho_t^2}{2\sigma^2}\right)\int_0^R\int_0^{2\pi}\exp\left(-\frac{\rho^2}{2\sigma^2}\right)\exp\left(\frac{\rho\rho_t\cos\alpha}{\sigma^2}\right)\rho d\alpha d\rho$$

$$= \frac{1}{\sigma^2}\exp\left(-\frac{\rho_t^2}{2\sigma^2}\right)\int_0^R\exp\left(-\frac{\rho^2}{2\sigma^2}\right)B_0\left(\frac{\rho\rho_t}{\sigma^2}\right)\rho d\rho$$

$$\equiv P_d\left(\frac{R}{\sigma}, \frac{\rho_t}{\sigma}\right)$$

와 같이 구할 수 있다. 여기서 α에 대한 적분은 식 (4.23)에서와 같이 0차 베셀함수의 적분을 사용하였다. 극좌표계의 이중적분으로 $F(x_t, y_t) = P_d(R/\sigma,\ \rho_t/\sigma)$임을 계산하였는데 이

값은 무기의 살상반경이 R이고 조준점 보정이 ρ_t일 때, 주어진 표준편차 σ에 대한 점표적의 파괴확률과 같다. 따라서 손실 기댓값 E는 위에서 계산한 값을 이용하여 다음과 같이 다시 쓸 수 있다.

$$E(\frac{R}{\sigma},\frac{L}{\sigma}) = \frac{1}{L^2}\iint_T F(x_t,y_t)dx_t dy_t \tag{4.43}$$

$$= \frac{1}{\pi L^2}\int_0^L\int_0^{2\pi} P_d(\frac{R}{\sigma},\frac{\rho_t}{\sigma})\rho_t d\rho_t d\phi$$

$$= \frac{2}{L^2}\int_0^L P_d(\frac{R}{\sigma},\frac{\rho_t}{\sigma})\rho_t d\rho_t$$

정리 4.8

만약 무기의 살상반경이 R이고 쿠키커터 피해함수 $d(x-x_t, y-y_t)$가 다음과 같이 균등분포

$$d(x-x_t,y-y_t)=\begin{cases}\dfrac{1}{\pi L^2}, & (x_t^2+y_t^2)\le L^2\\[2ex] 0, & (x_t^2+y_t^2)> L^2\end{cases}$$

일 때, 확률밀도함수 $f(x,y)=\frac{1}{2\pi\sigma^2}\exp\left(-\frac{x^2+y^2}{2\sigma^2}\right)$에 대하여 손실기댓값 E는

$$E\left(\frac{R}{\sigma},\frac{L}{\sigma}\right) = P_d(\frac{R}{\sigma},\frac{L}{\sigma}) - \frac{R}{L}\exp\left(-\frac{L^2+R^2}{2\sigma^2}\right)B_1(\frac{RL}{\sigma^2}) \tag{4.44}$$

$$+\frac{R^2}{L^2}P_d\left(\frac{L}{\sigma},\frac{R}{\sigma}\right)$$

이다. 여기서 B_1는 1차 베셀함수이다.

증명 식 (4.43)에서 손실 기댓값에 대한 식은

$$E(\frac{R}{\sigma},\frac{L}{\sigma}) = \frac{2}{L^2}\int_0^L P_d(\frac{R}{\sigma},\frac{\rho_t}{\sigma})\rho_t d\rho_t$$

임을 알 수 있다. 부분적분법을 이용하기 위하여 $u=P_d(\frac{R}{\sigma},\frac{\rho_t}{\sigma})$, $dv=\frac{2}{L^2}\rho_t d\rho_t$로 치환

하면 $du = \frac{d}{d\rho_t} P_d(\frac{R}{\sigma}, \frac{\rho_t}{\sigma}) d\rho_t$, $v = \frac{1}{L^2}\rho_t^2$가 되어 적분을 하면

$$E(\frac{R}{\sigma}, \frac{L}{\sigma}) = \left[P_d\left(\frac{R}{\sigma}, \frac{\rho_t}{\sigma}\right)\frac{\rho_t^2}{L^2}\right]_{\rho_t=0}^{\rho_t=L} - \frac{1}{L^2}\int_0^L \frac{d}{d\rho_t} P_d\left(\frac{R}{\sigma}, \frac{\rho_t}{\sigma}\right)\rho_t^2 d\rho_t \quad (4.45)$$

$$= P_d\left(\frac{R}{\sigma}, \frac{L}{\sigma}\right) - \frac{1}{L^2}\int_0^L \frac{d}{d\rho_t} P_d\left(\frac{R}{\sigma}, \frac{\rho_t}{\sigma}\right)\rho_t^2 d\rho_t$$

을 만족한다. 위의 식에서 다시 적분을 계산하기 위하여 피적분 함수를 간단히 하여보자. 여기서 $P_d\left(\frac{R}{\sigma}, \frac{\rho_t}{\sigma}\right) = \frac{1}{\sigma^2}\exp\left(-\frac{\rho_t^2}{2\sigma^2}\right)\int_0^R \exp\left(-\frac{\rho^2}{2\sigma^2}\right) B_0(\frac{\rho\rho_t}{\sigma^2})\rho d\rho$이므로

$$\frac{d}{d\rho_t} P_d\left(\frac{R}{\sigma}, \frac{\rho_t}{\sigma}\right) = -\frac{\rho_t}{\sigma^4}\exp\left(-\frac{\rho_t}{2\sigma^2}\right)\int_0^R \exp\left(-\frac{\rho^2}{2\sigma^2}\right) B_0(\frac{\rho\rho_t}{\sigma^2})\rho d\rho$$

$$+ \frac{1}{\sigma^2}\exp\left(-\frac{\rho_t^2}{2\sigma^2}\right)\int_0^R \exp\left(-\frac{\rho^2}{2\sigma^2}\right)\frac{\rho}{\sigma^2}\beta_0{}'(\frac{\rho\rho_t}{\sigma^2})\rho d\rho$$

$$= -\frac{\rho_t}{\sigma^2} P_d\left(\frac{R}{\sigma}, \frac{\rho_t}{\sigma}\right) + \frac{1}{\sigma^4}\exp\left(-\frac{\rho_t^2}{2\sigma^2}\right) \times$$

$$\int_0^R \exp\left(-\frac{\rho^2}{2\sigma^2}\right) B_1(\frac{\rho\rho_t}{\sigma^2})\rho^2 d\rho.$$

위의 식에서 마지막 부분

$$\frac{1}{\sigma^4}\exp\left(-\frac{\rho_t^2}{2\sigma^2}\right)\int_0^R \exp\left(-\frac{\rho^2}{2\sigma^2}\right) B_1(\frac{\rho\rho_t}{\sigma^2})\rho^2 d\rho$$

의 적분을 계산하기 위하여 부분적분을 사용하면

$$\frac{1}{\sigma^4}\exp\left(-\frac{\rho_t^2}{2\sigma^2}\right)\int_0^R \exp\left(-\frac{\rho^2}{2\sigma^2}\right) B_1(\frac{\rho\rho_t}{\sigma^2})\rho^2 d\rho$$

$$= -\frac{1}{\sigma^4}\exp\left(-\frac{\rho_t^2}{2\sigma^2}\right)\sigma^2 \exp\left(-\frac{\rho^2}{2\sigma^2}\right)\rho B_1(\frac{\rho\rho_t}{\sigma^2})\Bigg|_{\rho=0}^{\rho=R}$$

$$+ \frac{1}{\sigma^4}\exp\left(-\frac{\rho_t^2}{2\sigma^2}\right)\int_0^R \sigma^2 \exp\left(-\frac{\rho^2}{2\sigma^2}\right)\frac{d}{d\rho}[\rho B_1(\frac{\rho\rho_t}{\sigma^2})] d\rho$$

$$= -\frac{1}{\sigma^2}\exp\left(-\frac{\rho_t^2 + R^2}{2\sigma^2}\right) R B_1(\frac{R\rho_t}{\sigma^2}) + \frac{\rho_t}{\sigma^2} P_d\left(\frac{R}{\sigma}, \frac{\rho_t}{\sigma}\right)$$

이다. 한편 베셀함수에 대하여 $\frac{d}{dx}[xB_1(x)] = xB_0(x)$이므로 이를 이용하면

$$\frac{d}{d\rho_t}P_d\left(\frac{R}{\sigma},\frac{\rho_t}{\sigma}\right) = -\exp\left(-\frac{\rho_t^2+R^2}{2\sigma^2}\right)\frac{R}{\sigma^2}B_1\left(\frac{R\rho_t}{\sigma^2}\right). \tag{4.46}$$

따라서 식 (4.46)을 식 (4.45)에 대입하여 다시 쓰면

$$E\left(\frac{R}{\sigma},\frac{L}{\sigma}\right) = P_d\left(\frac{R}{\sigma},\frac{L}{\sigma}\right) + \frac{1}{L^2}\int_0^L \exp\left(-\frac{\rho_t^2+R^2}{2\sigma^2}\right)\frac{R}{\sigma^2}B_1\left(\frac{R\rho_t}{\sigma^2}\right)\rho_t^2 d\rho_t$$

이 된다.

위의 식에서 적분을 구하기 위해 다시 부분적분을 적용하면

$$\begin{aligned}&\frac{1}{L^2}\int_0^L \exp\left(-\frac{\rho_t^2+R^2}{2\sigma^2}\right)\frac{R}{\sigma^2}B_1\left(\frac{R\rho_t}{\sigma^2}\right)\rho_t^2 d\rho_t \\ &= \frac{R}{L}\exp\left(-\frac{L^2+R^2}{2\sigma^2}\right)B_1\left(\frac{RL}{\sigma^2}\right) + \frac{R^2}{L^2}P_d\left(\frac{L}{\sigma},\frac{R}{\sigma}\right)\end{aligned}$$

을 구할 수 있다

다시 이 식에서 부분적분을 적용하여 계산하면 식 (4.44)는

$$\begin{aligned}E\left(\frac{R}{\sigma},\frac{L}{\sigma}\right) &= P_d\left(\frac{R}{\sigma},\frac{L}{\sigma}\right) - \frac{R}{L}\exp\left(-\frac{L^2+R^2}{2\sigma^2}\right)B_1\left(\frac{RL}{\sigma^2}\right) \\ &\quad + \frac{R^2}{L^2}P_d\left(\frac{L}{\sigma},\frac{R}{\sigma}\right)\end{aligned}$$

로 구할 수 있다.

4.10 지표면의 점표적에 대한 피해함수

쿠키커터 피해함수 $d(x,y)$에 대한 일반적인 개념을 앞 절에서 다루었다. 그 중에서도 가장 간단한 형태의 피해함수 $d(x,y) = \begin{cases}1, & r \le R \\ 0, & r > R\end{cases}$인 경우 살상반경 R 밖에서는 전혀 손상을 입지 않는 반면 반경 내의 표적은 완전히 제압된다는 가정으로 접근하였다. 그러면 이런 단순한 쿠키커터 피해함수에 대해 무기의 정확도를 나타내는 살상확률을 구하여보자. 일반적으로 탄두의 폭발이 표적에 심각한 손상을 주도록 예상되는 최대 거리를 **미사일 거리**(miss distance)라고 한다.

탄착점의 좌표가 이변량 정규분포인 확률분포를 따르고, 무보정 동일분산이며 원점에 표적이 위치하고 있으며 손상에 대하서는 원형으로 대칭이라 하자. 피해함수를 $r=\sqrt{x^2+y^2}$ 에 대한 함수로 정의하면, 피해함수 $d(r)$은 미사일거리 r보다 작을 때 표적의 살상(무력화)확률 $d(r)=P_{K|\text{미사일거리}\le r}$로서 해석할 수 있다. 그러면 살상확률은 $P_K=\int P_{K|\text{미사일거리}\le r}$로 구할 수 있다. 일반적으로 이 함수는

$$P_K=\iint d(x,y)f(x,y)dxdy$$

이고, 극좌표계의 적분으로 변환하면 다음과 같다.

$$P_K=\int d(r)\text{P}rob[\text{미사일거리}\le r]dr$$

따라서 표적위치가 면적 A인 지역에 균등분포를 따른다고 할 때, 결합확률밀도함수는 $f(x,\,y)=1/A$이고

$$P_K=\frac{1}{A}\iint_A d(x,y)dxdy$$

가 된다. 다시 극좌표계에서의 이중적분으로 전환하면

$$P_K=\frac{1}{A}\int_0^{2\pi}\int_0^{\infty}d(r)r\,drd\theta$$

$$=\frac{2\pi}{A}\int_0^{\infty}d(r)r\,dr$$

이 된다. 만약 살상지역을 $a_L=2\pi\int_0^{\infty}rd(r)\,dr$로 정의하면

$$P_K=\frac{a_L}{A} \tag{4.47}$$

가 된다. 일반적으로 여기서 피해함수 $d(r)$은 감소함수라고 가정할 수 있다. 따라서 확률변수 L_r은 지정된 표적이 주어진 무기에 의해 반경 r내에서는 완전히 파괴(살상)되는 것으로 정의할 수 있다. 그러므로 $d(r)=P[L_r\le r]$이고, L_r의 결합확률밀도함수는 $f_{L_r}=-\frac{d}{dr}d(r)$이 된다.

이 확률밀도함수로부터 $E(L_r^2) = \int_0^\infty r^2 f_{L_r}(r)dr = 2\int_0^\infty rd(r)dr$임을 부분적분을 이용하여 보일 수 있다. 따라서 $a_L = 2\pi \int_0^\infty rd(r)\,dr = \pi E(L_r^2)$가 된다.

예제 4.7

그림 4.23과 같이 주어진 피해함수 $d(r)$에 대하여 살상지역

$$a_L = 0.8 \times 25\pi + 0.4 \times 75\pi = 50\pi$$

가 된다. 만약 동일한 피해함수 $P_K = 1$ 또는 $P_K = 0$을 구하고자 할 때 $P_K = 1$에 대해서는

$$P_K \cdot \pi r^2 = 50\pi \Rightarrow r^2 = 50$$

따라서 $r_L = 5\sqrt{2}$ 가 된다.

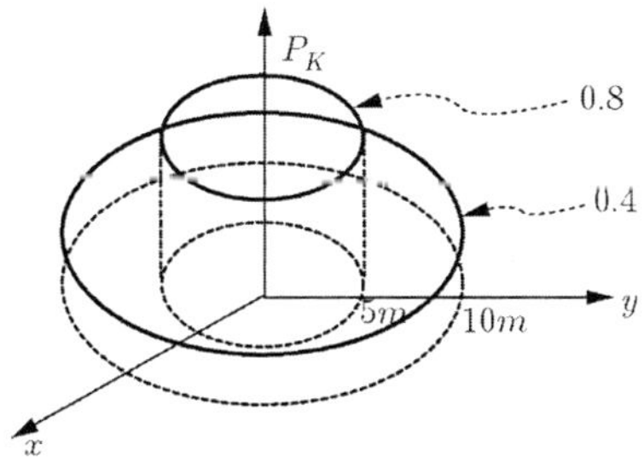

[그림 4.23] 피해함수의 살상지역

위의 예제에서처럼 실질적인 수학적 이론에 의한 피해함수는 포탄(무기)이 폭발한 지점으로부터 거리 r이 증가함에 따라 손실효과는 줄어드는 함수를 선택해야 더 바람직하다. 따라서 이런 효과를 보여주는 몇 가지 피해함수에 대해 다루고자 한다. 대표적인 피해함수로 가우스피해함수, 지수피해함수, 경사계단 피해함수, 로그-정규피해함수 등을 들 수 있다. 이러한 피해함수를 고려하는 기본적인 가정은 점표적에 대해 조준점 무보정이다. 조준점 보정에 의한 파괴확률 또는 살상확률을 계산할 때는 잘 알려진 함수로 쉽게 표현할 수 없고 다만 수치적 접근방법으로 계산할 수 있다.

정의 4.4 가우스 피해함수(Gaussian Damage Function)

미사일 거리 r과 상수 b에 대하여 정규분포를 따르는 가우스 피해함수는

$$d(r) = \exp\left(-\frac{r^2}{2b^2}\right) \tag{4.48}$$

로 정의한다.

아래 그림 4.24에서 r/b에 대한 $d(r)$의 변화를 볼 수 있다.

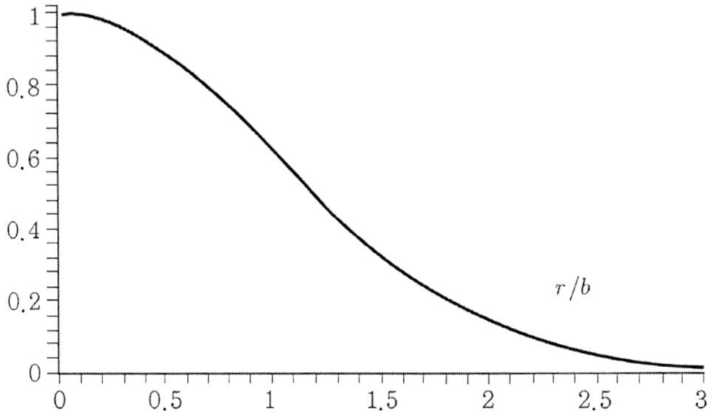

[그림 4.24] 가우스 피해함수

정리 4.9

무보정 동일분산($\mu_x = \mu_y = 0$이고 $\sigma_x^2 = \sigma_y^2 = \sigma^2$)인 무기에 대하여 정규분포를 따르고, 가우스 피해함수 (4.48)에 대한 표적 파괴확률은 다음과 같다.

$$P_d = \frac{b^2}{b^2 + \sigma^2} \tag{4.49}$$

증명 정규분포를 따르는 이변량 확률변수의 결합확률밀도함수는

$$f(x, y) = \frac{1}{2\pi\sigma_x\sigma_y} \exp\left\{-\frac{1}{2}[(\frac{x-\mu_x}{\sigma_x})^2 + (\frac{y-\mu_y}{\sigma_y})^2]\right\}$$

이고 $\mu_x = \mu_y = 0$, $\sigma_x^2 = \sigma_y^2 = \sigma^2$이므로 위의 식에 대입하면

$$f(x, y) = \frac{1}{2\pi\sigma^2} \exp\left(-\frac{x^2 + y^2}{2\sigma^2}\right) \tag{4.50}$$

가 된다. 또한 파괴확률 P_d를 계산하기 위하여 극좌표계로 $x = r\cos\theta$, $y = r\sin\theta$를 전

환하면 $d(x,y) = d(r)$이고, $f(x,y) = f(r\cos\theta, r\sin\theta) = \exp(-\frac{r^2}{2\sigma^2})$, 그리고 $dxdy = rdrd\theta$가 되어 파괴확률을 계산하면

$$\begin{aligned} P_d &= \iint d(x,y)f(x,y)dxdy \\ &= \frac{1}{2\pi\sigma^2}\int_0^\infty \int_0^{2\pi} \exp\left(-\frac{r^2}{2b^2}\right)\exp\left(-\frac{r^2}{2\sigma^2}\right) rdrd\theta \\ &= \int_0^\infty \frac{r}{\sigma^2}\exp\left[-\frac{r^2(\sigma^2+b^2)}{2\sigma^2 b^2}\right]dr \\ &= \frac{b^2}{b^2+\sigma^2} \end{aligned}$$

임을 증명할 수 있다.

다음은 가우스 함수와 비슷한 지수 피해함수에 대해 알아보자.

정의 4.5 지수피해함수(Exponential Damage Function)

미사일 거리 r과 상수 b에 대하여 정규분포를 따르는 지수 피해함수는

$$d(r) = \exp\left(-\frac{r}{b}\right) \tag{4.51}$$

로 정의한다.

아래 그림 4.25에서 r/b에 대한 지수피해함수 $d(r)$의 변화를 볼 수 있다.

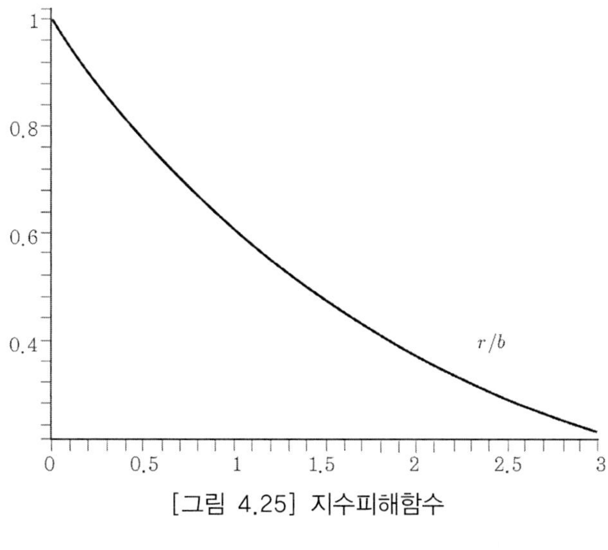

[그림 4.25] 지수피해함수

가우스 피해함수에서와 같이 동일 조건에서 표적 파괴확률은 다음과 같이 구할 수 있다.

정리 4.10

무보정 동일분산($\mu_x = \mu_y = 0$이고 $\sigma_x^2 = \sigma_y^2 = \sigma^2$)인 무기에 대하여 정규분포를 따르고, 지수피해함수의 식 (4.51)에 대한 표적 파괴확률은 다음과 같다.

$$P_d = 1 - \frac{\sqrt{2\pi}\,\sigma}{2b}\exp\left(\frac{\sigma^2}{2b^2}\right)\left[1 - erf\left(\frac{\sqrt{2}\,\sigma}{2b}\right)\right] \tag{4.52}$$

증명 극좌표계에 의한 지수피해함수는 식 (4.51)에서 정의된 $d(r) = \exp\left(-\frac{r}{b}\right)$이고, 결합확률밀도 함수는 $f(r,\theta) = \frac{1}{2\pi\sigma^2}\exp\left(-\frac{r^2}{2\sigma^2}\right)$이므로 표적파괴확률 P_d는

$$P_d = \iint d(x,y)f(x,y)dxdy \tag{4.53}$$

$$= \frac{1}{2\pi\sigma^2}\int_0^\infty\int_0^{2\pi}\exp\left(-\frac{r}{b}\right)\exp\left(-\frac{r^2}{2\sigma^2}\right)rdrd\theta$$

$$= \exp\left(\frac{\sigma^2}{2b^2}\right)\int_0^\infty \frac{r}{\sigma^2}\exp\left[-\frac{(\sigma^2+rb)^2}{2\sigma^2b^2}\right]dr$$

가 되며, 다시 $z = \frac{rb+\sigma^2}{\sqrt{2}\,\sigma b}$으로 치환하면 $dz = \frac{1}{\sqrt{2}\,\sigma}dr$이 되고, 위의 적분은 다시

$$\int_0^\infty \frac{r}{\sigma^2}\exp\left[-\frac{(\sigma^2+rb)^2}{2\sigma^2b^2}\right]dr = \int_{\sigma/\sqrt{2}b}^\infty e^{-z^2}(2z - \sqrt{2}\frac{\sigma}{b})dz$$

$$= 2\int_{\sigma/\sqrt{2}b}^\infty ze^{-z^2}dz - \frac{\sqrt{2}\,\sigma}{b}\int_{\sigma/\sqrt{2}b}^\infty e^{-z^2}dz$$

$$= \exp\left(-\frac{\sigma^2}{2b^2}\right) - \frac{\sqrt{2}\,\sigma}{b}\int_{\sigma/\sqrt{2}b}^\infty e^{-z^2}dz$$

여기서, 오차함수는 $erf(z) = \frac{2}{\sqrt{\pi}}\int_0^z e^{-z^2}dz$이기 때문에 이 오차함수를 이용하면

$$\int_{\sigma/\sqrt{2}b}^\infty e^{-z^2}dz = \frac{\sqrt{\pi}}{2}\left(1 - erf(\frac{\sigma}{\sqrt{2}\,b})\right) \tag{4.54}$$

임을 구할 수 있다. 따라서 위의 식을 계산하면

$$\exp\left(-\frac{\sigma^2}{2b^2}\right)-\frac{\sqrt{2}\,\sigma}{b}\int_{\sigma/\sqrt{2}b}^{\infty}e^{-z^2}dz \tag{4.55}$$

$$=\exp\left(-\frac{\sigma^2}{2b^2}\right)-\frac{\sqrt{\pi}\,\sigma}{\sqrt{2}\,b}\left(1-erf\left(\frac{\sigma}{\sqrt{2}\,b}\right)\right).$$

따라서 구하고자하는 파괴확률은 식 (4.53)에 식 (4.54)와 식 (4.55)를 대입하면

$$P_d=\exp\left(\frac{\sigma^2}{2b^2}\right)\int_0^{\infty}\frac{r}{\sigma^2}\exp\left[-\frac{(\sigma^2+rb)^2}{2\sigma^2b^2}\right]dr$$

$$=\exp\left(\frac{\sigma^2}{2b^2}\right)\left[\exp\left(-\frac{\sigma^2}{2b^2}\right)-\frac{\sqrt{2}\,\sigma}{b}\int_{\sigma/\sqrt{2}b}^{\infty}e^{-z^2}dz\right]$$

$$=\exp\left(\frac{\sigma^2}{2b^2}\right)\left[\exp\left(-\frac{\sigma^2}{2b^2}\right)-\frac{\sqrt{\pi}\,\sigma}{\sqrt{2}\,b}\left(1-erf\left(\frac{\sigma}{\sqrt{2}\,b}\right)\right)\right]$$

$$=1-\frac{\sqrt{2\pi}\,\sigma}{2b}\exp\left(\frac{\sigma^2}{2b^2}\right)\left[1-erf\left(\frac{\sqrt{2}\,\sigma}{2b}\right)\right]\Bigg\}$$

임을 증명할 수 있다.

다음으로 동일한 조건에서 경사계단 피해함수에 대한 표적파괴 확률을 알아보자. 이 피해함수를 표현하기 위해 필요한 것으로 확실한 살상반경(sure kill radius)을 R_{SK}, 안전한 반경(sure save)을 R_{SS}로 나타낸다고 하자.

정의 4.6 경사계단 피해함수(Inclined Step Damage Function)

확실한 살상반경 R_{SK}와 안전한 반경 R_{SS}에 대하여 정규분포를 따르는 경사계단 피해함수는

$$d(r)=\begin{cases}1, & 0\le r\le R_{SK}\\ \dfrac{R_{SS}-r}{R_{SS}-R_{SK}}, & R_{SK}\le r\le R_{SS}\\ 0, & r\ge R_{SS}\end{cases} \tag{4.56}$$

로 정의한다.

아래 그림 4.26에서 확실한 살상반경 R_{SK} 대비 안전한 반경 R_{SS} 대한 경사계단 피해함수 $d(r)$의 변화를 보여주고 있다.

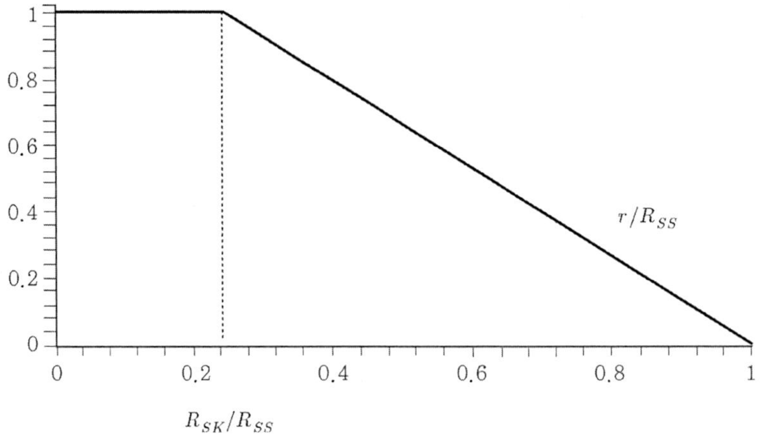

[그림 4.26] 경사계단 함수

정리 4.11

무보정 동일분산($\mu_x = \mu_y = 0$이고 $\sigma_x^2 = \sigma_y^2 = \sigma^2$)인 무기에 대하여 정규분포를 따르고, 경사계단피해함수의 식(4.56)에 대한 표적 파괴확률은 다음과 같다.

$$P_d = 1 - \frac{\sqrt{2\pi}\,\sigma}{2(R_{SS} - R_{SK})}\left[erf\left(\frac{\sqrt{2}\,R_{SS}}{2\sigma}\right) - erf\left(\frac{\sqrt{2}\,R_{SK}}{2\sigma}\right)\right] \tag{4.57}$$

여기서 R_{SK}는 확실한 살상반경이고 R_{SS}는 안전한 반경이다.

증명 결합확률밀도함수는 $f(r,\theta) = \dfrac{1}{2\pi\sigma^2}\exp\left(-\dfrac{r^2}{2\sigma^2}\right)$이므로 경사계단 피해함수가 정의되는 영역별로 나누어 계산하면

$$P_d = \iint d(x,y) f(x,y)\,dx\,dy$$

$$= \frac{1}{2\pi\sigma^2}\int_0^\infty \int_0^{2\pi} d(r)\exp\left(-\frac{r^2}{2\sigma^2}\right) r\,dr\,d\theta$$

$$= \int_0^{R_{SK}} 1 \times \exp\left(-\frac{r^2}{2\sigma^2}\right)\frac{r}{\sigma^2}dr + \int_{R_{SK}}^{R_{SS}} \frac{R_{SS} - r}{R_{SS} - R_{SK}}\exp\left(-\frac{r^2}{2\sigma^2}\right)\frac{r}{\sigma^2}dr$$

$$+ \int_{R_{SS}}^\infty 0 \times \exp\left(-\frac{r^2}{2\sigma^2}\right)\frac{r}{\sigma^2}dr$$

가 된다. 이 적분을 계산하기 위하여 위의 지수피해함수의 적분처럼, 새로운 변수를

$z = \dfrac{r}{\sqrt{2}\,\sigma}$ 로 치환하고, 부분적분과 오차함수 $erf(z) = \dfrac{2}{\sqrt{\pi}} \displaystyle\int_0^z e^{-z^2} dz$ 의 기본성질과 약간의 손쉬운 계산을 통하여 구하면 식 (4. 57)인 파괴확률

$$P_d = 1 - \frac{\sqrt{2\pi}\,\sigma}{2(R_{SS} - R_{SK})}\left[erf\left(\frac{\sqrt{2}\,R_{SS}}{2\sigma}\right) - erf\left(\frac{\sqrt{2}\,R_{SK}}{2\sigma}\right)\right]$$

을 구할 수 있다. 자세한 계산은 연습문제로 넘겨 놓는다.

마지막으로 브리지먼(Bridgman)에 의해 소개된 피해함수로 지금까지 알려진 함수 중에서 가장 정확하고 실제 모델링에서 많이 이용되는 로그-정규 피해함수를 정의하고 이에 따른 표적 파괴확률을 구하여 보자.

정의 4.7 로그-정규 피해함수(Log-Normal Damage Function)

확실한 살상반경 R_{SK}와 안전한 반경 R_{SS}에 의해 표적이 각각 98%와 2%의 표적 손실을 입는 상수 α, β에 대하여 정규분포를 따르는 로그-정규 피해함수는

$$d(r) = 1 - \frac{1}{\sqrt{2\pi}} \int_0^r \frac{1}{\beta r} \exp\left(-\frac{\ln^2(r/\alpha)}{2\beta^2}\right) dr \tag{4.58}$$

로 정의한다.

그림 4. 27에서 두 상수 α, β는 표적이 R_{SK}와 R_{SS}의해 각각 98%와 2% 손실을 입는 상수로 결정된다고 가정한 것이다. 마찬가지로 각각의 특정한 손실 비율은 다르게 정의된다. 그러나 일반적인 원칙은 모든 경우에 대해 동일하게 적용된다.

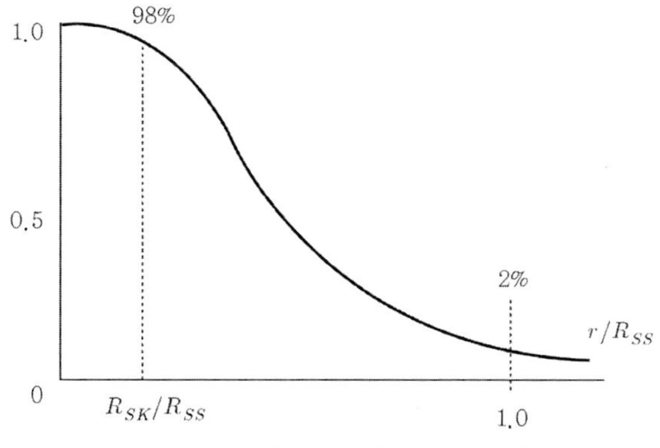

[그림 4.27] 로그-정규 피해함수

식 (4.58)의 로그-정규 피해함수는 오차함수 $erf(z)=\frac{2}{\sqrt{\pi}}\int_0^z e^{-z^2}dz$를 이용하여 아래와 같이 보다 간단하게 정리할 수 있다. 식 (4.58)에서 적분

$$\begin{aligned}\frac{1}{\sqrt{2\pi}}\int_0^r \frac{1}{\beta r}\exp\left(-\frac{\ln^2(r/\alpha)}{2\beta^2}\right)dr &= \frac{1}{2}erf\left(\frac{\ln(r/\alpha)}{\sqrt{2}\,\beta}\right)\Bigg|_{r=0}^{r} \\ &= \frac{1}{2}\left\{erf\left[\frac{\ln(r/\alpha)}{\sqrt{2}\,\beta}\right]-erf(-\infty)\right\} \\ &= \frac{1}{2}\left\{erf\left[\frac{\ln(r/\alpha)}{\sqrt{2}\,\beta}\right]+1\right\}\end{aligned}$$

이고, 이 식을 로그-정규 피해함수에 대입하면

$$\begin{aligned}d(r) &= 1-\frac{1}{\sqrt{2\pi}}\int_0^r \frac{1}{\beta r}\exp\left(-\frac{\ln^2(r/\alpha)}{2\beta^2}\right)dr \\ &= 1-\frac{1}{2}\left\{erf\left[\frac{\ln(r/\alpha)}{\sqrt{2}\,\beta}\right]+1\right\} \\ &= \frac{1}{2}\left\{1-erf\left[\frac{\ln(r/\alpha)}{\sqrt{2}\,\beta}\right]\right\}\end{aligned} \tag{4.59}$$

가 된다. 따라서 실제에서는 식 (4.59)를 로그-정규 피해함수로 정의한다.

그러면 위에서 정의한 상수 α, β는

$$\begin{cases} d(R_{SK})=0.98 \\ d(R_{SS})=0.02 \end{cases} \tag{4.60}$$

에 의해 계산된다. 식 (4.59)에서 $d(r)=\frac{1}{2}\left\{1-erf\left[\frac{\ln(r/\alpha)}{\sqrt{2}\,\beta}\right]\right\}$이므로

$$\begin{cases} 0.98=\frac{1}{2}\left\{1-erf\left[\frac{\ln(R_{SK}/\alpha)}{\sqrt{2}\,\beta}\right]\right\} \\ 0.02=\frac{1}{2}\left\{1-erf\left[\frac{\ln(R_{SS}/\alpha)}{\sqrt{2}\,\beta}\right]\right\} \end{cases}$$

인 연립방정식을 풀면 된다. 표준정규분포표를 이용하면 첫 번째 식은

$$0.96=-erf\left[\frac{\ln(R_{SK}/\alpha)}{\sqrt{2}\,\beta}\right]=-erf(z_{sk})$$

가 이므로 $z_{sk}=-1.4522$ 가 되고 두 번째 식은 같은 방법으로 구하면

$$0.96=erf\left[\frac{\ln(R_{SS}/\alpha)}{\sqrt{2}\,\beta}\right]=erf(z_{ss})$$

$z_{ss}=1.4522$가 된다. 따라서 이 값 $z_{sk}=-1.4522$와 $z_{ss}=1.4522$을 위의 두 식에 대입하면

$$\begin{cases}-1.4522\sqrt{2}\,\beta=\ln(R_{SK}/\alpha)=\ln(R_{SK})-\ln\alpha\\ 1.4522\sqrt{2}\,\beta=\ln(R_{SS}/\alpha)=\ln(R_{SS})-\ln\alpha\end{cases}$$

이 되고 각각 α와 β에 대하여 풀면

$$\begin{cases}\alpha=\sqrt{R_{SS}R_{SK}}\\ \beta=\dfrac{1}{2\cdot 1.4522\sqrt{2}}\ln\left(\dfrac{R_{SS}}{R_{SK}}\right)=\dfrac{1}{2\sqrt{2}\,z_{SS}}\ln\left(\dfrac{R_{SS}}{R_{SK}}\right)\end{cases} \tag{4.61}$$

가 된다.

정리 4.12

무보정 동일분산($\mu_x=\mu_y=0$이고 $\sigma_x^2=\sigma_y^2=\sigma^2$)인 무기에 대하여 정규분포를 따르고, 표적이 R_{SK}와 R_{SS}의해 각각 98%와 2% 손실을 입는 상수 α, β에 의해 정의된 로그-정규피해함수의 식 (4.59)에 대한 표적 파괴확률은 다음과 같다.

$$P_d=\frac{1}{2}\left\{1-\int_0^{\infty}erf\left[\frac{\ln(r/\alpha)}{\sqrt{2}\,\beta}\right]\exp\left(-\frac{r^2}{2\sigma^2}\right)\frac{r}{\sigma^2}dr\right\} \tag{4.62}$$

증명 정규분포를 따르므로 결합확률밀도함수는 $f(r,\theta)=\dfrac{1}{2\pi\sigma^2}\exp\left(-\dfrac{r^2}{2\sigma^2}\right)$이고, 주어진 피해함수는 식 (4.59)의 $d(r)=\dfrac{1}{2}\left\{1-erf\left[\dfrac{\ln(r/\alpha)}{\sqrt{2}\,\beta}\right]\right\}$이므로, 표적 파괴확률은 정리 4.11의 증명에서처럼 부분적분과 오차함수 $erf(z)=\dfrac{2}{\sqrt{\pi}}\displaystyle\int_0^z e^{-z^2}dz$의 기본성질을 이용하여 계산하면

$$
\begin{aligned}
P_d &= \iint d(x,y) f(x,y) dx dy \\
&= \frac{1}{2\pi\sigma^2} \int_0^{\infty} \int_0^{2\pi} d(r) \exp\left(-\frac{r^2}{2\sigma^2}\right) r dr d\theta \\
&= \frac{1}{2} \int_0^{\infty} \left\{1 - erf\left[\frac{\ln(r/\alpha)}{\sqrt{2}\beta}\right]\right\} \exp\left(-\frac{r^2}{2\sigma^2}\right) \frac{r}{\sigma^2} dr \\
&= \left[-\frac{1}{2}\exp\left(-\frac{r^2}{2\sigma^2}\right)\right]_{r=0}^{\infty} - \frac{1}{2}\left\{\int_0^{\infty} erf\left[\frac{\ln(r/\alpha)}{\sqrt{2}\beta}\right] \exp\left(-\frac{r^2}{2\sigma^2}\right) \frac{r}{\sigma^2} dr\right\} \\
&= \frac{1}{2}\left\{1 - \int_0^{\infty} erf\left[\frac{\ln(r/\alpha)}{\sqrt{2}\beta}\right] \exp\left(-\frac{r^2}{2\sigma^2}\right) \frac{r}{\sigma^2} dr\right\}
\end{aligned}
$$

임을 증명할 수 있다.

위의 정리 4. 12에서 증명된 표적 파괴확률은 정확한 수치로 계산할 수 없고, 주어진 상수 α, β에 따라 컴퓨터를 이용하여 수치적으로 확률 값을 구할 수 있다.

4.11 다중사격 교전 모델에서의 응용

일반적으로 전투 시나리오에서 표적 하나를 n명의 사수들이 조준하여 n발을 각각 독립적으로 사격하는 경우의 모델을 고려하기도 한다. 이러한 전투효과는 일제사격 효과를 유도한다. 한명의 사수가 하나의 표적에 n발을 집중적으로 사격하는 것을 일제사격(salvo)이라고 한다. 일반적으로 실제상황에서는 n발을 연속으로 일제 사격하는 각각의 과정에서 약간의 수정이 있다. 이것을 보정사격("사격-보정-사격")이라하고 1명의 사수가 조준점을 보정하면서 n발을 사격하는 것으로 정의한다. 또 다른 상황은 표적 위치를 보정한 n개의 서로 다른 조준점에 n명의 사수들이 n발을 일제 사격하는 패턴사격(pattern volley)이 있다. 또 다른 가능한 시나리오는 사격할 때마다 표적의 상태를 파악한 후 동일한 조준점에 한명의 사수가 둘 또는 그 이상을 사격하는 shoot-look-shoot(1차 사격 후 표적 제압 여부를 확인한 후 2차 사격)이 있다.

지금까지 논의한 것처럼 무보정 동일분산($\mu_x = \mu_y = 0$이고 $\sigma_x^2 = \sigma_y^2 = \sigma^2$)인 무기에 대하

여, 동일한 확률밀도함수를 가지는 n발의 사격을 독립적으로 실시하거나 즉, 정리 4.1에서 주어진 것처럼

$$P_d = 1 - (1 - P_{SSK})^n \tag{4.63}$$

이거나 n발의 사격이 독립적이나 서로 다른 분포를 갖는 확률밀도함수에 대해서

$$P_d = 1 - \prod_{i=1}^{n} (1 - P_{SSK}(i)) \tag{4.64}$$

로 주어진다. 여기서 $P_{SSK}(i)$는 각각의 사격에서 계산된다. 보정된 사격모델인 경우 반드시 보정방법을 기술해야한다. 이러한 예로는 일제사격에서

$$\begin{cases} \mu_{x,n} = - X_{n-1}/4 \\ m_{y,n} = - Y_{n-1}/2 \end{cases}$$

등으로 명확하게 모델링을 하여야 한다. 일반적인 접근방법으로 다음 두 가지를 생각할 수 있다.

(a) 단계별로 하나씩 시뮬레이션하는 것으로 각각 연속하여 P_{SSK}를 계산한다. 즉, 만약 표적이 명중되면 멈추고 그렇지 않으면 계속 시행한다.

(b) 독립인 가정 하에서 식(4.64)의 근사값을 구한다.

단일표적에 대한 패턴사격을 포함하는 다중(multi-round) 사격 모델에서는 단계별 시뮬레이션이 가장 실제적인 접근 방법이라 할 수 있다. 우선 표적위치오차(target location error, TLE)를 결정하고, 각각의 사격을 모의시험하고 조준오차를 결정한다. TLE와 조준오차로부터 편차를 찾고 분산을 결정한다. 다음으로 보정된 원형 정규분포표에서 P_{SSH}(단발명중확률)를 찾고 점표적에 대한 피해함수를 적용하여 P_{SSK}를 구한다. 그 다음 확률변수를 생성하여 표적이 제압되면 P_K와 비교한다.

복수 표적에 대한 패턴사격을 포함하는 다중사격 모델에서는 초고속(superquickie) 알고리즘이라는 표적 커버리지 모델(target coverage model, TCM)을 사용한다. 여기서는 사격마다 탄착지역을 결정하고 탄착지역 내에 있는 주어진 표적의 수를 확인하며, 균등한 표적분포와 균등한 탄착 분포 갖는다고 가정한다.

다음은 TCM에 의한 모델링을 예로 들어 자세히 알아보자.

이 모델에서 사용되는 기호로 N : 표적 개수, N_K :살상된 표적 수, A_I :탄착지역, a_L: 살상지역, a_t : 각각의 표적 지역, $F(n)$: n발 사격 중 최소한 1발에 의해 a_L에 포함된 A_I의 부분이라 하자.

정리 4.13

만약 TCM 모델링에서 다음과 같이
(1) $A_I \gg a_L$ (2) $a_t \ll a_L$ (3) 표적은 탄착지역 A_I에 균등분포 (4) 탄착지역 A_I 전지역에서 매 사격마다 균등하고 독립적인 탄착이 형성된다면 a_L/A_I는 1회 사격에 의해 커버된 A_I의 부분이고 $1-a_L/A_I$는 1회 사격에 의해 커버되지 않는 부분이다.

이 TCM에 의하면 a_L/A_I이 1인 아닌 경우에는

$$F(n) = 1 - (1 - a_L/A_I)^n \tag{4.65}$$

이 되고 1이라고 가정하는 경우는

$$F(n) \approx 1 - \exp\left(-\frac{na_L}{A_I}\right) \tag{4.66}$$

가 된다. $F(n)$은 제압된 표적군의 일부분이므로 살상된 표적 수에 대한 기댓값은

$$E[N_K] = N \cdot \left\{1 - \exp\left(-\frac{na_L}{A_I}\right)\right\} \tag{4.67}$$

가 된다. 식 (4.47)에서 정의된 것처럼 $a_L = 2\pi\int_0^\infty rd(r)\,dr$로 피해함수 $d(r)$범위내의 전체 치사량이라 할 수 있다. 가우스피해함수에 대한 전체 치사량 a_L은

$$a_L = 2\pi\int_0^\infty r\exp\left(-\frac{r^2}{2b^2}\right)dr = 2\pi b^2 \tag{4.68}$$

이다.

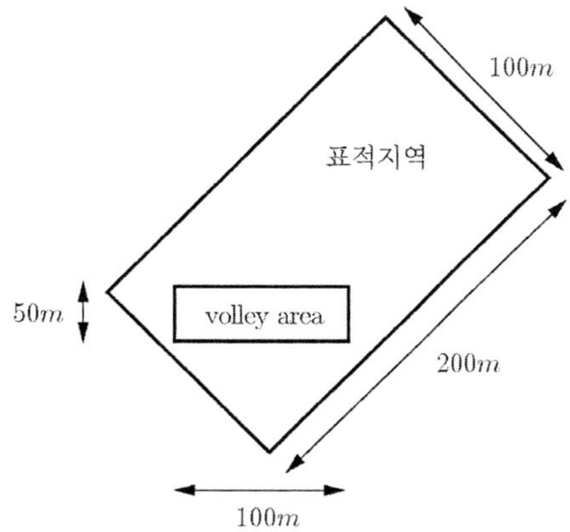

[그림 4.28] TCM 표적지역

예제 4.8

그림 4.28에서 보는 것처럼 6회 일제사격(volley)을 하였다. 각 사격마다 가우스 피해함수를 적용하고, 지수 $b = 5.0$이라 하자. 표적은 1개 중대 병력으로 200명이며 $200m \times 100m$로 균등하게 전개하고 있다. $F(6)$과 $E[N_K]$를 각각 구하여라.

풀이 $A_{target} = 20,000m^2$이고 $A_{volley} = 5,000m^2$이다.

한편 $A_I = 5,000m^2$, $a_L = 2\pi b^2 = 50\pi = 157.08m^2$이고

$$N = 200 \cdot (5000/20000) = 50\ targets$$

이다. 따라서

$F(6) = 1 - (1 - 157.08/5,000)^6$이고

$$E[N_K] = N \cdot F(6)$$
$$= 8.715 kills.$$

4.12 유산탄 피해함수

현재 군에서 보유하고 있는 105미리와 155미리 곡사포의 포탄은 파편효과에 의해 인명 및 전투 물자에 손상을 입힌다. 또한 대공포나 미사일은 목표물 근처에서 폭발하여 유산탄이나 파편에 의해 표적을 무력화시킨다. 이와 같이 탄두가 폭발지점 근방에서 균등한 분포로 비산하는 유산탄에 의한 피해함수를 유도하고 그 기본성질들을 알아보자. 특히 지상표적과 공간

표적에 대한 피해함수를 중심으로 설명하겠다.

지상표적에 대한 피해함수를 유도하기 위해 다음과 같이 세 가지 모수를 도입하여 정의 하여보자.

s_a : 지상표적의 취약한 부분의 호의 길이

N : 방사방향의 유산탄의 수

r : 폭발점에서 살상반경

따라서 반경 r_a 내의 표적에 명중한 탄두로부터 비산된 하나의 유산탄에 대하여

$$s_a N = 2\pi r_a \quad \Rightarrow \quad r_a = \frac{s_a N}{2\pi} \tag{4.69}$$

을 만족하여야 한다. 만약 일발명중에 의해 표적이 파괴된다고 가정하면 $0 \le r \le r_a$에 대하여 확실히 표적은 파괴되고, $r > r_a$에 대해서는 하나의 유산탄은 $sN = 2\pi r$을 만족하는 호의 영역 s에 탄착될 것이다. 따라서 폭발점에서 거리 r에서의 피해함수 $d(r)$은 s_a/s의 비율에 의해 계산된다.

정의 4.8 유산탄에 의한 지상표적의 피해함수

지상표적에 대하여 균등분포로 비산하는 유산탄 피해함수는

$$d(r) = \begin{cases} 1, & 0 \le r \le r_a \\ r_a/r, & r > r_a \end{cases} \tag{4.70}$$

으로 정의한다. 여기서 r_a는 살상반경, r은 폭발점에서 하나의 유산탄이 비산하여 표적에 탄착한 거리이다.

이 정의에서 다시 r_a/r을 계산하면

$$r_a/r = \frac{s_a N/2\pi}{sN/2\pi} = s_a/s$$

가 됨을 알 수 있고, 이 정의 4.8을 유도하기 위해 설명한 부분으로부터 식 (4.70)과 동치임을 보여준다. 지상표적에 대한 유산탄 피해함수에 대한 그래프는 그림 4.29에서 r_a/r의 비율로서 보여준다. 따라서 이 유산탄 피해함수에 대한 표적파괴확률은 다음과 같이 주어진다.

정리 4.14

무보정 동일분산($\mu_x = \mu_y = 0$이고 $\sigma_x^2 = \sigma_y^2 = \sigma^2$)인 무기에 대하여 정규분포를 따르고, 유산탄에 의한 지상표적의 피해함수가 $d(r) = \begin{cases} 1, & 0 \le r \le r_a \\ r_a/r, & r > r_a \end{cases}$일 때 표적 파괴확률은 다음과 같다.

$$P_d = 1 - \exp\left(-\frac{r_a^2}{2\sigma^2}\right) + \frac{\sqrt{2\pi}\, r_a}{2\sigma}\left[1 - erf\left(\frac{r_a}{\sqrt{2}\,\sigma}\right)\right] \tag{4.71}$$

증명 앞 절에서와 같은 방법으로 극좌표계에 의한 이변량정규분포에 대한 결합확률밀도함수가 $f(r,\theta) = \dfrac{1}{2\pi\sigma^2}\exp\left(-\dfrac{r^2}{2\sigma^2}\right)$이므로 표적 파괴확률 P_d는

$$\begin{aligned} P_d &= \iint d(x,y)f(x,y)dxdy \\ &= \frac{1}{2\pi\sigma^2}\int_0^\infty\int_0^{2\pi} d(r)\exp\left(-\frac{r^2}{2\sigma^2}\right)rdrd\theta \\ &= \frac{1}{\sigma^2}\int_0^\infty d(r)\exp\left(-\frac{r^2}{2\sigma^2}\right)rdr \\ &= \frac{1}{\sigma^2}\int_0^{r_a}\exp\left(-\frac{r^2}{2\sigma^2}\right)rdr + \frac{r_a}{\sigma^2}\int_{r_a}^\infty \exp\left(-\frac{r^2}{2\sigma^2}\right)dr. \end{aligned}$$

위 적분을 계산하기 위하여 변수 $z = r/\sqrt{2}\,\sigma$로 치환하자. 그러면 $dz = 1/\sqrt{2}\,\sigma\, dr$이 되고, 파과확률은 오차함수의 정의 $erf(z) = \dfrac{2}{\sqrt{\pi}}\displaystyle\int_0^z e^{-z^2}dz$을 도입하면

$$\begin{aligned} P_d &= 2\int_0^{r_a/\sqrt{2}\sigma} z\exp(-z^2)dz + \frac{\sqrt{2}\,r_a}{\sigma}\int_{r_a/\sqrt{2}\sigma}^\infty \exp(-z^2)dz \\ &= 2\int_0^{r_a/\sqrt{2}\sigma} z\exp(-z^2)dz + \frac{\sqrt{2}\,r_a}{\sigma}\int_0^\infty \exp(-z^2)dz \\ &\quad - \frac{\sqrt{2}\,r_a}{\sigma}\int_0^{r_a/\sqrt{2}\sigma}\exp(-z^2)dz \end{aligned}$$

$$= 1 - \exp\left(-\frac{r_a^2}{2\sigma^2}\right) + \frac{\sqrt{2\pi}\, r_a}{2\sigma}\left[1 - erf\left(\frac{r_a}{\sqrt{2}\,\sigma}\right)\right]$$

와 같이 증명된다.

지상표적에 대한 피해함수를 유도한 것처럼 지금부터는 공중표적에 대한 피해함수를 유도하기 위해 새로운 모수 A_s를 공중표적의 취약부분의 표면적이라 하자. N개의 유산탄이 모든 방향으로 비산한다고 가정하면 반경 r_s 내의 표적에 명중한 탄두로부터 비산된 하나의 유산탄에 대하여

$$A_s N = \pi r_s^2 \quad \Rightarrow \quad r_s^2 = \frac{A_s N}{\pi} \tag{4.72}$$

의 관계식을 만족하여야 한다. 또한 폭발점에서 임의의 반경 r에서 하나의 유산탄에 의해 탄착된 지역을 A라할 때 $r^2 = \dfrac{AN}{\pi}$이 된다. 따라서 공중표적에 대한 유산탄의 피해함수는 A_s/A의 비율로 주어진다.

정의 4.9 유산탄에 의한 공중표적의 피해함수

공중표적에 대하여 모든 방향으로 균등분포로 비산하는 유산탄 피해함수는

$$d(r) = \begin{cases} 1, & 0 \le r \le r_s \\ r_s^2/r^2, & r > r_s \end{cases} \tag{4.73}$$

로 정의한다. 여기서 r_s는 살상반경, r은 폭발점에서 하나의 유산탄이 비산하여 표적에 탄착한 거리이다.

■

이 정의에서 다시 r_s^2/r^2을 계산하면

$$r_s^2/r^2 = \frac{A_s N/\pi}{AN/\pi} = A_s/A$$

가 됨을 알 수 있고, 이 정의 4.9을 유도하기 위해 설명한 부분으로부터 식 (4.71)과 동치임을 보여준다. 공중표적에 대한 유산탄 피해함수에 대한 그래프는 그림 4.29에서 r_a^2/r^2의 비율로서 보여준다.

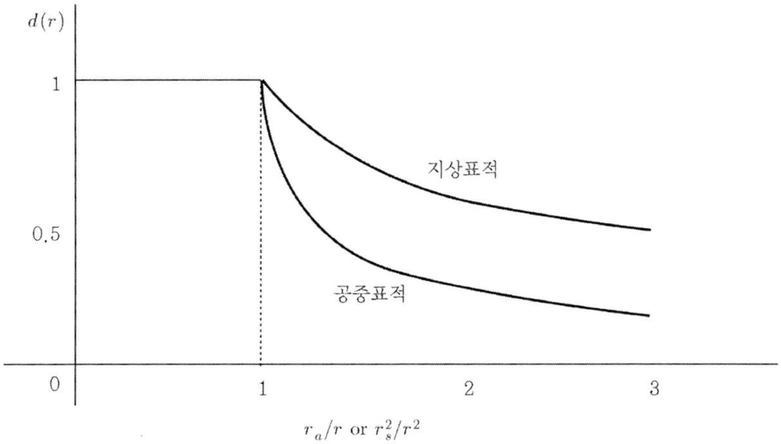

[그림 4.29] 지상 및 공중표적의 유산탄 피해함수

한편 유산탄은 공중으로 비산할 때 공기와의 마찰에 의해 속도가 감소하고 운동에너지 또한 표적에 영향을 미치지 않게 되는 지점까지 계속 감소한다. 따라서 위에서 주어진 이 유산탄 피해함수에 대한 표적파괴확률은 다음과 같이 구할 수 있다.

정리 4.15

무보정 동일분산($\mu_x = \mu_y = 0$이고 $\sigma_x^2 = \sigma_y^2 = \sigma^2$)인 무기에 대하여 정규분포를 따르고, 유산탄에 의한 공중표적의 피해함수가 $d(r) = \begin{cases} 1, & 0 \le r \le r_s \\ r_s^2/r^2, & r > r_s \end{cases}$일 때 표적파괴확률은 다음과 같다.

$$P_d = -\frac{2r_s}{\sqrt{2\pi}\,\sigma}\exp\left(-\frac{r_s^2}{2\sigma^2}\right) + erf\left(\frac{r_s}{\sqrt{2}\,\sigma}\right) + \frac{r_s^2}{\sigma^2}\left[1 - erf\left(\frac{r_s}{\sqrt{2}\,\sigma}\right)\right] \tag{4.74}$$

증명 삼변량정규분포에 대한 확률밀도함수는 식(4.35)에서 무보정이므로 $r_0 = 0$을

$$f(\rho,\theta,\phi) = \frac{1}{(\sqrt{2\pi})^3\sigma^3}\exp\left(-\frac{r_0^2}{2\sigma^2}\right)\exp\left(-\frac{\rho^2}{2\sigma^2} + \frac{\rho r_0 \cos\phi}{\sigma^2}\right)$$

에 대입하여 정리하면 결합확률밀도함수는 $f(\rho,\theta,\phi) = \frac{1}{(\sqrt{2\pi})^3\sigma^3}\exp\left(-\frac{\rho^2}{2\sigma^2}\right)$가 되고 구면좌표계에서 삼중적분을 계산하기 위해 $x = \rho\sin\phi\cos\theta$, $y = \rho\sin\phi\sin\theta$, $z = \rho\cos\phi$로 치환하고 쟈코비안을 고려하면 $dxdydz = \rho^2 \sin\phi \, d\rho \, d\theta \, d\phi$가 되고 적분영역은 $0 \le \rho \le \infty$,

$0 \leq \phi \leq \pi$, $0 \leq \theta \leq 2\pi$가 된다. 따라서 명중(파괴)확률은

$$P_d = \int_0^{\infty}\int_0^{\pi}\int_0^{2\pi} d(\rho) f(\rho,\phi,\theta)\rho^2 \sin\phi d\rho d\phi d\theta$$

$$= \frac{1}{(\sqrt{2\pi})^3\sigma^3}\int_0^{\infty}\int_0^{\pi}\int_0^{2\pi} d(\rho)\exp\left(-\frac{\rho^2}{2\sigma^2}\right)\rho^2 \sin\phi d\rho d\phi d\theta$$

$$= \frac{1}{\sqrt{2\pi}\,\sigma^3}\int_0^{\infty}\int_0^{\pi} d(\rho)\exp\left(-\frac{\rho^2}{2\sigma^2}\right)\rho^2 \sin\phi d\rho d\phi$$

$$= \frac{2}{\sqrt{2\pi}\,\sigma^3}\int_0^{\infty} d(\rho)\exp\left(-\frac{\rho^2}{2\sigma^2}\right)\rho^2 d\rho$$

$$= \frac{2}{\sqrt{2\pi}\,\sigma^3}\int_0^{r_s}\exp\left(-\frac{\rho^2}{2\sigma^2}\right)\rho^2 d\rho + \frac{2r_s^2}{\sqrt{2\pi}\,\sigma^3}\int_{r_s}^{\infty}\exp\left(-\frac{\rho^2}{2\sigma^2}\right)d\rho$$

$$= \frac{2}{\sqrt{2\pi}\,\sigma^3}\int_0^{r_s}\exp\left(-\frac{\rho^2}{2\sigma^2}\right)\rho^2 d\rho + \frac{2r_s^2}{\sqrt{2\pi}\,\sigma^3}\int_0^{\infty}\exp\left(-\frac{\rho^2}{2\sigma^2}\right)d\rho$$

$$- \frac{2r_s^2}{\sqrt{2\pi}\,\sigma^3}\int_0^{r_s}\exp\left(-\frac{\rho^2}{2\sigma^2}\right)d\rho$$

이다. 위 적분을 구하기 위하여 변수 $z = \rho/\sqrt{2}\,\sigma$로 치환하면 $dz = 1/\sqrt{2}\,\sigma\, d\rho$이 되고

$$P_d = \frac{4}{\sqrt{\pi}}\int_0^{\frac{r_s}{\sqrt{2}\sigma}}\exp(-z^2)z^2 dz + \frac{2r_s^2}{\sqrt{\pi}\,\sigma^2}\int_0^{\infty}\exp(-z^2)dz$$

$$- \frac{2r_s^2}{\sqrt{\pi}\,\sigma^2}\int_0^{\frac{r_s}{\sqrt{2}\sigma}}\exp(-z^2)dz$$

따라서 위 적분을 계산하기 위하여 부분적분과 오차함수 $erf(z) = \frac{2}{\sqrt{\pi}}\int_0^z e^{-z^2}dz$을 적용하면 공중표적에 대한 파괴확률은 다음과 같이 증명된다.

$$P_d = -\frac{2}{\sqrt{\pi}}\exp(-z^2)z\Big|_0^{\frac{r_s}{\sqrt{2}\sigma}} + \frac{2}{\sqrt{\pi}}\int_0^{\frac{r_s}{\sqrt{2}\sigma}}\exp(-z^2)dz$$

$$+ \frac{2r_s^2}{\sqrt{\pi}\,\sigma^2}\int_0^{\infty}\exp(-z^2)dz - \frac{2r_s^2}{\sqrt{\pi}\,\sigma^2}\int_0^{\frac{r_s}{\sqrt{2}\sigma}}\exp(-z^2)dz$$

$$= -\frac{2r_s}{\sqrt{2\pi}\,\sigma}\exp\left(-\frac{r_s^2}{2\sigma^2}\right) + erf\left(\frac{r_s}{\sqrt{2}\,\sigma}\right) + \frac{r_s^2}{\sigma^2}\left[1 - erf\left(\frac{r_s}{\sqrt{2}\,\sigma}\right)\right].$$

4.13 무기효과 유효반경

지금까지 폭발점에서 살상반경 r_a가 주어진 경우 쿠키커터 피해함수에 대한 표적파괴확률을 구했다. 그러나 반대로 지금까지 논의해 온 과정을 수학적으로 분석해 보면 무기효과 반경(살상반경)을 구할 수 있다. 즉 쿠키커터 피해함수 $d(x,y)$의 간단한 개념을 무기효과 유효반경 R_w를 도입하여 무보정 동일분산인 점표적의 파괴확률을 계산하는데 적용할 수 있다. 식 (4.14)에서 보는 것처럼 결합확률밀도함수가 $f(x,y)$일 때 점표적으로부터 유효반경 R_w내에 표적명중(파괴확률)은

$$P_d = \iint_{(x^2+y^2 \le R_w^2)} f(x,y)dxdy$$

$$= \int_{-\infty}^{\infty}\int_{-\infty}^{\infty} d(x,y)f(x,y)dxdy$$

으로 계산하였다. 이 적분으로부터 유효반경 R_w에 의한 쿠키커터 피해함수의 계산은 실제 피해함수 $d(x,y)$를 사용하여 정확히 구한 피해확률과 일치한다. 예를 들면 가우스 결합확률밀도함수 $f(x,y)$에 대하여 극좌표계의 이중적분으로 변수를 변환하면 $x = r\cos\theta, y = r\sin\theta$, $dxdy = rdrd\theta$이고 적분영역은 $0 \le \theta \le 2\pi,\ 0 \le r \le R_w$가 되어

$$P_d = \frac{1}{2\pi\sigma^2}\iint_{(x^2+y^2 \le R_w^2)} \exp\left(-\frac{x^2+y^2}{2\sigma^2}\right)dxdy$$

$$= \int_0^{R_w} \exp\left(-\frac{r^2}{2\sigma^2}\right)\frac{r}{\sigma^2}dr$$

$$= \int_0^{\infty} d(r)\exp\left(-\frac{r^2}{2\sigma^2}\right)\frac{r}{\sigma^2}dr$$

으로 계산된다. 따라서 식 (4.18)에서처럼 위 적분을 치환적분을 사용하여 계산하면

$$1-\exp\left(-\frac{R_w^2}{2\sigma^2}\right) = \int_0^{\infty} d(r)\exp\left(-\frac{r^2}{2\sigma^2}\right)\frac{r}{\sigma^2}dr \tag{4.75}$$

의 관계식을 구할 수 있고, 이 식 (4.75)에서 피해함수에 대한 유효반경 R_w를 계산하면 다음과 같다.

$$R_w = \sqrt{-2\sigma^2 \ln\left(1 - \int_0^\infty d(r)\exp\left(-\frac{r^2}{2\sigma^2}\right)\frac{r}{\sigma^2}dr\right)} \qquad (4.76)$$

무기효과 유효반경 R_w의 개념은 무기체계 분석가들에게 쿠키커터 피해함수의 반경 R_w를 실제 피해함수로 대치할 수 있게 해주었다. 즉 점표적의 파괴확률은

$$P_d = \iint_{(x^2+y^2 \le R_w^2)} f(x,y)dxdy$$

으로 오직 주어진 반경 R_w 범위내의 영역에서 계산한다.

만약 조준점 보정이 원점이 아닌 경우는 유효반경에 대한 계산은 약간 변환하여야한다. 즉 표적이 원점에 있지만 조준점이 (x_0, y_0)로 보정된 경우에 대한 표적파괴확률은

$$P_d = \iint_{(x^2+y^2 \le R_w^2)} f(x-x_0, y-y_0)dxdy \qquad (7.77)$$

$$= \int_{-\infty}^{\infty}\int_{-\infty}^{\infty} d(x,y)f(x-x_0, y-y_0)dxdy$$

로 계산된다.

정리 4.16

무보정 동일분산($\mu_x = \mu_y = 0$이고 $\sigma_x^2 = \sigma_y^2 = \sigma^2$)인 무기에 대하여 정규분포를 따르고, 주어진 피해함수에 대한 유효반경 R_w는 다음과 같다.

1) 가우스피해함수일 때, 상수 b에 대하여

$$R_w = \sigma\left[\ln\left(1 + \frac{b^2}{\sigma^2}\right)^2\right]^{\frac{1}{2}} \qquad (7.78)$$

2) 지수피해함수일 때, 상수 b에 대하여

$$R_w = \sigma\left\{-2\ln\left(\frac{\sqrt{2\pi}\,\sigma}{2b}\right) - \frac{\sigma^2}{b^2} - 2\ln\left[1 - erf\left(\frac{\sqrt{2}\,\sigma}{2b}\right)\right]\right\}^{\frac{1}{2}} \qquad (7.79)$$

3) 경사계단피해함수일 때, 확실한 살상반경 R_{SK}와 안전한 반경 R_{SS}에 대하여

$$R_w = \sigma\left(\ln\left\{\left[\frac{\sqrt{2\pi}\,\sigma}{2(R_{SS} - R_{SK})}\right]\left[erf\left(\frac{\sqrt{2}\,R_{SS}}{2\sigma}\right) - erf\left(\frac{\sqrt{2}\,R_{SK}}{2\sigma}\right)\right]\right\}^{-2}\right)^{\frac{1}{2}} \qquad (7.80)$$

4) 로그-정규피해함수일 때, 표적이 R_{SK}와 R_{SS}의해 각각 98%와 2% 손실을 입는 상수 α, β에 대하여

$$R_w = \sigma\left\{\ln\left[\frac{1}{2}\left(1+\int_0^\infty erf\left[\frac{\ln(r/\alpha)}{\sqrt{2}\,\beta}\right]\exp\left(-\frac{r^2}{2\sigma^2}\right)\frac{r}{\sigma^2}dr\right)\right]^{-2}\right\}^{\frac{1}{2}} \tag{7.81}$$

증명 1) 식 (4.48)에서 주어진 가우스피해함수 $d(r)=\exp\left(-\frac{r^2}{2b^2}\right)$에 대한 표적명중확률은 식 (4.49)와 식 (4.75)를 비교하여 계산하면

$$1-\exp\left(-\frac{R_w^2}{2\sigma^2}\right)=\frac{b^2}{b^2+\sigma^2}$$

가 되고 유효반경 R_w에 대해 정리하여 계산하면 식 (4.78)에서처럼

$$R_w=\sigma\left[\ln\left(1+\frac{b^2}{\sigma^2}\right)^2\right]^{\frac{1}{2}}$$

을 구할 수 있다.

2) 식 (4.51)의 지수피해함수 $d(r)=\exp\left(-\frac{r}{2b}\right)$에 대하여 식 (4.52)에서 주어진 표적명중확률과 식 (4.75)에 의해 계산하면

$$1-\exp\left(-\frac{R_w^2}{2\sigma^2}\right)=1-\frac{\sqrt{2\pi}\,\sigma}{2b}\exp\left(\frac{\sigma^2}{2b^2}\right)\left[1-erf\left(\frac{\sqrt{2}\,\sigma}{2b}\right)\right]$$

$$\Rightarrow \exp\left(-\frac{R_w^2}{2\sigma^2}\right)=\frac{\sqrt{2\pi}\,\sigma}{2b}\exp\left(\frac{\sigma^2}{2b^2}\right)\left[1-erf\left(\frac{\sqrt{2}\,\sigma}{2b}\right)\right]$$

가 되고 다시 유효반경 R_w에 관한 식으로 정리하면 식 (7.79)와 같이

$$R_w=\sigma\left\{-2\ln\left(\frac{\sqrt{2\pi}\,\sigma}{2b}\right)-\frac{\sigma^2}{b^2}-2\ln\left[1-erf\left(\frac{\sqrt{2}\,\sigma}{2b}\right)\right]\right\}^{\frac{1}{2}}$$

를 구할 수 있다.

3) 같은 방법으로 식 (4.75)에서 주어진 것처럼 경사계단피해함수에 대한 표적파괴확률에 관한 식 (4.57)과 비교하여 정리하면

$$1-\exp\left(-\frac{R_w^2}{2\sigma^2}\right)=\int_0^\infty d(r)\exp\left(-\frac{r^2}{2\sigma^2}\right)\frac{r}{\sigma^2}dr$$

$$=1-\frac{\sqrt{2\pi}\,\sigma}{2(R_{SS}-R_{SK})}\left[erf\left(\frac{\sqrt{2}\,R_{SS}}{2\sigma}\right)-erf\left(\frac{\sqrt{2}\,R_{SK}}{2\sigma}\right)\right]$$

가 되고 다시 무기 유효반경 R_w에 대해 정리하면 식 (7.80)과 같이

$$R_w=\sigma\left(\ln\left\{\left[\frac{\sqrt{2\pi}\,\sigma}{2(R_{SS}-R_{SK})}\right]\left[erf\left(\frac{\sqrt{2}\,R_{SS}}{2\sigma}\right)-erf\left(\frac{\sqrt{2}\,R_{SK}}{2\sigma}\right)\right]\right\}^{-2}\right)^{\frac{1}{2}}$$

를 구할 수 있다.

4) 로그-정규피해함수 $d(r)=1-\frac{1}{\sqrt{2\pi}}\int_0^r\frac{1}{\beta r}\exp\left(-\frac{\ln^2(r/\alpha)}{2\beta^2}\right)dr$에 대하여 위에서와 같이 표적파괴확률과 비교하여 다시 정리하면

$$1-\exp\left(-\frac{R_w^2}{2\sigma^2}\right)=\int_0^\infty d(r)\exp\left(-\frac{r^2}{2\sigma^2}\right)\frac{r}{\sigma^2}dr$$

$$=\frac{1}{2}\left\{1-\int_0^\infty erf\left[\frac{\ln(r/\alpha)}{\sqrt{2}\,\beta}\right]\exp\left(-\frac{r^2}{2\sigma^2}\right)\frac{r}{\sigma^2}dr\right\}$$

가 되고 다시 무기 유효반경 R_w에 관한 식으로 계산하여 정리하면 식 (7.81)과 같이

$$R_w=\sigma\left\{\ln\left[\frac{1}{2}\left(1+\int_0^\infty erf\left[\frac{\ln(r/\alpha)}{\sqrt{2}\,\beta}\right]\exp\left(-\frac{r^2}{2\sigma^2}\right)\frac{r}{\sigma^2}dr\right)\right]^{-2}\right\}^{\frac{1}{2}}$$

가 된다.

참고로 경사계단피해함수와 로그-정규피해함수는 그래프를 비교하면 상당히 유사한 특성을 지니고 있다. 사실 $R_{SS}=R_{SK}$이면, 즉 경사계단피해함수의 경우 두 피해함수는 무기효과 반경이 $R_w=R_{SS}$로 정확히 일치한다. 이는 두 함수가 쿠키커터함수로 변화되기 때문이다.

정리 4.17

무보정 동일분산($\mu_x=\mu_y=0$이고 $\sigma_x^2=\sigma_y^2=\sigma^2$)인 무기에 대하여 정규분포를 따르고, 주어진 피해함수에 대한 유효반경 R_w는 다음과 같다.

1) 유산탄에 의한 지상표적의 피해함수가 $d(r)=\begin{cases}1, & 0\le r\le r_a\\ r_a/r, & r>r_a\end{cases}$ 일 때 유효반경 R_w는

$$R_w=\sigma\left\{-2\ln\left(\exp\left(-\frac{r_a^2}{2\sigma^2}\right)-\frac{\sqrt{2\pi}\,r_a}{2\sigma}\left[1-erf\left(\frac{r_a}{\sqrt{2}\,\sigma}\right)\right]\right)\right\}^{\frac{1}{2}} \tag{7.82}$$

2) 유산탄에 의한 공중표적의 피해함수가 $d(r)=\begin{cases}1, & 0\le r\le r_s\\ r_s^2/r^2, & r>r_s\end{cases}$ 일 때 유효반경

R_w는 다음 두 식에 의해 수치적으로 계산된다.

$$P_d=-\frac{2r_s}{\sqrt{2\pi}\,\sigma}\exp\left(-\frac{r_s^2}{2\sigma^2}\right)+erf\left(\frac{r_s}{\sqrt{2}\,\sigma}\right)+\frac{r_s^2}{\sigma^2}\left[1-erf\left(\frac{r_s}{\sqrt{2}\,\sigma}\right)\right] \tag{7.83}$$

$$=-\frac{2}{\sqrt{\pi}}\exp\left(-\frac{R_w^2}{2\sigma^2}\right)\frac{R_w}{\sqrt{2}\,\sigma}+erf\left(\frac{R_w}{\sqrt{2}\,\sigma}\right)$$

이 정리에 대한 증명은 독자들에게 남기며 다소 수학적 계산이 필요하며, 식 (7.83)에 대한 무기 유효반경을 두 식으로부터 수치해석적 방법으로 구할 수 있다. 이에 대한 차이점은 아래 그림 4.30에서 짐작할 수 있다.

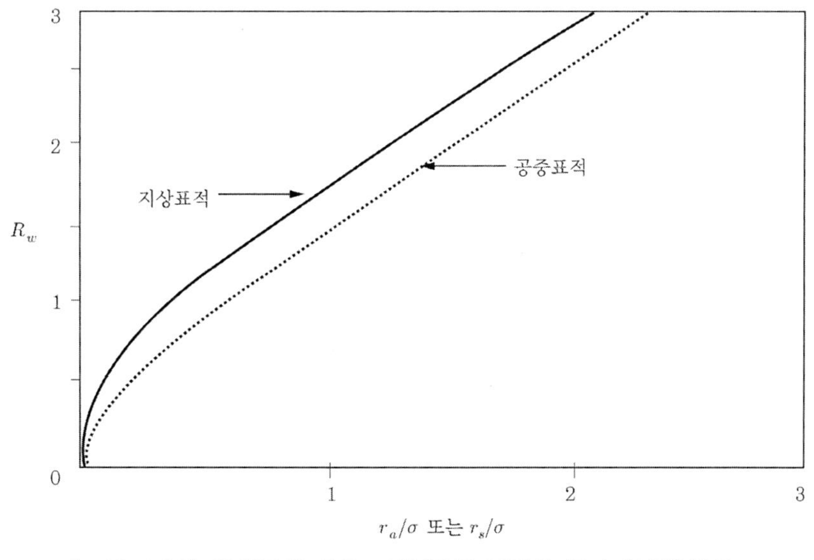

[그림 4.30] 유산탄에 의한 지상/공중 표적의 무기 유효반경 R_w

연습문제 4

1. 크기가 $5m \times 4m$ 인 직사각형 표적에 사거리공산오차와 편각공산오차가 $3m$ 인 미사일의 단발명중확률을 구하여라.

2. 어떤 전차포의 사거리 공산오차가 $30m$ 라고 한다. 만약 표적의 중앙을 조준하였을 때 표적보다 $20m$ 더 길게 탄착될 확률을 구하여라. 또한 시스템적 오류가 없고 조준점을 중심으로 정규분포를 따를 때 표적에 명중할 확률은 얼마인가?

3. 확률변수 X의 확률밀도함수가 $f(x) = \frac{1}{\sqrt{2\pi}\,\sigma} e^{-\frac{(x-\mu)^2}{2\sigma^2}}, \quad -\infty < x < \infty$ 일 때, 기댓값 $E(X) = \mu$임을 보여라.

4. 식 (4.33)으로부터 영점무보정인 공중 점표적에 대한 파괴확률이

$$P\left(\frac{R}{\sigma},0\right) = -\frac{2}{\sqrt{\pi}}\exp\left(-\frac{R^2}{2\sigma^2}\right)\frac{R}{\sqrt{2}\,\sigma} + erf\left(\frac{R}{\sqrt{2}\,\sigma}\right)$$

임을 보여라.

5. 아래 주어진 그림에서 보는 것처럼 표적은 1개 보병중대 병력으로 250명이며 $600m \times 300m$ 로 균등하게 전개하고 있다. 포병사격을 $250m \times 100m$ 지역에 8회 일제사격(volley)을 하였다. 예상되는 사상자를 구하기 위하여 TCM 모델을 적용하여 구하여라. 단, 각 사격마다 지수피해함수를 적용하고, 지수 $b = 6.0$ 이라 하자. $F(8)$과 $E[N_K]$를 각각 구하여라.

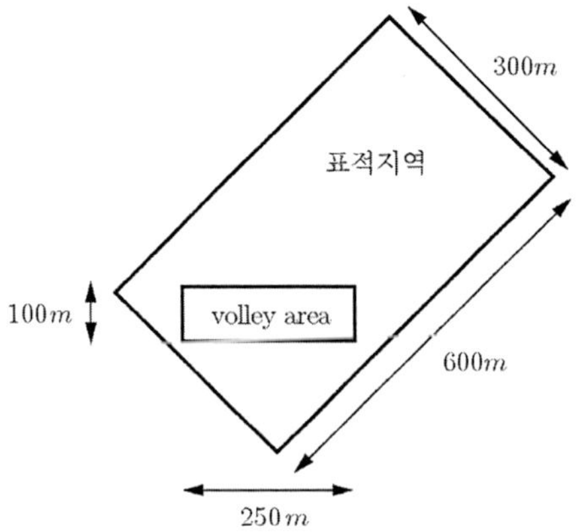

제5장 미분방정식형 전투모델

앞 장에서는 노출된 고정표적에 대한 명중확률과 파괴확률 그리고 무기의 유효반경에 대해 다루었다. 이런 고정표적에 대한 사격과 데이터의 축적은 전투원들에게 평시 훈련의 일환으로 그 무기체계의 위력과 위험반경을 교육하거나, 전투상황을 모델링하는데 필요한 이론적 배경을 제공해준다. 그러나 실제 전투상황에서는 병력과 무기 등이 서로 상호작용하며 최대한 은폐와 엄폐하면서 피해를 최소화 시키며 능동적으로 전투력을 보존하면서 공격 또는 방어를 한다.

이 장에서는 주어진 임의의 시간에 교전중인 양측의 전투력을 미분방정식 형태로 모델링되는 전투모델을 다루고자 한다. 따라서 다양한 미분방정식형 전투 모델링에서 사용되는 소모율의 기본 개념을 소개하면서 시작하겠다. 전투 모델링은 기본형 란체스터 미분방정식형 모델, 직사화기 모델, 지역사격 모델, 게릴라전 모델 등을 중심으로 다양하게 다루겠다. 이런 모델링을 습득한 후 직사화기 모델을 2차 세계대전 중 미군과 일본군이 이오지마 전투에서 전쟁 상황을 모의 전투와 실제 시간별 데이터들을 비교 분석해 보겠다.

5.1 소모율 계수(Attrition Rate Coefficient)

전투교전의 수학적 모델링에서 가장 기본적인 개념은 전투부대, 무기, 차량, 군수물자, 경제력, 또는 다른 특정한 표적 등의 소모율에 관한 분석이 중심축을 이룬다. 소모율(attrition rate)은 단위시간당 파괴(살상)되는 전투원, 무기와 같은 개별 표적의 수, 또는 단위시간당 효과적으로 파괴되는 지역 등으로 나타내어진다. 실 전투상황에서 이들 비율은 시간과 장소 및 위치에 따라 다르고 또한 병력, 무기의 집중, 충분한 보급, 적절한 지휘 및 통제, 통신, 정보력과 전투원들의 훈련정도에 따라 다를 것이다. 이 중에서도 단지 신체적 한계에 의한 제한 사항과 가능한 최대의 전투력 수준을 유지하며 전투하고 있는 전투원들의 결의에 의해 다르게 나타난다.

란체스터의 소모율 상수에 대한 전형적인 예측 방법은 소모율이 표적 살상(파괴)에 대한 기대시간의 역수와 같다는 일반적인 원칙을 사용하는 것이다. 우리는 1명의 Y군(적군)과 교전중인 X군(아군)에 대한 손실 과정을 물리적으로 측정 가능한 무기 체계의 특성을 포함하는 분석적 모델을 고려해 볼 것이다. 표적획득 시간을 무시한다면 이 원칙은 다음과 같은 간단한 관계식, 즉 1명의 전투원 또는 무기를 파괴하기 위해 요구되는 전체 시간 T_{yx}는

$$T_{yx} = \frac{1}{\nu_x P_{SSK_{yx}}} \tag{5.1}$$

이고, 여기서 ν_x는 교전 중 Y군의 표적 하나에 대한 X군 1명의 전투원의 사격명중률이며, $P_{SSK_{yx}}(0 \le P_{SSK_{yx}} \le 1)$는 단발 명중(살상)확률이다. 사격명중률과 명중확률의 곱$\nu_x P_{SSK_{yx}}$는 인식된 Y군 표적을 1명의 X군(아군) 전투원에 의해 파괴되는 비율이다. 만약 비율의 역이 단일표적이 파괴되는 시간이라는 것을 안다면 식 (5.1)로부터 X군의 전투원에 대한 효력사율(effective firing rate)은

$$a_{yx} = \frac{1}{T_{yx}} = \nu_x P_{SSK_{yx}} \tag{5.2}$$

이고, 반대로 Y군의 전투원에 대한 효력사율은

$$a_{xy} = \frac{1}{T_{xy}} = \nu_y P_{SSK_{xy}} \tag{5.3}$$

로 계산된다.

만약 교전 중에 X군 전투원이 Y군의 표적획득 시간 t_{yx}을 고려한다면 식 (5.1)은

$$T_{yx} = t_{yx} + \frac{1}{\nu_x P_{SSK_{yx}}} \tag{5.4}$$

가 되고 식 (5.2)의 X군 전투원에 대한 효력사율(effective firing rate)은

$$a_{yx} = \frac{1}{T_{yx}} = \frac{1}{t_{yx} + 1/(\nu_x P_{SSK_{yx}})} \tag{5.5}$$

이며, 반대로 Y군 전투원에 대한 효력사율은 Y군 전투원이 X군의 표적획득시간 t_{xy}을 고려하여 다시 계산하면 위와 동일하게

$$a_{xy} = \frac{1}{T_{xy}} = \frac{1}{t_{xy} + 1/(\nu_y P_{SSK_{xy}})} \tag{5.6}$$

가 된다.

5.2 기본형 란체스터 전투 모델

1916년 영국의 항공학자 프레데릭 란체스터는 공중전에 대한 수학적 분석방법을 개발하였고, 이를 바탕으로 전투이론의 개발과 접적전투 교전상황에서 병력손실률 계산에 대한 기본모델을 제공해 주었다. 특히 수학적 이론에 기반을 둔 **란체스터 법칙**(Lanchester's laws)은 공격자와 방어자간의 상대적인 힘을 계산하는 공식으로, 이 공식은 군사력과 관련이 깊다. 이 란체스터 방정식은 공격자와 방어자간의 힘을 $x(t)$와 $y(t)$라는 시간에 기반에 둔 함수로 나타내어 기술하는 미분방정식이다. 이 방정식 중에서 많이 알려진 방정식은 란체스터의 선형법칙(Lanchester's Linear Law, 현대이전 전투)과 소구경 개인화기 같이 사거리가 긴 무기를 사용하는 현대전투에 적합한 모형으로 란체스터의 제곱법칙(Lanchester's Square Law)이 있다.

이 란체스터의 미분방정식형 전투 모델이론은 상대방 전투력의 단위시간당 각개 전투원과 전투장비, 전투중인 전체 병력수, 무기의 수에 의해 창출되는 효과적인 사격으로 각 진영의 전투력 소모율을 계산할 수 있는 간단한 수학적 방정식에 기반을 두고 있다.

가장 간단한 전투 모델로 동종의 전투력에 의한 전투상황을 설정하여 보자. 즉 X군은 전차나 소총으로 무장한 중대병력이고, Y군도 대전차(전차)와 동종의 소총중대가 전투하는 상황이다. 따라서 한 쪽이 상대방을 궁극적으로 제압하고 승리하거나 전투를 종식시키는 일련의 과정을 알아보자. 그리고 다음과 같이 또 다른 흥미로운 질문에 대해서도 답을 구하고자한다.

a) 전투에서 시간의 흐름에 따라 전투력은 어떤 수준으로 줄어드는가?
b) 승자는 몇 명의 생존자가 남게 되는가?
c) 전투 지속시간은 얼마인가?
d) 최초 전투력 수준과 무기체계 지수들이 전투 결과에 어떠한 변화를 주는가?

지금부터 X, Y군의 전투력을 시간의 함수로 각각 $x(t)$, $y(t)$라고 하자. 여기서 시간 t는 전투가 개시된 시각부터 시(hour) 또는 일(day)별로 측정한다. 기본적으로 전투력은 여러 가지 요인들을 내포하고 있다. 만약 X군이 동종의 전차를 기본으로 구성되어 있다면 그 전투력은 작전에 참가하고 있는 전차의 수, 탱크의 기술적 특성, 전차병들의 훈련정도, 전차의 정비 수준 등에 의해 결정된다. 그러나 간단한 모델 설명을 위해 전투력 $x(t)$는 시간 t에서 작전에 참가한 전차의 수이고, $y(t)$ 역시 작전 중인 동종의 대전차(전차)의 수라고 가정한다. 실제 상황에서는 분명히 전차의 수로 한정하였기 때문에 $x(t)$, $y(t)$는 각각 음이 아닌 정수이다. 그러나 전투상황을 실시간으로 모델링하기 위해 시간에 대해 연속함수로 가정하며, 또한 미분방정식으로 모델링하기 위하여 $x(t)$, $y(t)$는 각각 미분 가능한 함수라고 가정한다. 좀 더 구체적으로 각각 연속함수라고 가정하여 설명하면 최초 전투 개시 전 $t=0$일 때 전차가 100대였고, 개시 후 $t=2$시간이 경과한 후에 92대의 전차가 전투 중으로 8대가 파괴되었다면 시간당 4대가 파괴되었다는 사실로 부터 보간법을 사용하여 계산하면 $t=1.2$시간에는 4.8대가 파괴되어 95.2대가 전투 중인 것으로 해석한다.

전투 수행 결과로 각각 X, Y군의 전투력 수준은 어떻게 변하는지 기본적인 가정을 설정해 보자.

가정 : 란체스터 기본전투모델에 대한 가정

1) X군의 전투력 손실은 Y군의 전투력에 비례한다.
2) 시간에 따른 X군의 전투력 요인으로 전투력 재투입 및 증강, 전기적, 기계적 전투력 손실 등 최초 전투력 이외의 요인은 무시한다.

란체스터의 전투력 소모율 상수로 a는 Y군의 효력사율에 의한 상수이고 b를 X군의 효력사율에 의한 소모율 상수라 하자. 여기서 전투력이 음수인 경우는 수학적으로 의미가 없기 때문에 $x \geq 0$, $y \geq 0$이라고 가정할 수 있다.

정리 5.1 란체스터 제곱법칙

X군의 전투력 소모율이 $b>0$이고 Y군의 전투력 소모율이 $a>0$일 때, 전투력의 변화율은 각각

$$\frac{dx}{dt}=-ay \qquad (5.7)$$
$$\frac{dy}{dt}=-bx$$

이고, 만약 $x(0)=x_0$, $y(0)=y_0$라 하면 $C=ay_0^2-bx_0^2$에 대해 다음 식을 만족한다.

$$ay^2-bx^2=C \qquad (5.8)$$

증명 X군의 전투력 변화율은 시간에 따라 Y군의 전투력 $y(t)$와 소모율 상수의 곱에 비례하여 감소하므로 $dx/dt = -ay$가 되고 동일하게 Y군에도 적용된다.

식 (5.7)에서 연쇄법칙을 사용하면

$$\frac{dy}{dx} = \frac{dy/dt}{dx/dt}$$

이고 $dx/dt = -ay$와 $dy/dt = -bx$를 위 식에 대입하여 정리하면

$$\frac{dy}{dx} = \frac{-bx}{-ay}$$

가 되어, 정리 2.1의 변수분리형 미분방정식이 된다. 따라서 변수를 분리하여 적분하면

$$-aydy = -bxdx \quad \Rightarrow \quad -a\int_{y_0}^{y} ydy = -b\int_{x_0}^{x} xdx$$

이 되고, 이 적분을 계산하면

$$a(y_0^2 - y^2) = b(x_0^2 - x^2) \quad \Rightarrow \quad ay^2 - bx^2 = ay_0^2 - bx_0^2$$

가 되어 $C = ay_0^2 - bx_0^2$라 하면 위의 식은 $ay^2 - bx^2 = C$를 만족한다.

식 (5.8)에 의해 그려지는 평면상의 전형적인 자취는 그림 5.1과 같다. 즉 $C \neq 0$인 경우는 쌍곡선 형태의 자취이고, $C = 0$인 경우는 $y = \sqrt{b/a}\ x$인 직선이 된다. 만약 $C < 0$일 때 자취는 x축과 $x = \sqrt{-C/b}$에서 만나고 Y군이 전멸하였기 때문에 X군이 승리한다. 반면에 만약 $C > 0$이면 Y군은 $y = \sqrt{C/a}$의 전투력을 보유하면서 승리하게 된다.

좀 더 구체적으로 Y군이 승리한 상황을 연구하여 보자. 즉 상수 $C > 0$이므로 $C = ay_0^2 - bx_0^2 > 0$가 되고 다시 정리하면

$$\left(\frac{y_0}{x_0}\right)^2 > \frac{b}{a} \tag{5.9}$$

가 된다. 분명히 식 (5.9)의 조건은 Y군이 승리하기 위한 필요충분조건이다. 이 부등식을 해석해 보면 X군의 상수 a와 b에 대해 최초 전투력 x_0라고 가정할 때 Y군의 최초 전투력 수준은 X군의 전투력 수준의 제곱의 비에 해당된다는 것을 보여주고 있다. 이를 다시 X군의 입장에서 보면 Y군이 X군의 최초전투력 x_0를 기준으로 수준을 유지할 것으로 가정하여 Y군의 전투력을 증강시키는 것과 보조를 맞추기 위해서는 이 전투력의 제곱에 해당되도록 상수 b를 증가시켜야한다. 그림에서 보는 것처럼 Y군이 승리하기 위하여 반드시 X군의 최초 전투력 x_0보다 우월한 전투력 y_0를 보유할 필요가 없다는 것을 보여주고 있다.

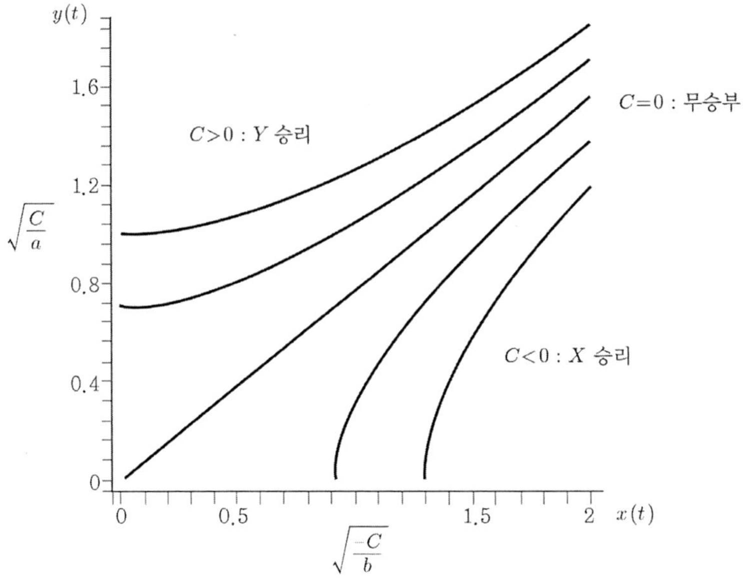

[그림 5.1] 란체스터 제곱법칙의 자취 및 전투력 $x(t), y(t)$의 수준

예제 5.1

X군은 전차전에서 Y군의 대전차 전투 체계를 분당 0.045의 비율로 무력화시키며, 반면 Y군의 대전차 전투체계는 X군의 전차를 분당 0.035비율로 무력화시킨다고 한다. 만약 X군의 45대의 전차와 Y군의 65대의 대전차 무기체계를 가지고 교전했을 때 어느 군이 승리할 것인지 결정하여라.

풀이 주어진 조건 $a = 0.045,\ b = 0.035$을 이용하여 미분방정식으로 모델링하면 다음과 같다.

$$\frac{dx}{dt} = -0.035y,\ x_0 = 45,\ \frac{dy}{dt} = -0.045x,\ y_0 = 60$$

따라서 $C = ay_0^2 - bx_0^2$에 대입하면 $C = 0.035 \cdot 60^2 - 0.045 \cdot 45^2 = 34.875 > 0$이 되고, 다시 식 (5.9)에 대입하면 $\left(\frac{60}{45}\right)^2 > \frac{0.045}{0.035} \Rightarrow 1.7778 > 1.2857$이 되어 Y군이 승리한다.

각각의 다른 요인을 제외한 상대방의 피해를 나타낸 이상적인 실험으로 군대의 크기, 피해의 비율 등을 고려한 모델로서 소구경 개인화기를 사용하는 현대의 전투에서는, 여러 가지의 목표를 공격할 수 있으며, 여러 지점으로 화력을 전환할 수도 있다. 이때 군사력의 소모 비율은 발사되는 무기의 수에 의존한다. 현대전투에서 란체스터는 전투원의 수에 비례하는 것이 아니라, 전투원의 수의 제곱에 비례한다고 결론을 내렸다.

그러면 전투 시간의 경과에 따른 각 군의 전투력 수준은 어떻게 유지되고 있는지 알아보자. 식 (5.7)의 $\dfrac{dx}{dt}=-ay$을 t에 대해 미분하면 $\dfrac{d^2x}{dt^2}=-a\dfrac{dy}{dt}$가 되고 $\dfrac{dy}{dt}=-bx$을 대입하여 정리하면 $\dfrac{d^2x}{dt^2}=abx$가 되어 상수계수 동차미분방정식으로 정리 3.4의 일반해를 구하는 방법을 적용하여 해를 구하면 된다. 특성방정식이 $r^2-ab=0$이므로 해는 $r=\pm\sqrt{ab}$가 된다. 따라서 $\dfrac{d^2x}{dt^2}=abx$의 일반해는 $x(t)=c_1e^{\sqrt{ab}\,t}+c_2e^{-\sqrt{ab}\,t}$이다. 그러나 계수 c_1과 c_2를 구하기 위해서는 서로 동치인 상수 계수 연립 미분방정식을 이용하면 쉽게 아래 정리를 구할 수 있다.

정리 5.2

최초 전투력이 x_0인 X군의 전투력 소모율이 $b>0$이고, y_0의 전투력을 보유하고 있는 Y군의 전투력 소모율이 $a>0$일 때, 전투 경과에 따른 전투력 수준은 다음과 같다.

$$x(t)=x_0\cosh\sqrt{ab}\,t-y_0\sqrt{\frac{a}{b}}\,\sinh\sqrt{ab}\,t \tag{5.10}$$

$$y(t)=y_0\cosh\sqrt{ab}\,t-x_0\sqrt{\frac{b}{a}}\,\sinh\sqrt{ab}\,t$$

증명 정리 5.1의 식 (5.7)을 상수계수 동차연립미분방정식의 형태로 나타내고 정리 4.2를 이용하여 구하여보자. 주어진 미분방정식은 행렬 방정식으로

$$\begin{bmatrix} dx/dt \\ dy/dt \end{bmatrix}=\begin{bmatrix} 0 & -a \\ -b & 0 \end{bmatrix}\begin{bmatrix} x \\ y \end{bmatrix}$$

가 되고 계수행렬의 고유방정식은 $\lambda^2-ab=0$이고 두 근 $\lambda=\pm\sqrt{ab}$을 고유치로 갖는다. 따라서 고유치 $\lambda_1=\sqrt{ab}$에 대한 고유벡터는 $\boldsymbol{v_1}=\begin{bmatrix} 1 \\ -\sqrt{b/a} \end{bmatrix}$, $\lambda_2=-\sqrt{ab}$에 대한 고유벡터는 $\boldsymbol{v_2}=\begin{bmatrix} 1 \\ \sqrt{b/a} \end{bmatrix}$를 구할 수 있다. 따라서 일반해는 $\boldsymbol{u}(t)=\begin{bmatrix} x(t) \\ y(t) \end{bmatrix}$라 할 때,

$$\boldsymbol{u}(t)=c_1\boldsymbol{v_1}e^{\lambda_1 t}+c_2\boldsymbol{v_2}e^{\lambda_2 t}$$

가 된다. 따라서 최초전투력 x_0와 y_0를 이용하여 해를 구하면

$$\boldsymbol{u}(t) = \left(\frac{x_0}{2} - \frac{y_0}{2}\sqrt{\frac{a}{b}}\right)\begin{bmatrix} 1 \\ -\sqrt{b/a} \end{bmatrix} e^{\sqrt{ab}\,t} + \left(\frac{x_0}{2} + \frac{y_0}{2}\sqrt{\frac{a}{b}}\right)\begin{bmatrix} 1 \\ \sqrt{b/a} \end{bmatrix} e^{-\sqrt{ab}\,t}$$

$$= \begin{bmatrix} \frac{x_0}{2} - \frac{y_0}{2}\sqrt{\frac{a}{b}} \\ -\frac{x_0}{2}\sqrt{\frac{a}{b}} + \frac{y_0}{2} \end{bmatrix} e^{\sqrt{ab}\,t} + \begin{bmatrix} \frac{x_0}{2} + \frac{y_0}{2}\sqrt{\frac{a}{b}} \\ \frac{x_0}{2}\sqrt{\frac{a}{b}} + \frac{y_0}{2} \end{bmatrix} e^{-\sqrt{ab}\,t}$$

가 된다. 따라서 1행의 $x(t)$를 구하면

$$x(t) = \frac{1}{2}\left(x_0 e^{\sqrt{ab}\,t} - y_0\sqrt{a/b}\,e^{\sqrt{ab}\,t} + x_0 e^{-\sqrt{ab}\,t} + y_0\sqrt{a/b}\,e^{-\sqrt{ab}\,t}\right)$$

$$= x_0\left(\frac{e^{\sqrt{ab}\,t} + e^{-\sqrt{ab}\,t}}{2}\right) - y_0\sqrt{\frac{a}{b}}\left(\frac{e^{\sqrt{ab}\,t} - e^{-\sqrt{ab}\,t}}{2}\right)$$

$$= x_0 \cosh\sqrt{ab}\,t - y_0\sqrt{\frac{a}{b}}\sinh\sqrt{ab}\,t$$

를 구할 수 있다.

여기서 $\cosh\sqrt{ab}\,t = \dfrac{e^{\sqrt{ab}\,t} + e^{-\sqrt{ab}\,t}}{2}$, $\sinh\sqrt{ab}\,t = \dfrac{e^{\sqrt{ab}\,t} - e^{-\sqrt{ab}\,t}}{2}$ 이다. 같은 방법으로 Y군의 전투력 수준 $y(t)$를 구하면

$$y(t) = y_0 \cosh\sqrt{ab}\,t - x_0\sqrt{\frac{b}{a}}\sinh\sqrt{ab}\,t \tag{5.12}$$

가 된다.

그러면 시간의 경과에 따른 임의의 시간에서 각 군의 전투력 우세에 대해 알아보자. 전투모의 실험을 통해 시간에 따른 상대방의 전투력의 변화에 따라 지휘관은 병력 재투입 및 무기 재보급 문제를 지휘판단하게 될 것이다. 식 (5.11)과 (5.12)의 식들은 다시

$$\frac{x(t)}{x_0} = \cosh\sqrt{ab}\,t - \frac{y_0}{x_0}\sqrt{\frac{a}{b}}\sinh\sqrt{ab}\,t \tag{5.13}$$

$$\frac{y(t)}{y_0} = \cosh\sqrt{ab}\,t - \frac{x_0}{y_0}\sqrt{\frac{b}{a}}\sinh\sqrt{ab}\,t \tag{5.14}$$

로 정리할 수 있다. 식 (5.13)은 전투개시 후 시간 t에서 X군의 최초 전투력 대비 현재 전투력 비율을 나타낸다. 각 식 (5.13)과 (5.14)를 좀 더 간단하게 표현하기 위해 상수를 매개변수

$$\varphi_0 = \left(\frac{x_0}{y_0}\right)\sqrt{\frac{b}{a}} \tag{5.15}$$

와 시간 종속 매개변수를

$$\tau = \sqrt{ab}\, t \tag{5.16}$$

라고 하자. 그러면 식 (5.13)과 (5.14)은 시간에 대한 매개변수 τ와 φ_0의 형태인

$$x(\tau) = \cosh\tau - \varphi_0^{-1}\sinh\tau \tag{5.17}$$

$$y(\tau) = \cosh\tau - \varphi_0\ \sinh\tau$$

가 된다. 상수 $\sqrt{ab}$ 는 전투의 강도와 어떻게 전투의 결과가 유도되는지를 나타낸다. 그리고 비율 $\sqrt{b/a}$ 는 전투 중인 전투원들의 상대적 전투 효율성을 나타낸다. 식 (5.17)을 도식해 보면 아래 그림 5.2와 같다.

그림 5.2에서 $x(\tau)$는 점선이고 $y(\tau)$는 실선이다. 만약 $\varphi_0 > 1$이면 X군이 Y군보다 강하여 일정한 시간이 경과하면 전투는 X군이 승리하며 종결되고, 반면 $\varphi_0 < 1$이면 반대로 Y군이 전투력이 높아 일정한 시간이 경과한 후에 Y군이 승리하며 종결 될 것이다. 그러나 $\varphi_0 = 1$이면 양 군의 전투력이 같아 무승부가 된다. 특히 이 경우 상대 전투력의 효율성이 같아 식 (5.17)은

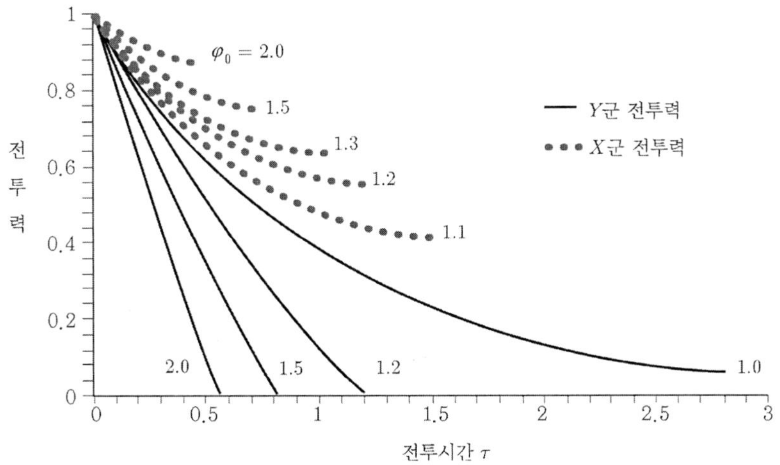

[그림 5.2] $\varphi_0 \le 1$인 경우 $\dfrac{x(t)}{x_0}$와 $\dfrac{y(t)}{y_0}$의 전투력 변화율

$$x(\tau)=y(\tau)=\cosh(\tau)-\sinh(\tau)=e^{-\tau}$$

가 된다.

지금까지 전투지속시간의 경과에 따라 상대 전투력의 효율성에 의해 어느 군이 승리할 것인가를 모델링하였다. 그러면 위의 결과에서 $\varphi_0>1$이면 X군이 승리하게 되는데 이 때 Y군을 무력화시키는데 걸리는 시간에 대해 알아보자.

정리 5.3

최초 전투력이 x_0인 X군의 전투력 소모율이 $b>0$이고, y_0의 전투력을 보유하고 있는 Y군의 전투력 소모율이 $a>0$이라하자. 만약 $\varphi_0>1$일 때 X군이 Y군을 무력화시키는 시간은

$$t_0=\frac{1}{2\sqrt{ab}}\ln\left(\frac{\varphi_0+1}{\varphi_0-1}\right) \tag{5.18}$$

이고, $\varphi_0<1$일 때 Y군이 X군을 무력화시키는 시간은

$$t_0=\frac{1}{2\sqrt{ab}}\ln\left(\frac{1+\varphi_0}{1-\varphi_0}\right). \tag{5.19}$$

이다.

증명 $\varphi_0>1$이라 가정하면 정리 5.2의 결과에 의해 반드시 X군이 승리한다. 즉, Y군의 전투력이 0이 되는 시간을 구하면 된다. 식 (5.17)에서

$$y(\tau)=\cosh\tau-\varphi_0\sinh\tau=0$$

일 때 τ를 구하면 즉,

$$\varphi_0\frac{\sinh\tau}{\cosh\tau}=1 \quad\Rightarrow\quad \frac{e^{\tau}-e^{-\tau}}{e^{\tau}+e^{-\tau}}=\frac{1}{\varphi_0}$$

가 되고 τ에 대해 정리하면

$$\tau=\frac{1}{2}\ln\left(\frac{\varphi_0+1}{\varphi_0-1}\right)$$

가 되고 식 (5.16)에서 $\tau=\sqrt{ab}\,t$ 이므로

$$\tau=\frac{1}{2}\ln\left(\frac{\varphi_0+1}{\varphi_0-1}\right)=\sqrt{ab}\,t$$

가 되어 무력화시키는데 필요한 경과시간 t는

$$t = \frac{1}{2\sqrt{ab}} \ln\left(\frac{\varphi_0 + 1}{\varphi_0 - 1}\right)$$

가 된다. 마찬가지로 $\varphi_0 < 1$일 때 Y군이 X군을 무력화시키는 시간은

$$t = \frac{1}{2\sqrt{ab}} \ln\left(\frac{1 + \varphi_0}{1 - \varphi_0}\right)$$

임을 같은 방법으로 계산할 수 있다.

아래 그림 5.3은 $x(t) = 0$과 $y(t) = 0$일 때 식 (5.18)과 식 (5.19)에 대한 그래프이다. 이 그래프는 X군 또는 Y군을 무력화시키는데 필요한 시간을 전투력 우세 모수 φ_0의 현저한 효과를 보여주고 있다. 여기서 $x(\tau_0)$와 $y(\tau_0)$의 관계식을 구하기 위해서 식 (5.17)

$$x(\tau) = \cosh\tau - \varphi_0^{-1}\sinh\tau$$

$$y(\tau) = \cosh\tau - \varphi_0 \sinh\tau$$

에서 $x^2(\tau)$, $y^2(\tau)$를 구하고 φ_0^2를 곱하여 정리하면

$$\varphi_0^2 y^2(\tau) - x^2(\tau) = \varphi_0^2 - 1 \tag{5.20}$$

을 구할 수 있다.

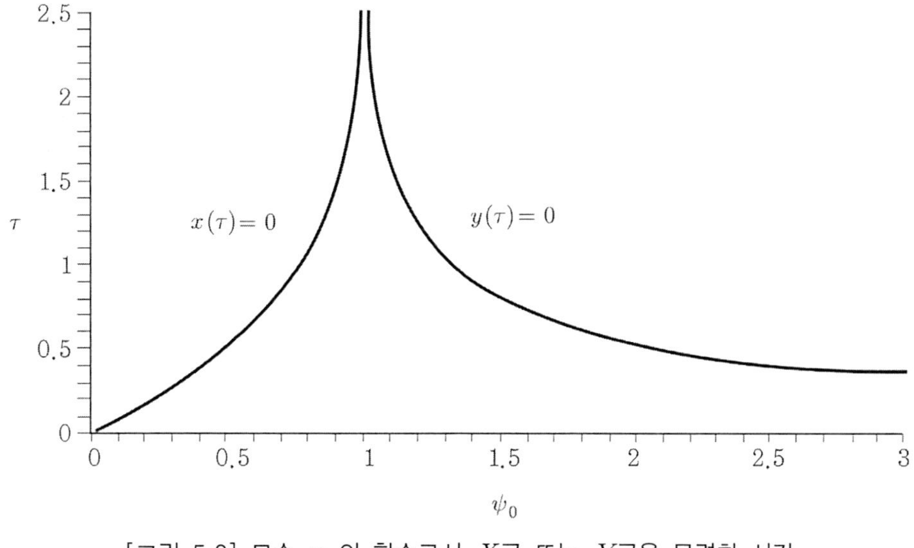

[그림 5.3] 모수 φ_0의 함수로서 X군 또는 Y군을 무력화 시간

전투력 우세 모수 φ_0는 양군의 최초 전투력 비율 x_0/y_0와 전투력 소모율의 비 b/a의 두 가지 비율에 의존하는 함수이다. 따라서 식 (5.15)에서 x_0는 모수 φ_0의 두 배의 요인으로 증가하지만 효력사율 b의 2배는 $\sqrt{2}$ 의 비율로 모수 φ_0가 증가한다. 다시 말해 수적 전투력의 두 배는 질적 전투력의 4배의 증가와 같다.

예제 5.2

X군은 전차전에서 Y군의 대전차 전투 체계를 분당 0.045의 비율로 무력화시키며, 반면 Y군의 대전차 전투체계는 X군의 전차를 분당 0.035비율로 무력화시킨다고 한다. Y군이 X군을 무력화 시키는 시간을 구하여라.

풀이 식 (5.19)를 적용하기 위하여 식 (5.15)의 φ_0를 구하면

$$\varphi_0 = \left(\frac{x_0}{y_0}\right)\sqrt{\frac{b}{a}} = (44/60)\ \sqrt{0.045/0.035} = 0.8135 < 1$$

이므로 Y군이 승리한다. 따라서 전투 종결 시간 t_0를 구하면

$$\begin{aligned} t_0 &= \frac{1}{2\sqrt{ab}}\ln\left(\frac{1+\varphi_0}{1-\varphi_0}\right) \\ &= \frac{1}{\sqrt{0.045 \cdot 0.035}}\ln\left(\frac{1+0.8315}{1-0.8315}\right) = 30.0620. \end{aligned}$$

■

전투에서 X군이 이겼을 때 X군의 전투력 보존 결과는 $C = ay_0^2 - bx_0^2$인 경우 정리 5.1의 식 (5.8)에 의해 결정된다. 특히 $C < 0$일 때 전투력 손실은 $x = \sqrt{-C/b}$ 에서 x축과 교차한다는 사실로부터 Y군이 전멸했기 때문에 X군이 승리하게 된다. 따라서 각 군이 전투에서 승리하였을 때 최종 전투력 보존 결과는 다음과 같이 정리할 수 있다.

정리 5.4

최초 전투력이 x_0인 X군의 전투력 소모율이 $b > 0$이고, y_0의 전투력을 보유하고 있는 Y군의 전투력 소모율이 $a > 0$이라하자. 만약 X군이 승리하였을 때 최종 전투력은

$$x_f = \sqrt{x_0^2 - \frac{a}{b}y_0^2} \tag{5.21}$$

이고, 만약 Y군이 승리하였을 때 최종 전투력은 다음과 같다.

$$y_f = \sqrt{y_0^2 - \frac{b}{a}x_0^2} \tag{5.22}$$

증명 X군이 전투에서 승리하였다고 가정하자. 그러면 정리 5.1의 식 (5.8)에서 패한 Y군의 전투력은 $y = 0$이 되어 방정식은 $-bx^2 = ay_0^2 - bx_0^2$가 된다. 따라서 이 방정식에서 x에 대해서 정리하면

$$x = \sqrt{x_0^2 - \frac{a}{b}y_0^2}$$

가 된다. 같은 방법으로 Y군이 승리한다면 X군의 전투력이 $x = 0$이므로 식 (5.22)를 얻을 수 있다.

예제 5.3

X군은 전차전에서 Y군의 대전차 전투 체계를 분당 0.045의 비율로 무력화시키며, 반면 Y군의 대전차 전투체계는 X군의 전차를 분당 0.035의 비율로 무력화시킨다고 한다. 만약 X군의 45대의 전차와 Y군의 65대의 대전차 무기체계를 가지고 교전했을 때, Y군의 최종 전투체계 보존력을 구하여라.

풀이 정리 5.4의 식 (5.22)에 의해

$$y_f = \sqrt{y_0^2 - \frac{b}{a}x_0^2} = \sqrt{65^2 - \frac{0.045}{0.035}\times(45)^2} \approx 40.27$$

이 되어 25대는 전투교전 중 손실되고 40대가 남아 있게 된다. ■

다음 예제는 전투 모델링 이론과 리만 적분을 사용하여 지금까지 살펴본 결과들을 종합, 분석하고 그 의미를 해석해 보자. 특히 풀이과정에서 정확한 계산 보다는 근사적으로 유추해 보고 또한 소수점의 발생은 사상자의 부상정도를 나타낸다고 가정하자.

예제 5.4

Y군은 A고지에 견고한 방어진지를 구축하여 전면고수방어를 실시하고 있고, X군은 전략적 요충지를 돌파하기 위해 많은 사상자를 내면서 점령하였다. 하루간의 전투에서 공격개시시간별로 X군은 다음과 같이 전사자가 발생하였다.

시(h)	1	2	3	4	5	6	7	8	9	10
전사자 수	105	100	80	50	50	40	30	20	10	1

상황1) Y군은 전면 고수방어로 최초 1,200명이 방어 중이고 전투 중 병력증원은 없었다. 전투개시 10시간 만에 포로를 포함하여 모두 전멸하였다.

상황2) X군은 전투개시 1시간에 3,500명 전투에 참가하였고 전투 중 4시간차에 1,000명, 7시간차에 예비병력 1,000명을 재투입하였다. 이 방어선에 어떠한 병력도 최초에는 없었다.

1) 이 전투에 대한 전투 모델링 식을 구하여라.

2) $t=0$에서 $t=10$까지 전투시간을 고려하여 X군의 전투소모율 계수 b를 구하여라.

3) X군의 일자별 전투 병력을 고려하고, 리만합을 이용하여 최종 전투 종결시까지 Y군의 전투 병력 $\int_0^{10} y(t)dt$를 구하여라.

4) Y군의 전투 소모율 a를 구하여라.

풀이 이 전투에 대한 전투 모델링 식은 Y군에 대한 병력 증강이 없기 때문에 $q_y(t)=0$이다. 따라서 Y군의 최초 진지를 점령한 병력은 $y_0=1,200$이고, 모델링 식은

$$\frac{dx}{dt}=-ay+q_x(t) \qquad q_x(t)=\begin{cases}3,500, & 0<t\le 1\\ 0, & 1<t\le 3\\ 1,000, & 3<t\le 4 \\ 0, & 4<t\le 6\\ 1,000, & 6<t\le 7\end{cases} \text{ 병력/시간}$$

$$\frac{dy}{dt}=-bx$$

임을 알 수 있다. 한편, X군의 전투소모율계수를 구하기 위해 위의 식 $\frac{dy}{dt}=-bx$를 시간 t에 대해 적분하여 미분방정식의 해와 전투가 종료될 때 까지 전사하지 않고 전투에 참여한 X군의 전투원으로부터 소모율 계수를 구할 수 있다. X군의 시간에 따른 전투원의 수는 매시간당 전사자의 수를 집계할 수 있기 때문에 시간당 주어진 전사자와 병력 증원을 고려하여 다음과 같이 리만적분의 합을 적용한다. 특히 $t=4$시간에 X군은 1,000명 증원하였고, $t=7$시간에 다시 1,000명이 증원되었다. 따라서 시간대별 X군이 전투에 참여한 병력수는

시(h)	1	2	3	4	5	6	7	8	9	10
전투원	3,395	3,295	3,215	4,165	4,115	4,075	5,045	5,025	5,015	5,014

Y군은 전투경과 $t=10$시간에 포로를 포함 모두 전사하였기 때문에 $y(10)=0$으로 계산되어

$$y(10)-y(0)=-b\int_0^{10} x(t)\,dt$$
$$=-b\sum_{t=1}^{10} x(t)=-b\times 42{,}359$$

따라서 X군의 전투소모율 계수는 다음과 같이 계산된다.

$$b=1{,}200\div 42{,}359=0.0283$$

한편 최종 전투종료 시까지 t_i 시간대별 Y군의 전투력을 유추해보면

$$y(t_i)=y_0-b\int_1^{t_i} x(t_i)dt$$
$$=1200-0.0283\times\sum_{i-1}^{t_i} x(t_i)$$

가 된다.

따라서 Y군은 $t=1$시간 동안 X군의 전투소모율 계수와 전투원의 수를 고려하여 계산하면 전사하지 않고 전투를 수행한 인원은

$$y(1)=1{,}200-0.0283\times 3{,}395=1{,}104$$

이 되고, 전투 중 전사한 병력 수는 96명으로 유추할 수 있다. 같은 방법으로 $t=2$시간 동안 Y군은

$$\begin{aligned}y(2)&=1200-0.0283\times(3{,}395+3{,}295)\\&=1010.7\\&\cong 1011\end{aligned}$$

임을 유추할 수 있다. 같은 방법으로 Y군의 전투원의 수를 시간의 경과에 따라 각각 구하면

$$y(3)=920,\ y(4)=802,\ y(5)=685,\ y(6)=569$$
$$y(7)=425, y(8)=283, y(9)=140, y(10)=0$$

으로 계산되고 계산상으로는 $y(10)<0$인 값을 구하게 되나 전투 중 모두 전사한 것으로 유추할 수 있다. 마지막으로 Y군의 전투 소모율을 구하기 위해서는 전투 모델링 식에서 $x(0)=0$이기 때문에 다음과 같다.

$$x(10) = -a\int_0^{10} y(t)dt + \int_0^{10} q_x(t)dt$$
$$= -a\int_0^{10} y(t)dt + 5{,}500$$

여기서 $\int_0^{10} y(t)dt = \sum_{t_i=1}^{10} y(t_i) = 5{,}939$ 로 전사하지 않고 실제 전투에 참여한 인원으로

$$a = \frac{5500-5014}{\int_0^{10} y(t)dt} = \frac{486}{5939} = 0.0818$$

임을 구할 수 있다. 여기서 전투 소모율의 비는 $\frac{a}{b} = \frac{0.0818}{0.0283} \cong 2.8916$ 로 Y군의 전투 효율성이 훨씬 우위에 있음을 보여준다.

■

다음은 접적전투 중에 한쪽 전투력이 와해되어 더 이상 전투를 수행할 수 없을 정도로 최초 전투력 대비 손실률이 너무 많은 경우에 전투는 중단되며, 한쪽이 항복하거나 전투를 중단하고 후퇴하는 상황이 발생하게 된다. 전투 개시 후 t시간에서 X군이 최초 전투력 대비 전투중지 비율을 f_X^{bp}로 나타내고, Y군의 전투 중지 비율을 f_Y^{bp}로 나타내면, 각각

$$f_X^{bp} = \frac{x(t)}{x_0}, \quad f_Y^{bp} = \frac{y(t)}{y_0} \tag{5.23}$$

와 같은 식으로 표현된다.

정리 5.5

최초 전투력이 x_0인 X군의 전투력 소모율이 $b > 0$이고, y_0의 전투력을 보유하고 있는 Y군의 전투력 소모율이 $a > 0$라고하자. 각 군의 전투중지 비율을 각각 f_X^{bp}, f_Y^{bp}라 한다면, X군이 승리하였을 때 최종 전투 종료시간은

$$t_f = \frac{1}{\sqrt{ab}} \ln\left[\frac{-(y_0/x_0)f_Y^{bp} + \sqrt{b/a - (y_0/x_0)^2(1-(f_Y^{bp})^2)}}{\sqrt{b/a} - y_0/x_0}\right] \tag{5.24}$$

이고, 만약 Y군이 승리하였을 때 최종 전투 종료시간은

$$t_f = \frac{1}{\sqrt{ab}} \ln\left[\frac{-(x_0/y_0)f_X^{bp} + \sqrt{a/b - (x_0/y_0)^2(1-(f_X^{bp})^2)}}{\sqrt{a/b} - x_0/y_0}\right] \tag{5.25}$$

으로 주어진다.

증명 위의 식 (5.23)에서 $f_Y^{bp} = \dfrac{y(t)}{y_0}$ 이고 정리 5.2의 식 (5.10)을 대입하여 정리하면

$$f_Y^{bp} = \frac{y(t)}{y_0} = \cosh\sqrt{ab}\,t - \left(\frac{x_0}{y_0}\right)\sqrt{\frac{b}{a}}\sinh\sqrt{ab}\,t$$

가 된다. 여기서

$$\cosh\sqrt{ab}\,t = \frac{e^{\sqrt{ab}\,t} + e^{-\sqrt{ab}\,t}}{2},\quad \sinh\sqrt{ab}\,t = \frac{e^{\sqrt{ab}\,t} - e^{-\sqrt{ab}\,t}}{2}$$

이므로 $u = e^{\sqrt{ab}\,t}$ 로 치환하자. 그러면 위 식은

$$2f_Y^{bp} = u + u^{-1} - (x_0/y_0\sqrt{b/a})(u - u^{-1})$$

가 되고, 다시 u에 대한 이차 방정식으로 정리하면

$$\left(1 - \frac{x_0}{y_0}\sqrt{\frac{b}{a}}\right)u^2 - 2f_Y^{bp}u + \left(1 + \frac{x_0}{y_0}\sqrt{\frac{b}{a}}\right) = 0$$

가 된다. 따라서 이 2차방정식을 풀면

$$u = \frac{f_Y^{bp} - \sqrt{(f_Y^{bp})^2 - (1 - (x_0^2/y_0^2)(b/a)}}{1 - (x_0/y_0)(\sqrt{b/a})}$$

$$= \frac{(-y_0/x_0)f_Y^{bp} + (y_0/x_0)\sqrt{(f_Y^{bp})^2 + (x_0^2/y_0^2)(b/a) - 1}}{\sqrt{b/a} - y_0/x_0}$$

$$= \frac{(-y_0/x_0)f_Y^{bp} + \sqrt{b/a - (y_0/x_0)^2(1 - (f_Y^{bp})^2)}}{\sqrt{b/a} - y_0/x_0}$$

가 된다. 따라서 $u = e^{\sqrt{ab}\,t}$에서 t에 대하여 정리하면

$$t = \frac{1}{\sqrt{ab}}\ln\left[\frac{-(y_0/x_0)f_Y^{bp} + \sqrt{b/a - (y_0/x_0)^2(1 - (f_Y^{bp})^2)}}{\sqrt{b/a} - y_0/x_0}\right]$$

가 된다. 식 (5.25)도 같은 방법으로 증명하면 된다. 세부적인 사항은 연습문제로 남겨둔다.

전투종료 시간에 따른 각 군의 승패 결과에 의한 최종 전투력 보존 결과를 알아보자. 정리 5.5에서 각 군의 전투 중지비율에 따른 전투 종료시간 t_f에서 각 군의 전투력은 다음과 같다.

정리 5.6

최초 전투력이 x_0인 X군의 전투력 소모율이 $b>0$이고, y_0의 전투력을 보유하고 있는 Y군의 전투력 소모율이 $a>0$이라하자. 각 군의 전투중지 비율을 각각 f_X^{bp}, f_Y^{bp}라 한다면, X군이 승리하였을 때 최종 전투력은

$$x_f^{bp} = x_0\sqrt{1-\left(\frac{a}{b}\right)\left(\frac{y_0}{x_0}\right)^2\left(1-\left(f_Y^{bp}\right)^2\right)} \tag{5.26}$$

이고, 만약 Y군이 승리하였을 때 최종 전투력은

$$y_f^{bp} = y_0\sqrt{1-\left(\frac{b}{a}\right)\left(\frac{x_0}{y_0}\right)^2\left(1-\left(f_X^{bp}\right)^2\right)} \tag{5.27}$$

으로 주어진다.

증명 정리 5.1에서 주어진 식 (5.8)에서 전투종료시간 t_f에 의한 각 군의 전투력을 각각 $x_f^{bp}=x(t_f)$, $y_f^{bp}=y(t_f)$라고 하자. 그러면 주어진 방정식은

$$a\left(y_0^2-(y_f^{bp})^2\right)=b\left(x_0^2-(x_f^{bp})^2\right) \tag{5.28}$$

으로 정리할 수 있고, 여기서 $f_Y^{bp}=y_f^{bp}/y_0$이므로 $y_f^{bp}=y_0\,f_Y^{bp}$가 된다. 따라서 식 (5.28)에서 x_f^{bp}에 대해 정리하면

$$x_f^{bp} = x_0\sqrt{1-\left(\frac{a}{b}\right)\left(\frac{y_0}{x_0}\right)^2\left(1-\left(f_Y^{bp}\right)^2\right)}$$

가 되고 같은 방법으로 y_f^{bp}에 대해 정리하면

$$y_f^{bp} = y_0\sqrt{1-\left(\frac{b}{a}\right)\left(\frac{x_0}{y_0}\right)^2\left(1-\left(f_X^{bp}\right)^2\right)}$$

를 구할 수 있다.

예제 5.5

X군의 전차전으로 Y군의 대전차 전투체계를 분당 0.045의 비율로 무력화시키는 반면 Y군의 대전차 전투체계는 X군의 전차를 분당 0.035비율로 무력화시킨다고 한다. 각 군의 최초 전투력은 X군의 45대의 전차, Y군의 65대의 대전차 무기체계를 가지고 교전을

한다고 가정하자. 만약 X군은 전투력 보유율 50%에서 더 이상 전투를 수행할 수 없는 전투중지 비율을 가지고 있다고 한다면 전투에서 승리한 Y군의 최종 전투종료시간 및 최종 전투력을 구하여라.

풀이 정리 5.5에 의해 Y군의 최종 전투 종료시간

$$t_f = \frac{1}{\sqrt{ab}} \ln\left[\frac{-(x_0/y_0)f_X^{bp} + \sqrt{a/b - (x_0/y_0)^2(1-(f_X^{bp})^2)}}{\sqrt{a/b} - x_0/y_0}\right]$$

$$= \frac{1}{\sqrt{(0.035)(0.045)}}$$

$$\ln\left[\frac{-(45/65)(0.5) + \sqrt{0.035/0.045 - (45/65)^2(1-0.5^2)}}{\sqrt{0.035/0.045} - 45/65}\right]$$

$$= 30.927$$

이 되고

$$y_f^{bp} - y_0\sqrt{1 - \left(\frac{b}{a}\right)\left(\frac{x_0}{y_0}\right)^2\left(1-\left(f_X^{bp}\right)^2\right)}$$

$$= 65\sqrt{1-(0.045/0.035)(45/65)^2(1-0.5^2)}$$

$$= 34.969 \approx 35$$

으로 계산할 수 있다.

5.3 지역 사격에 대한 란체스터 모델: 선형법칙

기본형 전투모델은 정리 5.1의 식 (5.7)에서 처럼

$$\frac{dx}{dt} = -ay$$
$$\frac{dy}{dt} = -bx$$

로 주어지고 단일 전투력 소모율 a와 b는 시간에 대해 상수로 가정하였다. 그러나 다양한 전투 상황에서 X군과 Y군은 사수와 표적 사이의 거리에 따라 위치와 무기 효과도가 변한다. 따라서 $a = a(t)$와 $b = b(t)$는 시간에 따른 종속변수로 볼 수 있다. 그러면 위 기본형 전투모

델은 더 이상 동차인 선형모델이 아니기 때문에 분석적 모델로부터 정보를 추적하기가 한층 어려워진다.

어떤 경우에는 단일 전투력 소모율이 시간에 종속될 뿐만 아니라 표적의 수에도 영향을 받는다. 예를 들어 표적 탐지는 표적의 수에 의해 이러한 상황이 발생한다. 즉, $a=a(t,x)$는 시간과 표적의 수에 의존하는 함수이다. 이러한 모델은 더 이상 해석적으로 접근하기가 어렵고 전투력 수준을 시간에 따라 수치적 방법으로 예측할 수밖에 없다. 좀 더 복잡한 상황을 생각해 보면 단일 전투력 소모율이 시간에 종속될 뿐만 아니라 상대 전투력 비율 x/y에 영향을 받을 경우 $a=a(t,x/y)$로 표현할 수 있다. 또한 좀 더 구체적인 경우 소모율 상수가 시간과 표적의 수, 사수의 수에 따라 유동적일 경우 $a=a(t,x,y)$인 경우도 생각해 볼 수 있다.

지역표적을 위한 무기체계를 적용할 경우 적 표적은 일정한 지역이 된다. 따라서 대응되는 란체스터 소모율 상수는 표적의 개수에 의존한다. 그러므로 기본 모델은

$$\frac{dx}{dt}=-axy \qquad (5.29)$$
$$\frac{dy}{dt}=-bxy$$

이고 a,b는 양의 상수이고, 각 군의 최초 전투력은 각각 $x_0=x(0)$, $y_0=y(0)$라고 하자. 그리고 각 진영에서 작전상 손실과 재투입 전투력은 없다고 가정한다.

정리 5.7 란체스터의 선형법칙

X군의 전투력 소모율이 $b>0$이고 Y군의 전투력 소모율이 $a>0$일 때, 최초 전투력 $x(0)=x_0$, $y(0)=y_0$에 대하여 $K=ay_0-bx_0$라고 하면, 식 (5.29)의 해는

$$ay-bx=K \qquad (5.30)$$

가 된다. 따라서 $K>0$이면 Y군이 승리하고, $K<0$이면 X군이 승리한다.

증명 식 (5.29)에서 주어진 연립미분방정식으로부터

$$\frac{dy}{dx}=\frac{dy/dt}{dx/dt}=\frac{-axy}{-byx}=\frac{a}{b}$$

로 쉽게 계산할 수 있고, 변수분리형 $ady=bdx$으로 변환하여 해를 구하면

$$a\int_{y_0}^{y}dy=b\int_{x_0}^{x}dx \Rightarrow a(y-y_0)=b(x-x_0)$$

으로 란체스터 선형 모델의 해가 된다. 여기서 $K = ay_0 - bx_0$라 하면 위의 해는

$$ay - bx = K$$

가 된다. 따라서 위의 식으로부터 $K > 0$이면 Y군이 승리하고, $K < 0$이면 X군이 승리한다.

전투 수행에 대한 자취는 아래 그림 5.4에서 보여준다. 특히 $\frac{y_0}{x_0} > \frac{a}{b}$인 경우 Y군이 승리한다는 사실을 방정식 (5.30)에서 보여주고 있다.

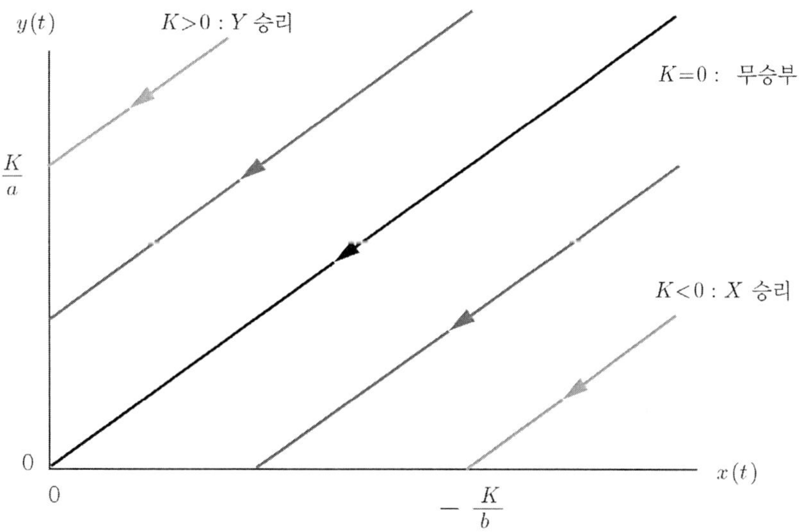

[그림 5.4] 전투수행자취($K > 0$)

란체스터 선형 전투모델에 대한 해를 구하기 위해 다음과 같은 비선형 미분방정식의 해에 대한 보조정리가 필요하다.

보조정리 5.8

임의의 미분 가능한 함수 f, g에 대하여 비선형 미분방정식

$$y''y = (y')^2 + (f + gy^2)y' - y(f' - g'y^2)$$

의 1계 도함수는 임의의 상수 C에 대하여 $y' = y(C + gy) - f$이다.

증명 임의의 상수 C에 대하여 $y' = y(C+gy) - f$라고 하면,

$$y'' = y'(C+gy) + y(gy)' - f'$$
$$= Cy' + gyy' + g'y^2 + gyy' - f'$$

이 된다. 따라서

$$y''y = Cyy' + gy^2y' + g'y^3 + gy^2y' - f'y$$
$$= (y')^2 - (y')^2 + fy' - fy' + Cyy' + gy^2y' + g'y^3 + gy^2y' - f'y$$
$$= (y')^2 - (y' + f - gy^2 - Cy)y' + (f + gy^2)y' - y(f' - g'y^2)$$

여기서 $y' + f - y(C+gy) = 0$이므로

$$y''y = (y')^2 + (f + gy^2)y' - y(f' - g'y^2)$$

을 만족한다.

선형 모델에 대한 해를 구하는 과정에서 필요한 베르누이 미분방정식의 해에 대해 간단히 알아보자.

정리 5.9

베르누이 미분방정식은 정수 k와 임의의 미분 가능한 함수 $p(x)$, $g(x)$에 대하여

$$y' + p(x)y = g(x)y^k$$

인 형태로서 일반해는 $y^{1-k} = Y_1 + Y_2$로 주어진다. 여기서 Y_1, Y_2는 각각

$$Y_1 = Ce^{-\psi},$$
$$Y_2 = (1-k)e^{-\psi}\int e^{\psi}g(x)dx$$

이며, 여기서 $\psi = (1-k)\int p(x)dx$이다.

증명 베르누이 미분방정식 $y' + p(x)y = g(x)y^k$에서 $k = 0, 1$이면 전형적인 선형미분방정식이다. 따라서 $k \neq 0, 1$인 경우에 대해서 해를 구하면 된다.

주어진 미분방정식을 보다 쉬운 형태로 변형하기 위해 $u = y^{1-k}$로 치환하면 $u' = (1-k)y^{-k}y'$이 되고 1차 비동차 선형 미분방정식

$$y' + p(x)y = g(x)y^k \Rightarrow u' + (1-k)p(x)u = (1-k)g(x)$$

으로 변환된다. 이 미분방정식은 전형적인 적분인자를 이용하여 풀 수 있다. 2장의 식 (2.1)

에서 구한 것처럼 $\psi(x) = \int (1-k)p(x)dx$가 되어, 일반해는

$$u(x) = e^{-\psi(x)}\int e^{\psi(x)}(1-k)g(x)dx + Ce^{-\psi(x)}$$

가 된다. 따라서 $u(x) = y^{1-k} = Y_1 + Y_2$이므로

$$Y_1 = Ce^{-\psi},$$

$$Y_2 = (1-k)e^{-\psi}\int e^{\psi}g(x)dx$$

가 됨을 알 수 있다.

이제 위의 란체스터 선형 전투모델에 대한 해를 구하여 보자.

정리 5.10

X군의 전투력 소모율은 $b>0$이고, Y군의 전투력 소모율은 $a>0$라고하자. 각 군의 최초전투력 $x(0)=x_0$, $y(0)=y_0$에 대하여 란체스터 선형모델 (5.30)에 의한 전투시간 경과에 따른 X군의 전투력 수준은

$$x(t) = \begin{cases} x_0\left[\dfrac{bx_0 - ay_0}{bx_0 - ay_0 e^{-(bx_0-ay_0)t}}\right], & bx_0 \neq ay_0 \\ \dfrac{x_0}{1+bx_0 t}, & bx_0 = ay_0 \end{cases} \tag{5.30}$$

이다. 이와 마찬가지로 Y군의 전투력 수준은

$$y(t) = \begin{cases} y_0\left[\dfrac{bx_0 - ay_0}{-ay_0 + bx_0 e^{(bx_0-ay_0)t}}\right], & bx_0 \neq ay_0 \\ \dfrac{y_0}{1+ay_0 t}, & bx_0 = ay_0 \end{cases} \tag{5.31}$$

로 주어진다.

증명 식 (5.29)에서 주어진 연립미분방정식 $\dfrac{dx}{dt} = -axy$, $\dfrac{dy}{dt} = -bxy$에 대하여 첫 번째 도함수

$\dfrac{dx}{dt} = -axy$에서 t에 대한 2계 도함수를 구하면

$$\frac{d^2x}{dt^2} = -a\frac{dx}{dt}y - ax\frac{dy}{dt}$$

여기서 $x' = dx/dt$라고 하면 위의 식은 다음과 같이 정리된다.

$$\begin{aligned} x'' &= -ax'y - ax(-bxy), \qquad (x' = -axy \text{ 이므로}) \\ &= -ax'y - bxx' \\ &= (-ay - bx)x' \end{aligned}$$

따라서 이 식을 다시 정리하면 다음과 같다.

$$\begin{aligned} x''x &= -axyx' - bx^2x' \\ &= (x')^2 - bx^2x' \end{aligned}$$

이 비선형미분방정식은 보조정리 5.8의 $y''y = (y')^2 + (f + gy^2)y' - y(f' - g'y^2)$ 형태로 $f = 0,\ g = -b$에 해당된다. 그러므로 1계도함수는 $x' = x(C - bx)$임을 알 수 있다. 이 미분방정식은 베르누이 방정식의 특수한 형태이며 $k = 2$로 보조정리 5.9에 의해 계산하면 $x^{1-k} = X_1 + X_2$로 표현된다. 즉 $k = 2, p(t) = -C,\ g(t) = -b$이므로 적분인자는 $\psi(t) = -\int -Cdt = Ct$이고

$$X_1 = De^{-Ct},\ X_2 = -e^{-Ct}\int e^{Ct}(-b)dt = \frac{b}{C}$$

가 되어, 이를 정리하면

$$x^{1-2} = x^{-1} = X_1 + X_2 \Rightarrow x = \frac{1}{X_1 + X_2} = \frac{C}{CDe^{-Ct} + b}$$

를 만족한다. 또한 $\dfrac{dx}{dt} = -axy$에서 $y = -\dfrac{x'}{ax}$가 되고 위에서 계산한

$x = \dfrac{C}{CDe^{-Ct} + b}$을 이용하여 계산하면 다음과 같다.

$$y = -\frac{x'}{ax} = -\frac{C^2D}{a(CD + be^{Ct})}$$

따라서 초기 전투력 $x(0) = x_0,\ y(0) = y_0$를 이용하여 상수 C, D 계산하여 정리하면

$$x(t) = x_0\left[\frac{bx_0 - ay_0}{bx_0 - ay_0e^{-(bx_0 - ay_0)t}}\right], \quad bx_0 \neq ay_0$$

같은 방법으로

$$y(t) = y_0\left[\frac{bx_0 - ay_0}{-ay_0 + bx_0 e^{(bx_0 - ay_0)t}}\right], \quad bx_0 \neq ay_0$$

을 각각 구할 수 있다.

한편 $C = bx_0 - ay_0 = 0$인 경우 위의 식은 $x' = -bx^2$이 되고 $\psi(t) = 0$이므로

$$X_1 = D, \ X_2 = -\int(-b)dt = bt$$

가 된다. 따라서 $x = \dfrac{1}{X_1 + X_2} = \dfrac{1}{D + bt}$가 되고 $t = 0$에서 $x_0 = \dfrac{1}{D}$이므로

$$x(t) = \frac{x_0}{1 + bx_0 t}$$

임을 구할 수 있다. 같은 방법으로 $y(t)$를 구하면 식 (5.31)을 얻을 수 있다.

5.4 게릴라전에 대한 란체스터 모델: 혼합법칙

장기간에 걸쳐 계속되는 전투의 초기 단계에서 X군이 매복에 걸려 근접전투를 수행하는 상황에 봉착하게 되면 X군은 Y군의 직접사격에 노출된다. 그러나 X군은 Y군의 정확한 위치를 알지 못하기 때문에 지역사격으로 응전할 수밖에 없다. 이러한 상황에 적합한 미분방정식형 모델은

$$\begin{aligned} \frac{dx}{dt} &= -ay \\ \frac{dy}{dt} &= -bxy \end{aligned} \tag{5.32}$$

이다. 이 미분방정식을 다시 쓰면

$$\frac{dy}{dx} = \frac{dy/dt}{dx/dt} = \frac{b}{a}x$$

이고, 변수분리형으로 이 미분방정식의 해를 구하면

$$ady = bxdx \Rightarrow \int_{y_0}^{y} ady = \int_{x_0}^{x} bxdx$$

$$\Rightarrow a(y_0 - y) = \frac{b}{2}(x_0^2 - x^2) \tag{5.33}$$

가 된다. 식 (5.32)의 미분방정식의 해는 다음과 같은 식의 부호에 달려있다.

$$\Delta = ay_0 - \frac{b}{2}x_0^2 \tag{5.34}$$

정리 5.11

X군의 전투력 소모율이 $b > 0$이고, Y군의 전투력 소모율이 $a > 0$일 때, 최초 전투력 $x(0) = x_0$, $y(0) = y_0$에 대하여 게릴라전 혼합모델에 의한 전투시간 경과에 따라 각 군의 전투력 수준은 $\Delta > 0$일 때, $\eta = \sqrt{(b|\Delta|)/2}$ 에 대하여

$$x(t) = \frac{x_0 - \sqrt{2\Delta/b}\tan(\eta t)}{1 + x_0\sqrt{b/2\Delta}\tan(\eta t)} \tag{5.35}$$

$$y(t) = \frac{y_0\sec^2(\eta t)}{\left[1 + x_0\sqrt{b/2\Delta}\tan(\eta t)\right]^2} \tag{5.36}$$

이며, $\Delta < 0$ 인 경우 전투시간 경과에 따른 각 군의 전투력 수준은 다음과 같다.

$$x(t) = \frac{x_0 - \sqrt{2|\Delta|/b}\tanh(\eta t)}{1 + x_0\sqrt{b/2|\Delta|}\tanh(\eta t)} \tag{5.37}$$

$$y(t) = \frac{y_0\operatorname{sech}^2(\eta t)}{\left[1 + x_0\sqrt{b/2|\Delta|}\tanh(\eta t)\right]^2} \tag{5.38}$$

증명 식 (5.32)의 게릴라전 혼합모델 $\frac{dx}{dt} = -ay$, $\frac{dy}{dt} = -bxy$에서 $\frac{d^2x}{dt^2} = abxy = -bx\frac{dx}{dt}$가 된다. 따라서 $x'' = -bxx'$가 되어 x에 대해 적분하면

$$x' = -\frac{b}{2}x^2 - c_1 \tag{5.39}$$

여기서 적분상수 $-c_1$은 계산을 편리하게 하기 위하여 $-$부호를 붙였다. 위 미분방정식의 해를 구하기 위하여 변수분리형을 이용하면 적분상수 c_2에 대하여

$$-\int \frac{dx}{c_1 + \frac{b}{2}x^2} = \int dt = t + c_2$$

가 되고, 이 부정적분을 구하면($\int \frac{dx}{a^2 + x^2} = \frac{1}{a}tan^{-1}\frac{x}{a} + c$ 임을 이용)

$$\Rightarrow \quad -\sqrt{\frac{2}{bc_1}}\tan^{-1}(\sqrt{b/2c_1}\,x) = t + c_2$$

$$\Rightarrow \quad x = -\sqrt{2c_1/b}\tan[\sqrt{bc_1/2}\,(t + c_2)] \tag{5.40}$$

또한 $\frac{dx}{dt} = -ay$ 에서 식 (5.39)를 이용하면 $y = -\frac{1}{a}\frac{dx}{dt} = \frac{b}{2a}x^2 + \frac{c_1}{a}$ 이 된다. 따라서 식 (5.40)을 대입하여 정리하면 다음과 같다.

$$y = \frac{c_1}{a}\left[1 + \tan^2\left(\sqrt{\frac{bc_1}{2}}\,(t + c_2)\right)\right] \tag{5.41}$$

식 (5.40)과 (5.41)에 최초 전투력 $x(0) = x_0$, $y(0) = y_0$을 대입하여 정리하면 $c_1 = ay_0 - \frac{b}{2}x_0^2$을 구할 수 있다. 따라서 식 (5.34)에서 주어진 조건 $\Delta = ay_0 - \frac{b}{2}x_0^2$은 c_1이다. 또한 $\tan(x + y) = \frac{\tan(x) + \tan(y)}{1 - \tan(x)\tan(y)}$ 임을 이용하여 위의 식을 다시 쓰면

$$x = -\sqrt{\frac{2\Delta}{b}} \cdot \frac{\tan\left(\sqrt{\frac{b\Delta}{2}}\,t\right) + \tan\left(\sqrt{\frac{b\Delta}{2}}\,c_2\right)}{1 - \tan\left(\sqrt{\frac{b\Delta}{2}}\,t\right)\tan\left(\sqrt{\frac{b\Delta}{2}}\,c_2\right)} \tag{5.42}$$

을 구할 수 있다. 최초 전투력 $x(0) = x_0$, $y(0) = y_0$ 임을 이용하여 위의 식에서

$$\tan\left(\sqrt{\frac{b\Delta}{2}}\,c_2\right) = -\sqrt{\frac{b}{2\Delta}}\,x_0$$

임을 알 수 있고, 주어진 조건에서 $\eta = \sqrt{\frac{b\Delta}{2}}$ 를 식 (5.42)에 대입하여 정리하면

$$x(t) = \frac{x_0 - \sqrt{2\Delta/b}\tan(\eta t)}{1 + x_0\sqrt{b/2\Delta}\tan(\eta t)}$$

가 된다. 또한 $\sec(x+y)=\dfrac{\sec x \sec y}{1-\tan x \tan y}$ 을 이용하여 식 (5.41)을 정리하면

$$y=\frac{\Delta}{a}\left[1+\tan^2\left(\sqrt{\frac{b\Delta}{2}}(t+c_2)\right)\right]$$

$$=\frac{\Delta}{a}\left[\sec^2\left(\sqrt{\frac{b\Delta}{2}}(t+c_2)\right)\right]$$

$$=\frac{\Delta}{a}\frac{\sec^2\left(\sqrt{\frac{\Delta b}{2}}t\right)\sec^2\left(\sqrt{\frac{\Delta b}{2}}c_2\right)}{\left[1-\tan\left(\sqrt{\frac{b\Delta}{2}}t\right)\tan\left(\sqrt{\frac{\Delta b}{2}}c_2\right)\right]^2}$$

따라서 식 (5.41)에서 $y_0=\dfrac{\Delta}{a}\sec^2\left(\sqrt{\dfrac{b\Delta}{2}}c_2\right)$, $\tan\left(\sqrt{\dfrac{b\Delta}{2}}c_2\right)=-\sqrt{\dfrac{b}{2\Delta}}x_0$ 임을 이용하여 y에 대한 식을 계산하면

$$y=\frac{y_0\sec^2(\eta t)}{\left[1+x_0\sqrt{\frac{b}{2\Delta}}\tan(\eta t)\right]^2}$$

로 간단히 할 수 있다.

한편 $\Delta<0$ 인 경우 전투시간 경과에 따른 각 군의 전투력 수준을 구하기 위해서는 식 (5.42)으로부터

$$x(t)=-\sqrt{\frac{2|\Delta|}{b}}i\cdot\frac{\tan\left(\sqrt{\frac{b|\Delta|}{2}}ti\right)+\tan\left(\sqrt{\frac{b|\Delta|}{2}}ic_2\right)}{1-\tan\left(\sqrt{\frac{b|\Delta|}{2}}it\right)\tan\left(\sqrt{\frac{b|\Delta|}{2}}ic_2\right)} \tag{5.43}$$

를 유도할 수 있고, 초기 전투력 $x(0)=x_0$을 이용하면 식 (5.43)에서

$$\tan\left(\sqrt{\frac{b|\Delta|}{2}}ic_2\right)=\sqrt{\frac{b}{2|\Delta|}}x_0 i$$

를 구할 수 있다. 또 복소평면에서 $\tan(iz)=i\tanh(z)$, $\sec(iz)=\operatorname{sech}(z)$인을 이용하여 식 (5.43)을 다시 정리하면

$$x(t)=\frac{x_0-\sqrt{2|\Delta|/b}\tanh(\eta t)}{1+x_0\sqrt{b/2|\Delta|}\tanh(\eta t)}$$

을 구할 수 있다. 같은 방법으로 계산하면

$$y(t) = \frac{y_0 \mathrm{sech}^2(\eta t)}{\left[1 + x_0\sqrt{b/2|\Delta|}\tanh(\eta t)\right]^2}$$

가 된다.

5.5 자동화기 사격모델(로그법칙)/기하 평균모델

실제 전투에서 발생 가능한 모델로서 피터슨(Peterson)은 전투력 소모율이 적의 사격에 노출되어 있는 병력의 수에 비례한다고 가정하였다. 이러한 상황은 적의 의도하는 표적을 알고 대처하고, 아군의 전투 취약성을 감지하기 위하여 소부대 접적전투의 초기 단계에서 발생한다. 또한 적의 전투 부대가 사거리 내에 나타남에 따라 자동적으로 사격을 개시하는 전투 상황에서도 발생한다. 이러한 전투 상황에 대한 모델링을 나타내는 미분방정식은 X군의 전투력 소모율이 $b>0$이고, Y군의 전투력 소모율이 $a>0$일 때,

$$\begin{cases} \dfrac{dx}{dt} = -ax \\ \\ \dfrac{dy}{dt} = -by \end{cases} \tag{5.44}$$

이다. 이 경우 위 미분방정식 (5.44)의 해는 각각의 변수에 대해 서로 독립적이고

$$\begin{cases} x(t) = x_0 e^{-at} \\ \\ y(t) = y_0 e^{-bt} \end{cases} \tag{5.45}$$

로 쉽게 계산된다. 또한 로그법칙에 대한 전투 진행에 따른 상태방정식은 식 (5.45)을 시간에 대해 구하면

$$b\ln\frac{x_0}{x} = a\ln\frac{y_0}{y} \tag{5.46}$$

의 관계식을 얻을 수 있다.

한편 각 군의 전투력 소모율이 상대 전투력의 기하 평균에 비례한다고 가정해 보자 이러한 상황을 나타내는 미분방정식은 X군의 전투력 소모율이 $b>0$이고, Y군의 전투력 소모율이

$a>0$일 때,

$$\frac{dx}{dt}=-a\sqrt{xy}$$
$$\frac{dy}{dt}=-b\sqrt{xy} \tag{5.47}$$

로 모델링할 수 있다.

정리 5.12

X군의 전투력 소모율이 $b>0$이고, Y군의 전투력 소모율이 $a>0$일 때, 최초 전투력 $x(0)=x_0$, $y(0)=y_0$에 대하여 기하 평균모델에 의한 전투시간 경과에 따른 각 군의 전투력 수준은 다음과 같다.

$$x(t)=\left(\sqrt{x_0}\cosh(\frac{1}{2}\sqrt{ab}\,t)-\sqrt{\frac{y_0a}{b}}\sinh(\frac{1}{2}\sqrt{ab}\,t)\right)^2 \tag{5.48}$$

$$y(t)=\left(\sqrt{y_0}\cosh(\frac{1}{2}\sqrt{ab}\,t)-\sqrt{\frac{x_0b}{a}}\sinh(\frac{1}{2}\sqrt{ab}\,t)\right)^2 \tag{5.49}$$

증명 식 (5.47)에서 $u=\sqrt{x}$, $v=\sqrt{y}$로 치환하면

$$\frac{du}{dt}=\frac{1}{2}x^{-1/2}\frac{dx}{dt}=-\frac{1}{2}av$$

이고

$$\frac{dv}{dt}=-y^{-1/2}\frac{dy}{dt}=-\frac{1}{2}bu$$

로 쉽게 변환된다. 이 미분방정식은 직사화기 란체스터 모델인 식 (5.7), (5.8)과 동일한 유형이다. 따라서 같은 방법으로 이 미분방정식의 해를 구하면 정리 5.2에서 주어진 것처럼

$$u(t)=u_0\cosh(\frac{1}{2}\sqrt{ab}\,t)-v_0\sqrt{\frac{a}{b}}\sinh(\frac{1}{2}\sqrt{ab}\,t)$$

$$v(t)=v_0\cosh(\frac{1}{2}\sqrt{ab}\,t)-u_0\sqrt{\frac{b}{a}}\sinh(\frac{1}{2}\sqrt{ab}\,t)$$

와 같이 계산된다. 여기서 $u_0=\sqrt{x_0}$, $v_0=\sqrt{y_0}$이므로 위의 식에 대입하여 정리하면

$$x(t)=\left(\sqrt{x_0}\cosh(\frac{1}{2}\sqrt{ab}\,t)-\sqrt{\frac{y_0a}{b}}\sinh(\frac{1}{2}\sqrt{ab}\,t)\right)^2$$

와

$$y(t) = \left(\sqrt{y_0} \cosh\left(\frac{1}{2}\sqrt{ab}\,t\right) - \sqrt{\frac{x_0 b}{a}} \sinh\left(\frac{1}{2}\sqrt{ab}\,t\right) \right)^2$$

를 구할 수 있다.

정리 5.12에서 식 (5.48)과 (5.49)를 좀 더 간단히 정리하기 위하여 $\tau = \sqrt{ab}\,t$, $\Psi_0 = \dfrac{x_0 b}{y_0 a}$로 치환하면 각각

$$x(\tau) = x_0 \left(\cosh\frac{1}{2}\tau - \Psi_0^{-\frac{1}{2}} \sinh\frac{1}{2}\tau \right)^2 \tag{5.50}$$

$$y(\tau) = y_0 \left(\cosh\frac{1}{2}\tau - \Psi_0^{\frac{1}{2}} \sinh\frac{1}{2}\tau \right)^2 \tag{5.51}$$

식 (5.50)과 (5.51)에서 τ를 소거하면 다음과 같은 함수관계를 얻을 수 있다.

$$\Psi_0 \frac{x(\tau)}{x_0} - \frac{y(\tau)}{y_0} = \Psi_0 - 1 \tag{5.52}$$

이 식은 $x(\tau)$와 $y(\tau)$ 사이에 선형의 관계를 보여 주고 있다. 특히 $\Psi_0 = 1$인 경우

$$\frac{x(\tau)}{x_0} = \frac{y(\tau)}{y_0} = \left(\cosh\frac{1}{2}\tau - \sinh\frac{1}{2}\tau\right)^2 = e^{-\tau}$$

로 정리 5.2의 직사화기 모델과 일치한다.

5.6 기본형 란체스터 모델의 확장 및 헴볼드 모델(Helmbold Model)

5.2절에서 다루었던 기본형 란체스터 모델을 보다 다양한 전투 상황에 맞게 변형해 보자. 예를 들면 X군이 계속에서 전투력을 $q(t) \geq 0$의 비율로 재투입한다고 하면 X군의 전투력 수준의 변화율은

$$\frac{dx}{dt} = -ay + q(t) \tag{5.53}$$

가 될 것이다. 여기서 $q(t)<0$인 경우는 계속해서 전투력을 철수시킨다는 것을 의미한다. 그러면 함수 $q(t)$는 어떻게 예측할 수 있을까? 우선 먼저 제한된 전투 병력과 무기의 재보급으로부터 예측 가능할 것이다. 또한 이러한 보급 기준은 최대한 지속 가능할 정도의 일정한 비율 m으로 전투에 투입할 것이다. 따라서 만약 R을 전투에 투입 가능한 전체 보유량이라 하면

$$q(t)=\begin{cases} m & \text{if} \quad 0 \le t \le \dfrac{R}{m} \\ 0 & \text{if} \quad t > \dfrac{R}{m} \end{cases} \tag{5.54}$$

와 같이 모델링할 수 있다.

또 다른 고려 사항은 비전투적 손실로 기계적 결함, 질병과 부상 등을 들 수 있다. 이러한 비전투적 손실률에 포함되는 많은 요소들 중 정신적 공황장애와 탈영과 같은 심리적인 요인들은 정확히 예측하기가 어렵다. 그러나 비전투적 손실률은 전투력에 비례한다고 가정한다. 여기서 전투력의 재투입은 없는 것으로 가정했던 것처럼 X군의 전투력 수준은 시간의 경과에 따라 상수 a, c 와 $q(t)\ge 0$에 대하여

$$\frac{dx}{dt}=-cx-ay+q(t) \tag{5.55}$$

가 되고, 이와 마찬가지로 Y군에 대해서도 적용할 수 있다. 여기서 $-ay$는 전투에 의한 손실, $-cx$는 비전투 손실, 그리고 $q(t)$는 병력 증강으로 해석할 수 있다. 이와 같은 방법으로 Y군에 대해서 미분방정식을 설계하면 다음과 같다.

$$\frac{dx}{dt}=-cx-ay+q(t) \tag{5.56}$$

$$\frac{dy}{dt}=-bx-dy+p(t)$$

식 (5.56)에 해당되는 행렬 방정식은

$$\boldsymbol{y}'=\begin{bmatrix} -c & -a \\ -b & -d \end{bmatrix}\cdot \boldsymbol{y}+\boldsymbol{r} \tag{5.57}$$

이고 여기서 $\boldsymbol{y}'=<x'(t),y'(t)>$, $\boldsymbol{y}=<x,y>$ 그리고 $\boldsymbol{r}=<q(t),p(t)>$이다. 이 미분방정식은 3장 식 (3.11)에서 주어진 매개변수 변화법을 이용하여 해를 구하면

$$y(t) = W(t) \cdot W^{-1}(t_0) \cdot y_0 + W(t) \cdot \int_{t_0}^{t} W^{-1}(s) r(s) ds \tag{5.58}$$

이고, 여기서 $W(t)$는 대응되는 동차미분방정식의 일차 독립인 해로 상수 k_1, k_2, k_3와 k_4 그리고 고유치λ_1, λ_2에 대하여

$$W(t) = \begin{bmatrix} k_1 e^{\lambda_1 t} & k_3 e^{\lambda_2 t} \\ k_2 e^{\lambda_1 t} & k_4 e^{\lambda_2 t} \end{bmatrix}$$

이다.

다음은 란체스터 기본형을 확장한 모델로서 점진적으로 병력의 규모면에서 차이가 발생하는 피아 병력들이 근접전투를 수행하고 있을 때 전투상황에서 야기되는 규모의 비효율성을 수학적 전투 모델링에서 반드시 고려하여야 한다. 예를 들면 대규모 부대와 소규모 부대가 전투를 하고 있을 때, 지형과 기상 및 시간과 공간의 제약에 의해 대부대의 모든 병력들이 동시에 전투를 수행하지는 못할 것이다. 그런 상황에 대하여 헴볼드(Helmbold)는 효력사 비율을 단지 상대 전투력의 비율에 따르는 요인들에 의해 변형되는 란체스터 모델의 확장을 제시하였다. 따라서 그의 제안에 의하면 기본 모델은

$$\begin{cases} \dfrac{dx}{dt} = -aE_y\left(\dfrac{x}{y}\right)y \\ \\ \dfrac{dy}{dt} = -bE_x\left(\dfrac{y}{x}\right)x \end{cases} \tag{5.59}$$

으로 주어진다. 여기서 E_y와 E_x는 규모의 비효율성을 적용한 효력사 제한요인을 나타낸다. 이러한 요인들에 대한 함수형태는 다음과 같이 전형적인 관찰로부터 유추할 수 있다. 첫째, E_y와 E_x는 둘 다 증가함수이다. 즉, $x/y > 1$일 때, Y군은 선택할 수 있는 표적을 보다 많이 가지게 되고, X군의 손실률 dx/dt는 $x/y = 1$에 대한 비율보다 위로 증가한다. 유사하게 $y/x > 1$일 때 Y군의 손실률 dy/dt도 증가한다. 두 번째, 규모의 비효율성은 양측에 동일하게 적용된다. 세 번째, E_y와 E_x는 양적으로 동형상태에 대한 요인들을 조절하기 때문에 $E_x(1)$과 $E_y(1)$은 같은 단위여야 한다. 따라서 수학적으로 이러한 상태를 모델링하면 함수 E_y 또는 E_x의 독립변수 u에 대하여

$$E_x(u) = E_y(u) = E(u)$$

$$E(1) = 1$$

$$E(u) = u\text{에 대한 증가함수}$$

로서 나타낼 수 있다. 여기서 $E(u) = u^c$라고 하면 식 (5.59)는 $w = 1 - c$라고 할 때

$$\frac{dx}{dt} = -a\left(\frac{x}{y}\right)^{1-w} y \tag{5.60}$$

$$\frac{dy}{dt} = -b\left(\frac{y}{x}\right)^{1-w} x$$

가 된다. 특히 여기서 w를 웨이스(wiess) 모수라고 한다. 지수 $c = 0,\ 1/2,\ 1$에 대해 각각 헴볼드 모델을 정리하면 다음과 같다.

$c = 1 - w$	w	미분방정식 모델	전투 모델
0	1	$\frac{dx}{dt} = -ay$ $\frac{dy}{dt} = -bx$	직사화기 모델
1/2	1/2	$\frac{dx}{dt} = -a\sqrt{xy}$ $\frac{dy}{dt} = -b\sqrt{xy}$	기하평균모델
1	0	$\frac{dx}{dt} = -ax$ $\frac{dy}{dt} = -by$	자동화기 사격모델

위의 표에서 지수 c가 0에서 1로 변화됨에 따라 직사화기 전투모델이 기하평균모델로 변형되고 다시 자동화기 사격 모델로 전환된다. 한편 각 진영의 전투 소모율은 적의 화력에 노출되어 있는 병력의 수에 비례한다.

5.7 가변적인 소모율 계수: 기동공격 모델

이미 앞 절에서 다루었던 여러 가지 모델에서 가변적인 소모율 계수를 적용하여 다양하게 논의할 수도 있지만 여기서는 학부과정에서 이해할 수 있는 수학적 배경을 바탕으로 할 수

있는 직사화기 모델인 제곱법칙만을 설명하고자 한다. 따라서 이를 모델링할 수 있는 미분방정식은

$$\begin{cases} \dfrac{dx}{dt} = -\,a(t)y \\ \\ \dfrac{dy}{dt} = -\,b(t)x \end{cases} \tag{5.61}$$

이고, 여기서 $a(t)$와 $b(t)$는 시간종속 소모율 계수로서 이 계수들은 병력 분산, 사격률, 표적 획득률 같은 많은 다양한 변수들에 의하여 결정된다. 이러한 가변적인 소모율 상수는 기동공격에서 잘 나타난다. 식 (5.61)에서 y를 소거하면

$$\frac{d^2x}{dt^2} - \frac{1}{a}\frac{da}{dt}\frac{dx}{dt} - abx = 0 \tag{5.62}$$

인 2계미분방정식을 구할 수 있다. 일반적으로 미분방정식 (5.62)의 일반해는

$$x(t) = c_1 x_1(t) + c_2 x_2(t) \tag{5.63}$$

로 주어지며 상수 c_1과 c_2는 초기조건에 의해 결정되며, $x_1(t)$와 $x_2(t)$는 쌍곡선 형태의 일반적인 란체스터 함수로서 보조함수들이다. 일단 이 함수들을 알 수 있다면 $y(t)$의 해도 쉽게 구할 수 있다. 해석적인 해를 유추해보면 소모율 계수들이 상수 k_x, k_y, μ와 ν에 대하여

$$a(t) = k_y(t+c)^{\nu},\ c \geq 0 \tag{5.64}$$

$$b(t) = k_x(t+c)^{\mu}$$

로 주어진다. 이 결과는 비교적 복잡하고 무한 급수해로 나타난다. 그러나 비교적 간단한 상수에 대해서는 해를 구할 수 있다.

정리 5.13

함수 $h(t)$에 대하여 X군의 전투력 소모율이 $b(t) = k_x h(t)$이고, Y군의 전투력 소모율이 $a(t) = k_y h(t)$라고 하자. 최초전투력 $x(0) = x_0$, $y(0) = y_0$일 때, 기동형 모델에 대한 전투시간 경과에 따른 각 군의 전투력 수준은 다음과 같다.

$$x(t) = x_0\cosh\theta - y_0\sqrt{k_y/k_x}\ \sinh\theta \tag{5.65}$$

$$y(t) = y_0\cosh\theta - x_0\sqrt{k_x/k_y}\ \sinh\theta$$

여기서 $\theta = \sqrt{k_x k_y}\int_0^t h(s)ds$ 이다.

증명 주어진 미분방정식 (5.62)는

$$\frac{d^2x}{dt^2} - \frac{1}{h(t)}\frac{dh(t)}{dt}\frac{dx}{dt} - k_x k_y h^2(t)x = 0$$

이 된다. 이 미분방정식을 풀기 위하여

$$\theta = \sqrt{k_x k_y}\int_0^t h(s)ds$$

로 치환하자. 따라서

$$\frac{d\theta}{dt} = \sqrt{k_x k_y}\,h(t),\quad \frac{d^2\theta}{dt^2} = \sqrt{k_x k_y}\frac{dh(t)}{dt},$$

$$\frac{dx}{dt} = \frac{dx}{d\theta}\frac{d\theta}{dt} = \frac{dx}{d\theta}\sqrt{k_x k_y}\,h(t),$$

$$\frac{d^2x}{dt^2} = \frac{dx}{d\theta}\sqrt{k_x k_y}\frac{dh(t)}{dt} + \frac{d^2x}{d\theta^2}k_x k_y h^2(t)$$

이고, 주어진 미분방정식에 대입하여 정리하면 다음과 같다.

$$\frac{d^2x}{d\theta^2} - x = 0$$

이 미분방정식의 해는 정리 5.2와 같은 방법으로 구하면 상수 c_1과 c_2에 대하여

$$x = c_1\sinh\theta + c_2\cosh\theta$$

가 된다. 최초 전투력 $x(0) = x_0$, $y(0) = y_0$을 이용하여 상수를 구하면

$$x(t) = x_0\cosh\theta - y_0\sqrt{k_y/k_x}\,\sinh\theta$$

가 되고 같은 방법으로

$$y(t) = y_0\cosh\theta - x_0\sqrt{k_x/k_y}\,\sinh\theta$$

를 구할 수 있다.

가장 간단한 모델로 기동부대가 일정한 상대속도로 전투를 수행하는 경우이다. 수학적으로 이러한 형태의 모델을 상대 전투부대의 교전이격거리 r에 대하여

$$\begin{cases} \dfrac{dx}{dt} = -a(r)y \\ \\ \dfrac{dy}{dt} = -b(r)x \end{cases} \tag{5.66}$$

로 나타낼 수 있고, 여기서 $a(r)$과 $b(r)$은 사거리 종속 소모율 계수이다.

또한 이격 사거리 r을 일정한 상대속도에 의하여

$$r(t) = r_0 - vt, \tag{5.67}$$

$$v = v_x + v_y$$

로 나타낼 수 있다. 여기서 r_0는 최초 전투개시 전 사거리, v는 공격부대의 상대적인 접근 속도, 그리고 v_x와 v_y는 각각 X군과 Y군의 진격하는 상대속도이다.

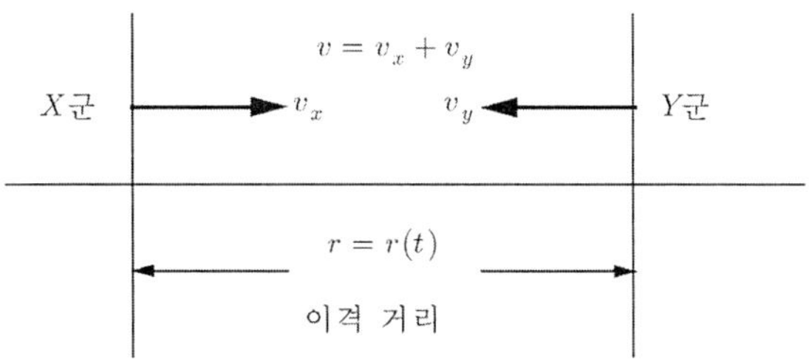

[그림 5.5] 기동공격 모델

전투부대의 이격거리 r이 시간에 따라 변하면 소모율 계수 $a(r)$과 $b(r)$도 변할 것이다. 가능한 모델 하나는 전투에 투입된 무기체계의 최대 유효사거리를 기준으로 $a(r)$과 $b(r)$을 나타낼 수 있다. 예를 들면 본더(Bonder)와 패럴(Farrell)이 사용했던

$$b_p(r) = \begin{cases} b_0\left(1 - \dfrac{r}{r_x}\right)^{\mu} & 0 \le r \le r_x \\ \\ 0 & r \ge r_x \end{cases} \tag{5.68}$$

$$a_p(r) = \begin{cases} a_0\left(1 - \dfrac{r}{r_y}\right)^{\nu}, & 0 \le r \le r_y \\ \\ 0, & r \ge r_y \end{cases} \tag{5.69}$$

를 들 수 있다. 여기서 r_x와 r_y는 각각 X군과 Y군에 대한 무기체계의 최대 유효사거리이다. 식 (5.68)와 (5.69)에서 b_0와 a_0는 각각 X군과 Y군의 무기 소모율 상수이고, μ, ν는 소모율 계수

에 따르는 이격거리를 모델링하기 위한 상수이다. 따라서 위의 식 (5.68)와 (5.69)를 **거듭제곱 소모율계수**(power attrition rate coefficient)로 알려져 있다. 아래 그림 5.6은 다양한 상수 μ ,ν 의 값에 대한 전투이격거리 모수 r/r_y와 r/r_x에 대한 $a_p(r)$과 $b_p(r)$의 변화를 보여준다.

식 (5.67)을 식 (5.68)와 (5.69)에 대입하여 계산하면 전투이격거리에 따른 소모율 계수는 시간종속 변수로 아래와 같이 변환된다.

$$b_p(t)=\begin{cases} b_0\left(\dfrac{v}{r_x}\right)^{\mu}\left(\dfrac{r_x}{v}-\dfrac{r_0}{v}+t\right)^{\mu} & 0\le r\le r_x \\ 0 & r\ge r_x \end{cases}$$

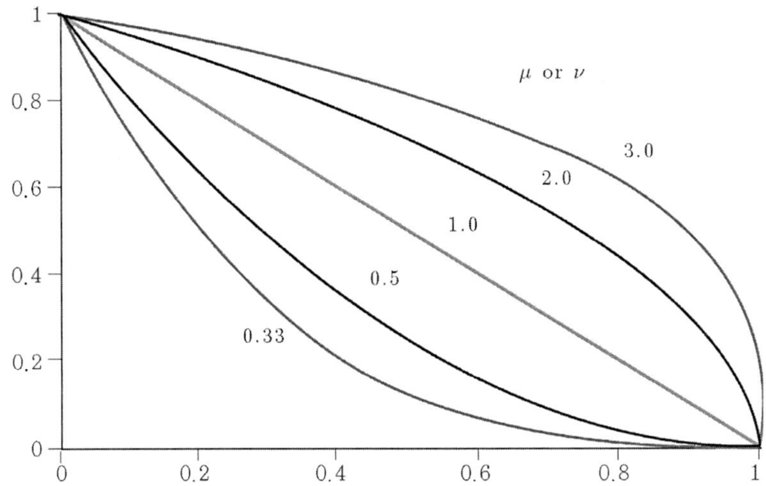

[그림 5.6] 전투이격거리r/r_y에 따른 소모율 계수 $a_p(r)/a_0$의 변화

그리고

$$a_p(t)=\begin{cases} a_0\left(\dfrac{v}{r_y}\right)^{\nu}\left(\dfrac{r_y}{v}-\dfrac{r_0}{v}+t\right)^{\nu}, & 0\le r\le r_x \\ 0, & r\ge r_x \end{cases}$$

또 다른 잘 알려진 전투이격거리 가변소모율 계수는

$$b_E(r)=\begin{cases} b_0\left(1-e^{-b_1(r_x-r)}\right), & 0\ge r\le r_x \\ 0, & r\le r_x \end{cases} \tag{5.70}$$

와

$$a_E(r) = \begin{cases} a_0\left(1 - e^{-a_1(r_y - r)}\right), & 0 \le r \le r_y \\ 0, & r \ge r_y \end{cases} \tag{5.71}$$

가 있고, 상수 b_1과 a_1은 $b_E(r)$과 $a_E(r)$의 이격거리에 종속하는 모델링에 사용된다. 식 (5.70)과 (5.71)은 **지수적 소모율계수**(exponential attrition rate coefficients)라고 한다. 아래 그림 5.7은 다양한 a_1의 값에 대한 전투이격거리 r/r_y와 r/r_x에 따른 $a_E(r)$과 $b_E(r)$의 변화를 보여준다.

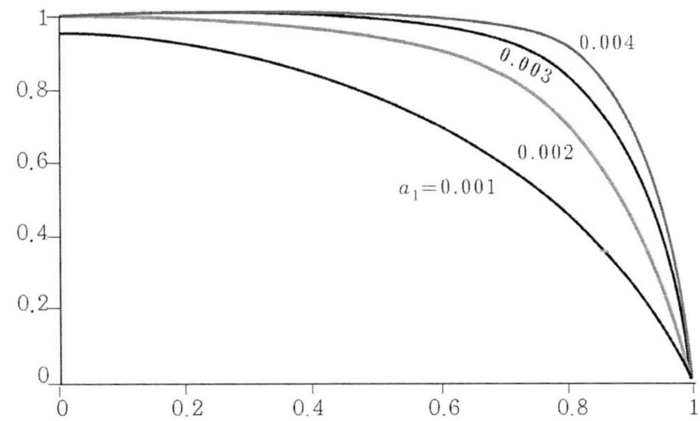

[그림 5.7] 전투이격거리r/r_y에 따른 소모율 계수 $a_E(r)/a_0$의 변화

또 다른 전투이격거리 종속 소모율 계수에 대한 모델은 사격효과에 따라 지수적으로 감소하며 상수 a_1, $b_1 > 0$에 대하여 다음과 같다.

$$b_{ED}(r) = b_0 e^{-b_1 r} \tag{5.72}$$

$$a_{ED}(r) = a_0 e^{-a_1 r}$$

식 (5.72)을 지수적 감소 소모율계수(exponential decay attrition rate coefficients)라 한다. 그림 5.8은 다양한 a_1의 값에 대한 전투이격거리 r/r_y와 r/r_x에 따른 $a_{ED}(r)$과 $b_{ED}(r)$의 변화를 보여준다.

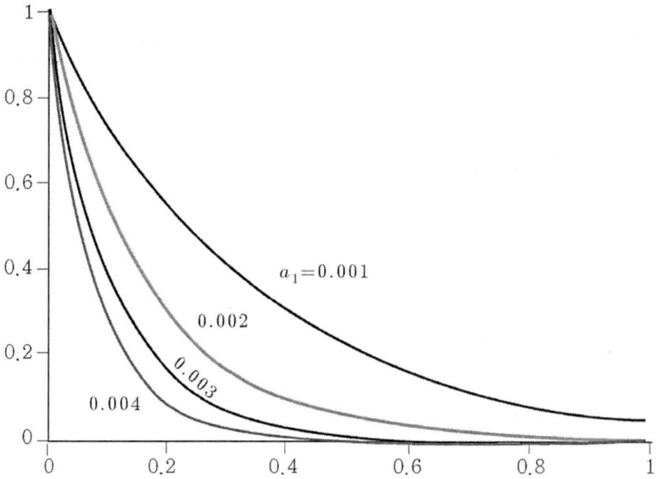

[그림 5.8] 전투이격거리 r/r_y에 따른 소모율 계수 $a_{ED}(r)/a_0$의 변화

5.8 이오지마 전투의 적용

이 절은 프리제미에니엑키(Przemieniecki)가 저술한 수학적 국방분석에서 소개한 이오지마 전투에 대한 전투 모델링을 앞 절에서 소개한 내용을 바탕으로 적용해 보고자 한다.

1945년 이오지마 전투에 대한 세부적인 데이터들이 잘 알려져 있어 란체스터 직사화기 전투 모델을 증명하는데 사용된다.

도쿄에서 약 660마일 남쪽에 위치한 섬에서 벌어진 전투로 태평양전쟁에서 가장 치열한 전투 중의 하나로 기록되고 있다. 이 섬은 태평양에서 전략적으로 가장 중요한 지점으로 도쿄와 미군의 전진 기지인 사이판의 중간에 위치하고 있어 일본으로 발진하는 미군의 폭격기를 중간에서 차단하는 군사적 요충지였다. 한편 미군의 입장에서는 일본 본토에 대한 작전을 구상하기에 최상의 전진 기지가 될 수 있는 최적의 위치에 해당하는 섬이었다.

미군은 1945년 2월 19일에 공격을 하였고 일본군은 최후까지 사수하고자 하였다. 따라서 36일간의 전투에서 미군의 사상자는 6000여명이었고 그 결과 태평양전쟁이 종식되기까지 2000여대가 넘는 미군의 $B-29$폭격기가 이착륙을 할 수 있었다.

이오지마 전투에 처음 투입된 미군은 54,000명이고, 2차 전투에서는 없으며, 3차 전투에는 6,000명, 4차와 5차 전투에는 없으며, 6차에는 13,000명 그 후에는 증원되지 않았다. 이 상황을 수학적 수식으로 나타내면 다음과 같다.

$$x(t)=\begin{cases}54,000 & 0<t\le 1\\ 0 & 1<t\le 2\\ 6,000 & 2<t\le 3\\ 0 & 3<t\le 5\\ 13,000 & 5<t\le 6\\ 0 & 6<t\le 36\end{cases}\quad \text{병력/일}$$

이는 실제 전투 현장에 투입된 단위부대 병력의 전투원 및 전투 근무지원 병력 전부를 포함하고 있다. 물론 여기에서의 가정은 전투가 시작되기 전에 어떤 병력도 이곳 이오지마에는 없었다. 미군의 일별 전투사상자는 클리포드 모워하우스 대위에 의해 집계되었으나 일본군의 전투사상자에 대한 기록은 없다. 그러나 2만명의 전사자와 1,083명의 포로, 전투개시 전에 21,000명의 병력이 뉴콤에 증강된 것을 기본 자료로 적용하였다. 물론 여기서 최초 계산한 데이터들 중에 생존자와 섬의 곳곳에 있는 동굴에서 사망한 병력을 제외하였기 때문에 실제로는 이 보다 더 많아 21,500명으로 산정하는 것이 더 바람직하다. 그리고 전투 중에 일본군의 전력 증강은 없었다. 전투는 28일간 지속되었고, 미군에게 완전히 평정되었으나 산발적인 저항이 있어 개전 후 36일까지도 계속되었다.

따라서 이오지마 전투에 대한 전투 모델링은 식 (5.53)에 의해 병력보강 $q_y(t)=0$

$$\frac{dx}{dt}=-ay+q_x(t) \tag{5.73}$$

$$\frac{dy}{dt}=-bx$$

로 나타내어진다. 여기서 X군은 미군이고, Y군은 일본군이다. 시간 $t=0$에서 $t=36$까지 식 (5.73)의 두 번째 식을 적분하면

$$y(36)-y(0)=-b\int_0^{36} x(t)dt \tag{5.74}$$

가 된다. 한편 위의 적분에 대한 리만합을 구하면

$$\int_0^{36} x(t)dt = \sum_{i=1}^{36} x(t_i) \quad \text{병력수/일}$$

이고, 여기서 $x(t_i)$는 t_i일에 전투에 참여한 미군의 병력 수를 말한다. 따라서 미군의 병력 데이터에 의하면

$$b = \frac{y(0) - y(36)}{\sum_{i=1}^{36} x(t_i)} = \frac{21,000 - 0}{2,037,000} = 0.0106$$

을 구할 수 있다. 한편 식 (5.73)의 미군에 대한 전투 모델링 식을 적분하면 $x(0) = 0$이므로

$$x(36) = -a\int_0^{36} y(t)dt + \int_0^{36} q_x(t)dt$$

$$= -a\int_0^{36} y(t)dt + 73,000$$

가 된다. 전투 36일째 미군의 전투참가 병력이 52,000명이므로

$$a = \frac{73,000 - 52,000}{\int_0^{36} y(t)dt} = \frac{21,000}{\int_0^{36} y(t)dt} \tag{5.75}$$

가 된다. 따라서 같은 방법으로 적분에 대해 리만합으로 근사시키면

$$\int_0^{36} y(t)dt = \sum_{j=1}^{36} y(t_i)$$

이고, 여기서 $y(t_j)$의 값은 식 (5.74)에서

$$y(t_j) = y(0) - b\int_0^{t_j} x(t)dt$$

$$= y(0) - b\sum_{i=1}^{t_j} x(t_i)$$

구할 수 있다. 위의 식에 각각 t_i일별 미군의 병력 수를 대입하여 일본군의 전투 소모율을 계산하면 식 (5.74)로 부터

$$a = \frac{21,000}{387,600} = 0.0543$$

을 구할 수 있다. 위의 식에서 전투 29일부터 36일까지의 전투에 대한 추가적인 참여도는 하루에 15,100명으로 계산하였다.

식 (5.73)에서 주어진 미분방정식에 대한 해로부터 예측되는 미군의 전투력과 실제 전투력의 비교 결과를 아래 그림에서 보여주고 있다. 이 예측도에 대한 그림 5.9는 실제 전투 상황과 대단히 일치함을 보여주고 있다. 여기서 전투 소모율의 비 $\frac{a}{b} = \frac{0.0544}{0.0106} = 5.1$로 일본군의 전투 효율이 훨씬 우위에 있음을 보여준다. 이는 갱도 및 참호 동굴진지 등 일본군의 방어 준비태세가 잘 갖추어져 있었다고 볼 수 있다. 반면 전투 8일째 전투력의 비율 $\frac{x(8)}{y(8)} = \frac{64,000}{16,500} = 3.9$로 미군은 병력의 수적으로 우세하였다고 볼 수 있다.

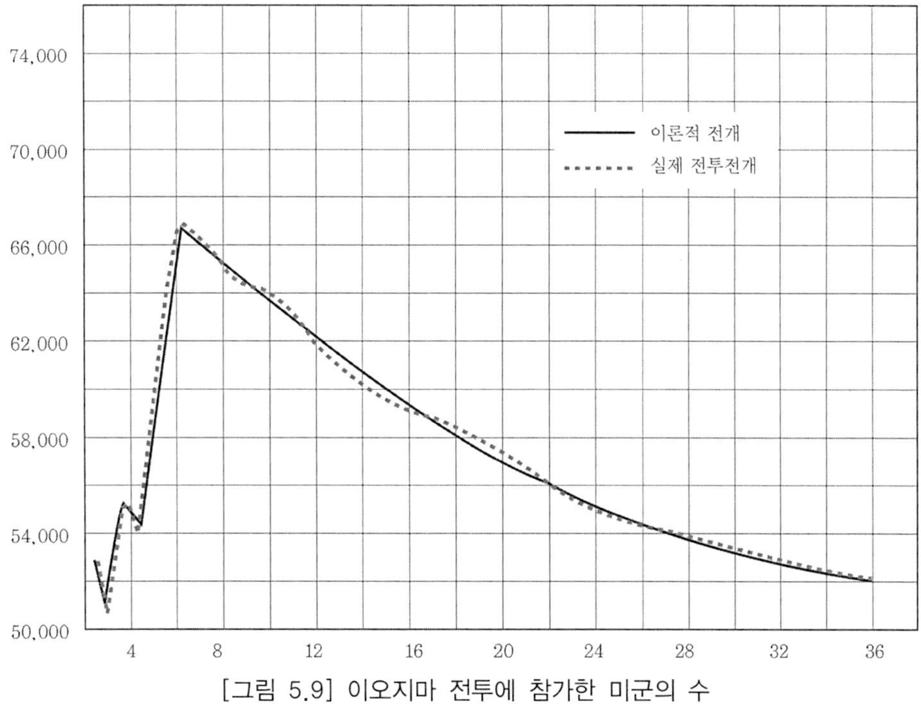

[그림 5.9] 이오지마 전투에 참가한 미군의 수

연습문제 5

1. X군의 전투력 소모율이 $b>0$이고, Y군의 전투력 소모율이 $a>0$일 때, 최초 전투력 $x(0)=x_0$, $y(0)=y_0$에 대하여 게릴라전 혼합모델의 전투시간 경과에 따른 각 군의 전투력 수준은 $\Delta>0$일 때,

(1) Y군이 승리하는 최종 시간과 전투력을 구하여라.

(2) $\Delta=0$일 때 관계식을 구하고, 그 의미를 설명하여라.

2. X군의 전투력 소모율이 $b>0$이고, Y군의 전투력 소모율이 $a>0$일 때, 혼합모델에 $\frac{dx}{dt}=-ay$, $\frac{dy}{dt}=-bx$에 대하여 물음에 답하여라.

(1) 이 혼합모델을 매복작전에 사용되었을 때, 어느 쪽에서 매복전투를 실시했는지 설명하여라.

(2) 이 모델에 대한 해를 구하여라.

3. X군의 전투력 소모율이 $b>0$이고, Y군의 전투력 소모율이 $a>0$일 때, 선형법칙인 지역사격모델에 대한 해는 $b(x_0-x)=a(y_0-y)$이다. Y군이 승리하기 위한 a, b, x_0, y_0 들의 관계식을 구하여라.

4. X군의 병력은 1,000명이고, Y군의 병력은 750명이다. 각 군은 상대방의 사격으로부터 서로 노출되어 있다.

(1) 만약 사격속도와 무기의 명중(살상)확률이 서로 같고 전투는 한쪽이 완전히 무력화될 때까지 계속된다고 하자. 전투가 종료되었을 때 각 군의 최종 전투력 수준을 얼마인가?

(2) Y군은 X의 $3/4$의 병력을 보유하고 있으므로 만약 X군의 무기체계 효율이 Y군의 효율에 $3/4$에 해당될 때 어느 쪽이 승리할 것인가? 그리고 승리한 쪽에서는 얼마나 많은 병력이 생존할 것이라 예측되는가?

5. X군의 병력은 최초 200명이고 소모율 상수 $b=0.1$이며, Y군의 병력은 240명이며 소모율 상수는 $A=0.08$이다.

(1) 만약 양쪽이 모두 철수하는 상황이 없다면 어느 쪽이 승리하는가?

(2) 교전이 종료되었을 때, 승리한 쪽에 얼마나 많은 병력이 남아 있는가?

(3) 만약 패배한 측에서 이 전투에서 승리하기 위해 최소한 얼마나 많은 병력을 전투에 투입하여야 할 것인가?

6. X군의 전투력 소모율이 $b > 0$이고, Y군의 전투력 소모율이 $a > 0$일 때, 란체스터 모델에서 각 군에서 모두 일정한 비율로 전투부대를 교체한다고 하면 최초 전투력 $x(0) = x_0$, $y(0) = y_0$에 대해 수학적으로 모델링한 결과는 다음과 같다.

$$\frac{dx}{dt} = -ay + r$$

$$\frac{dy}{dt} = -bx + s$$

여기서 r과 s는 양의 상수로 각각 X군과 Y군의 교체비율을 나타낸다.

(1) 연속적인 교체율에 따른 위 방정식의 해를 구하여라.

(2) X군이 승리하기 위한 조건들 a, b, x_0, y_0,와 s는 무엇인지 설명하여라.

7. 다음 전투 모델에 대하여 각 군의 전투가 종료되는 최종 시간에 대한 조건들을 구하여라.

(1) 지역사격 모델

(2) 게릴라전 모델

(3) 자동화기 모델

(4) 기하평균모델

(5) 자동/직사화기 모델

제 6 장 확률형 전투모델

앞 장에서는 미분방정식에 기반을 둔 전투모델로서 전투력 또는 무기체계의 강·약점을 결정하는 미분방정식형 란체스터 모델에 대해 소개하였는데, 이 장에서는 여러 가지 전투모델에 대해서 어떤 특정한 시간대의 전투효과에 대한 확률을 결정해보겠다. 특히 두 가지 간단한 모델로 시간에 독립적인 **순차적 전투모델**(sequential combat duel)과 시간에 종속적인 **연속형 전투모델**(continuous combat duel)을 어떤 전술적 근접전투에서 놀람(surprise)에 근거한 확률적인 측면에서 설명하고자 한다. 즉 일어날 사건이 희박한 경우는 놀람이 증가하고, 너무 자주 일어나는 사건에 대해서는 놀람의 정도가 감소한다. 이 원리에 의해 일대일 직사화기 전투모델과 지역사격 전투모델에 대하여 완벽한 확률론적 분석을 할 수 있다. 이 결과를 토대로 궁극적으로 앞 장에서 배운 사실들과 연계하여 확률론적 모델과 미분방정식형 모델들의 해를 상호 비교해 보겠다.

6.1 순차적인 전투모델(Sequential Combat Duel Model)

이 절에서는 두 가지 무기 또는 서로 상대방에게 사격하는 단위부대 또는 1대1의 결전 상황에 대한 순차적인 전투모델을 다루어 보자. 이 같이 간단한 조우전 형태의 모델은 한 종류의 무기 또는 상대를 제압하는 단위제대의 특정한 확률값을 구하는 수학적 원리를 설명해 준다.

어떤 특정한 라운드에서 X군의 무기가 Y군의 무기를 파괴할 확률을 p라 하고, 마찬가지로 Y군의 무기가 X군의 무기를 파괴할 확률은 q라 하자. 따라서 상대방의 사격에 의하여 무기가 파괴되지 않을 확률은 각각 X군은 $1-q$와 Y군은 $1-p$가 된다. 여기서 확률 p, q는 각 군의 무기체계의 성능에 따라 다르기 때문에 나타나는 확률값이다.

한편 이 전투모델에서 X군이 먼저 사격하고, 다음 Y군, 이어서 X군, Y군, $\cdots$ 순서로 사격을 하며, 다음 라운드 사격을 하기 전에 앞에 사격한 결과를 안다고 가정한다. 이러한 가정은 순차적인 전투모델에서 각 사건에 대한 개별적인 확률들을 공식화할 수 있다.

정리 6.1

각 군의 파괴확률을 각각 p, q라 하자. 주어진 전투상황은 X군이 먼저 사격하고, 다음 Y군, 이어서 X군, Y군, $\cdots$ 순서로 사격하고, 각 라운드의 사건들이 서로 독립이라 할 때, X군이 n라운드까지 사격에서 Y군이 파괴될 확률의 합은

$$P_Y(n) = p\,\frac{1-(1-p)^n(1-q)^n}{1-(1-p)(1-q)} \tag{6.1}$$

이고, 충분히 많은 라운드 $n=\infty$ 일 때 X군에 의해 Y군이 파괴될 확률의 합은

$$P_Y(n=\infty) = \frac{p}{1-(1-p)(1-q)} \tag{6.2}$$

가 된다.

증명 순차적인 전투모델에서 사격하는 순서를 정리하면 각 사건은 서로 배반이기 때문에

(1) X군이 1라운드 사격에서 Y군을 파괴할 확률은 p

(2) 반면 X군이 1라운드 사격에서 Y군이 생존할 확률은 $1-p$

(3) Y군의 1라운드 사격에서 X군을 파괴할 확률은 $(1-p)q$

(4) 반면 Y군의 1라운드 사격에서 X군이 생존할 확률은 $(1-p)(1-q)$

(5) X군이 2라운드 사격에서 Y군을 파괴할 확률은 $(1-p)(1-q)p$

(6) X군이 2라운드 사격에서 Y군이 생존할 확률은 $(1-p)^2(1-q)$

(7) Y군의 2라운드 사격에서 X군을 파괴할 확률은 $(1-p)^2(1-q)q$

계속해서 시행하면 일반적으로 X군이 n라운드 사격에서 Y군을 파괴할 확률은

$$(1-p)^{n-1}(1-q)^{n-1}p$$

이고, X군이 n라운드 사격에서 Y군이 생존할 확률은

$$(1-p)^n(1-q)^{n-1}$$

이다. 한편 Y군의 n라운드 사격에서 X군을 파괴할 확률은

$$(1-p)^n(1-q)^{n-1}q$$

이고, Y군의 n라운드 사격에서 X군이 생존할 확률

$$(1-p)^n(1-q)^n$$

이 된다. 따라서 X군이 n라운드까지 사격에서 Y군이 파괴될 확률의 합은

$$
\begin{aligned}
P_Y(n) &= (1)+(5)+(9)+\cdots \\
&= p+(1-p)(1-q)p+\cdots+(1-p)^{n-1}(1-q)^{n-1}p \\
&= p\,\frac{1-(1-p)^n(1-q)^n}{1-(1-p)(1-q)}
\end{aligned}
$$

가 된다. 한편 충분히 많은 라운드 $n=\infty$ 일 때 X군에 의해 Y군이 파괴될 확률의 합은 $\lim_{n\to\infty}(1-p)^n(1-q)^n=0$이기 때문에

$$
\begin{aligned}
\lim_{n\to\infty}P_Y(n) &= \lim_{n\to\infty} p\,\frac{1-(1-p)^n(1-q)^n}{1-(1-p)(1-q)} \\
&= \frac{p}{1-(1-p)(1-q)}
\end{aligned}
$$

가 된다.

같은 방법으로 Y군의 n라운드까지 사격에서 X군이 파괴될 확률의 합은

$$
\begin{aligned}
P_X(n) &= (3)+(7)+\cdots \\
&= (1-p)q+(1-p)^2(1-q)q+\cdots+(1-p)^n(1-q)^{n-1}q \\
&= (1-p)q\,\frac{1-(1-p)^n(1-q)^n}{1-(1-p)(1-q)}
\end{aligned}
\tag{6.3}
$$

이고, 충분히 많은 라운드 $n=\infty$ 일 때 Y군이 X군을 파괴할 확률의 합은

$$
\begin{aligned}
\lim_{n\to\infty}P_X(n) &= \lim_{n\to\infty}(1-p)q\,\frac{1-(1-p)^n(1-q)^n}{1-(1-p)(1-q)} \\
&= \frac{(1-p)q}{1-(1-p)(1-q)}
\end{aligned}
\tag{6.4}
$$

으로 계산된다.

앞에서는 X군이 먼저 사격하고 이어서 Y군이 사격하는 순차적 전투모델에서 반대로 Y군이 먼저 사격하고 X군이 나중에 사격하는 전투모델인 경우 같은 방법으로 확률을 계산하면 Y군에 의해 X군이 파괴될 확률을 Q_X라 할 때, n라운드까지 합과 충분히 많은 라운드 $n=\infty$까지 합은 각각

$$
Q_X(n) = q\,\frac{1-(1-p)^n(1-q)^n}{1-(1-p)(1-q)}
\tag{6.5}
$$

$$Q_X(n=\infty)=\frac{q}{1-(1-p)(1-q)} \tag{6.6}$$

이고,

$$Q_Y(n)=p(1-q)\,\frac{1-(1-p)^n(1-q)^n}{1-(1-p)(1-q)} \tag{6.7}$$

$$Q_Y(n=\infty)=\frac{p(1-q)}{1-(1-p)(1-q)} \tag{6.8}$$

로 주어진다. 아래 그림 6.1은 확률 p와 q에 따른 $P_Y(n=\infty)$와 $Q_Y(n=\infty)$의 분포를 나타낸다.

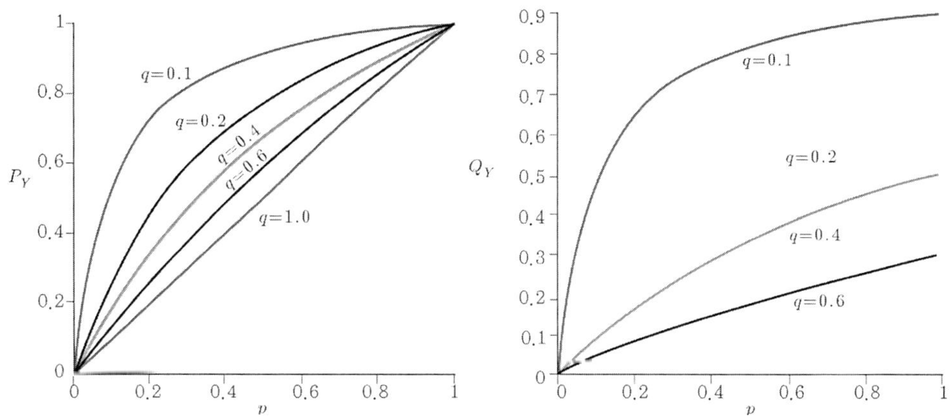

[그림 6.1] 확률 p와 q에 따른 $P_Y(n=\infty)$와 $Q_Y(n=\infty)$의 분포

X군의 그래프와 Y군의 그래프를 상호 비교해 보면 X군이 먼저 사격할 때가 Y군이 사격을 먼저 할 경우보다 Y군의 무기가 파괴될 확률이 더 높다는 측면에서 X군의 더 유리하다는 것을 분명하게 보여주고 있다.

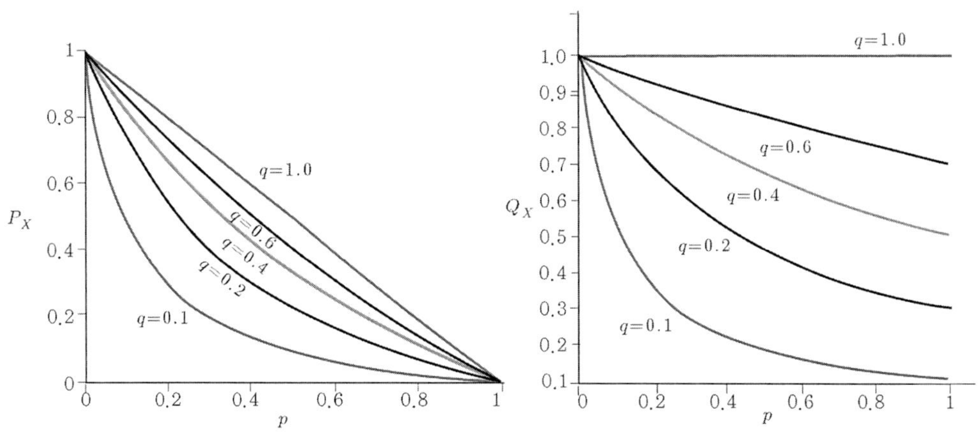

[그림 6.2] 확률 p와 q에 따른 $P_X(n=\infty)$와 $Q_X(n=\infty)$의 분포

즉 $P_Y(n) \geq Q_Y(n)$이기 때문에 이러한 그래프의 모양을 보여준다. 이와 마찬가지로 확률이 각각 p와 q인 경우 $P_X(n=\infty)$와 $Q_X(n=\infty)$의 분포도를 그려보면 위의 그림 6.2와 같다.

만약 X군이 먼저 사격할 때 확률값에 대해 $1-P_X(n) > 1-Q_X(n)$이므로 X군이 생존확률이 Y군보다 더 높음을 알 수 있다. 특히 지금까지의 관계에서 $P_X(n=\infty)+P_Y(n=\infty)=1$과 $Q_X(n=\infty)+Q_Y(n=\infty)=1$임을 증명할 수 있다. 세부적인 증명은 연습문제에 남겨둔다.

6.2 연속형 전투모델(Continuous Combat Duel Model)

이 절에는 실전적인 1대1 전투모델로서 단위시간당 일정한 비율로 특정 라운드까지 연속적으로 동시에 서로 상대방에게 사격을 실시하는 전투상황이다. 시간에 따른 연속적인 전투모델을 분석하기 위해 전투개시시간을 $t=0$으로 하고 그 순간부터 X군과 Y군의 각각 α_X와 α_Y의 비율로서 상대방에게 동시에 사격을 한다고 가정하겠다. 여기서 확률 $P_X(t)$와 $P_Y(t)$는 시간 t에서 X군과 Y군의 무기가 각각 파괴될 확률을 나타낸다. 이러한 확률들은 $P_X(n)$과 $P_Y(n)$과 비교될 수 있을 것이며, 여기서 $P_X(n)$과 $P_Y(n)$는 앞 절에서 보았듯이 단지 양쪽에서 사격한 라운드의 수에만 의존한다. 만약 임의의 시간 $t \geq 0$에서 전투가 계속되고 있다면, 즉 이전까지 양측에서의 사격으로부터 각각의 무기들이 파괴되지 않았다면, 충분히 작은 시간 Δt 시간 사이에 일어나는 사건은 다음과 같이 표 6.1로 정리할 수 있다. 여기서 p와 q는 앞 절에서처럼 상대방의 표적을 파괴할 확률이라 하자. 즉 확률 p는 X군이 사격으로 Y군의 무기가 파괴될 확률이고, 반대로 q는 Y군이 사격으로 X군의 무기가 파괴될 확률이다.

〈표 6.1〉 연속형 전투모델에 대한 사건의 확률

사건 (event)	사건의 개요	사건의 확률$=P(A_j)$
A_1	X군의 사격과 Y군의 무기 파괴	$p\alpha_X\Delta t+0(\Delta t^2)$
A_2	Y군의 사격과 X군의 무기 파괴	$q\alpha_Y\Delta t+0(\Delta t^2)$

A_3	X군의 사격과 Y군의 무기 파괴되지 않음	$1-p\alpha_X\Delta t+0(\Delta t^2)$
A_4	Y군의 사격과 X군의 무기 파괴되지 않음	$1-q\alpha_Y\Delta t+0(\Delta t^2)$
A_5	X군과 Y군 양쪽 다 사격하지 않음	$1-\alpha_X\Delta t-\alpha_Y\Delta t+0(\Delta^2 t)$
A_6	X군과 Y군이 Δt 시간 내에 사격하나 그들의 표적을 파괴하지 못함	$1-p\alpha_X\Delta t-q\alpha_Y\Delta t+0(\Delta^2 t)$
A_7	양쪽 무기가 동시에 사격	$0(\Delta t^2)$

위 표에서 언급한 사건들을 살펴보면 $A_i\cap A_j=\varnothing\ (i\neq j)$로 서로 배반사건임을 알 수 있다. 또한 시간차 Δt가 충분히 작아 $\alpha_X\Delta t$와 $\alpha_Y\Delta t$가 1보다 적거나 같다고 가정한다. 참고로 $\alpha_X\Delta t=1$의 의미는 시간 Δt시간에 1라운드 사격이 있었음을 말한다. 따라서 이 결과는 각각 X군과 Y군에 의해 사격한 임의의 한 라운드의 확률과의 곱으로 간주할 수 있다. 한편 $0(\Delta t^2)$은 연속적인 전투상황에서 반영되는 고차 항을 말하며, 부가적인 해석에서는 고려하지 않는다. 위 표에서 주어진 첫 번째 사건은 단순히 한 라운드에서 Y군의 무기가 파괴될 확률 p와 Δt 시간에 일어나는 X군의 무기의 발사비율을 곱한 것임을 알 수 있다. 만약 $\alpha_X\Delta t=1$이면 X군의 무기가 분명히 발사되었다는 것을 말한다. 따라서 이러한 곱 $\alpha_X\Delta t$을 이용하기 위해서는 $\alpha_X\Delta t<1$이어야 한다.

정리 6.2

X군과 Y군의 파괴확률이 각각 p, q이고, 사격 비율을 각각 α_X, α_Y라 하자. 연속형 전투모델에서 시간 t에서 X군의 무기가 파괴될 확률 $P_X(t)$는

$$P_X(t)=\frac{q\alpha_Y}{p\alpha_X+q\alpha_Y}(1-e^{-(p\alpha_X+q\alpha_Y)t}) \tag{6.9}$$

이고, Y군의 무기가 파괴될 확률 $P_Y(t)$는

$$P_Y(t)=\frac{p\alpha_X}{p\alpha_X+q\alpha_Y}(1-e^{-(p\alpha_X+q\alpha_Y)t}) \tag{6.10}$$

이다.

증명 X군의 파괴될 확률 $P_X(t)$는 $P_X(t+\Delta t)$를 분석하여 얻을 수 있다. 위의 표 6.1에서

$$\begin{aligned} P_X(t+\Delta t) &= P(A_2)+P(A_6)P_X(t) \\ &= q\alpha_Y\Delta t+(1-p\alpha_X\Delta t-q\alpha_Y\Delta t)P_X(t) \end{aligned}$$

를 구할 수 있다. 다시 이 식을 정리하면

$$\frac{P_X(t+\Delta t)-P_X(t)}{\Delta t}=q\alpha_Y-(p\alpha_X+q\alpha_Y)P_X(t)$$

가 된다. 따라서 양변에 극한을 취하면

$$\begin{aligned} \frac{dP_X(t)}{dt} &= \lim_{\Delta t\to 0}\frac{P_X(t+\Delta t)-P_X(t)}{\Delta t} \\ &= q\alpha_Y-(p\alpha_X+q\alpha_Y)P_X(t) \end{aligned}$$

을 계산할 수 있고, 같은 방법으로 $P_Y(t)$에 대한 도함수를 구하면

$$\frac{dP_Y(t)}{dt}=p\alpha_X-(p\alpha_X+q\alpha_Y)P_Y(t)$$

가 된다. 따라서 이 두 미분방정식으로부터 해를 구하면 상수 C_1과 C_2에 대하여

$$P_X(t)=C_1e^{-(p\alpha_X+q\alpha_Y)t}+\frac{q\alpha_Y}{p\alpha_X+q\alpha_Y} \tag{6.11}$$

와

$$P_Y(t)=C_2e^{-(p\alpha_X+q\alpha_Y)t}+\frac{p\alpha_X}{p\alpha_X+q\alpha_Y} \tag{6.12}$$

이다. 따라서 초기조건 $P_X(0)=P_Y(0)=0$을 이용하여 상수 C_1과 C_2를 구하면

$$C_1=-\frac{q\alpha_Y}{p\alpha_X+q\alpha_Y},\quad C_2=-\frac{p\alpha_X}{p\alpha_X+q\alpha_Y}$$

가 된다. 따라서 식 (6.11)과 (6.12)에 상수 C_1과 C_2 를 대입하여 정리하면 구하는 확률 $P_X(t)$, $P_Y(t)$는 각각

$$P_X(t)=\frac{q\alpha_Y}{p\alpha_X+q\alpha_Y}(1-e^{-(p\alpha_X+q\alpha_Y)t})$$

와

$$P_Y(t)=\frac{p\alpha_X}{p\alpha_X+q\alpha_Y}(1-e^{-(p\alpha_X+q\alpha_Y)t})$$

를 구할 수 있다.

식 (6.9)와 (6.10)의 복잡한 식을 치환하여 간단히 나타내기 위하여 **화력우위모수**(fire superiority parameter)

$$\beta = \frac{p\alpha_X}{q\alpha_Y}$$

와 **무차원 시간지수**(non-dimensional time index)로 치환하여 대입하면

$$\tau = \sqrt{pq\alpha_X\alpha_Y} \cdot t$$

식 (6.9)와 (6.10)은 각각

$$P_X(\tau) = \frac{1}{1+\beta}\left[1 - \exp\left(-\frac{\beta+1}{\sqrt{\beta}}\tau\right)\right] \qquad (6.13)$$

$$P_Y(\tau) = \frac{\beta}{1+\beta}\left[1 - \exp\left(-\frac{\beta+1}{\sqrt{\beta}}\tau\right)\right] \qquad (6.14)$$

으로 간단히 할 수 있다. 화력우위모수에 따른 식 (6.13)과 (6.14)의 그래프는 아래와 같다. 이 그래프에서 화력우위모수 $\beta = p\alpha_X/q\alpha_Y$의 중요성을 충분히 살펴볼 수 있다.

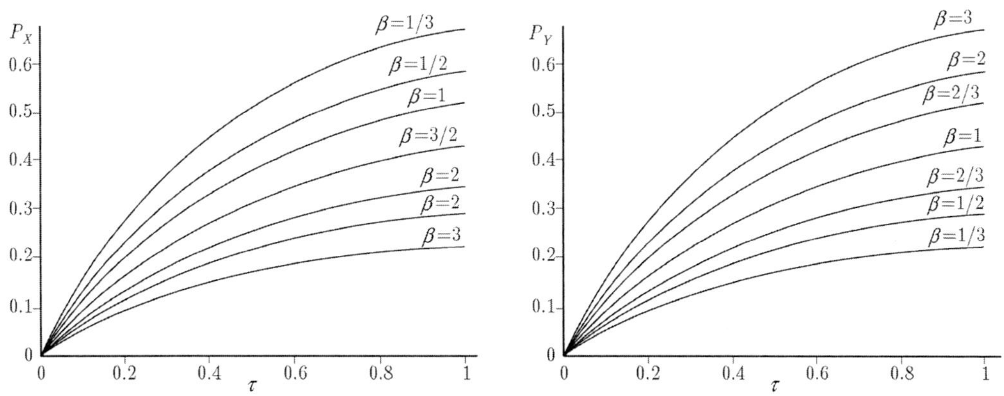

[그림 6.3] 화력우위모수에 따른 $P_X(\tau)$, $P_Y(\tau)$의 변화량

예제 6.1

각 군의 파괴확률이 $p = q$이고 $\alpha_X/\alpha_Y = 2$라고 할 때, 전투가 종결되었을 때, 즉, $\tau = \infty$일 때 각 군이 파괴될 확률을 구하여라.

풀이 $p = q$이고 $\alpha_X/\alpha_Y = 2$이기 때문에 화력우위지수 $\beta = \dfrac{p\alpha_X}{q\alpha_Y} = 2$가 된다. 따라서

$$\lim_{\tau\to\infty} P_X(\tau) = \lim \frac{1}{1+\beta}\left[1-\exp\left(-\frac{\beta+1}{\sqrt{\beta}}\tau\right)\right]$$

$$= \frac{1}{1+2} \cong 0.333$$

가 되고, 반면,

$$\lim_{\tau\to\infty} P_Y(\tau) = \lim_{\tau\to\infty} \frac{\beta}{1+\beta}\left[1-\exp\left(-\frac{\beta+1}{\sqrt{\beta}}\tau\right)\right]$$

$$= \frac{\beta}{1+\beta} = \frac{2}{1+2} \cong 0.667$$

로 계산된다.

위 예제 6.1에서 임의의 무차원 시간지수 τ에 대하여

$$\frac{P_Y(\tau)}{P_X(\tau)} = \frac{\beta/(1+\beta)}{1/(1+\beta)} = \beta = 2$$

가 되어, Y군의 무기가 파괴될 확률이 Y군의 무기에 의해 X군의 무기가 파괴될 확률보다 2배로 크다는 것을 말해준다. 한편 X군의 기습사격으로 일정시간 t_0까지 Y군이 대응사격을 하지 못하는 전투상황에서는 X군의 사상자는 발생하지 않으나 Y군의 사상자는 급속하게 증가될 것이다. 아래 그림 6.4는 위의 예제에서 Y군의 지연반응을 고려한 화력우위모수 $\beta = 2$에 따른 무차원 시간지수 τ에 대한 $P_X(\tau)$, $P_Y(\tau)$의 변화량에 대한 그래프이다.

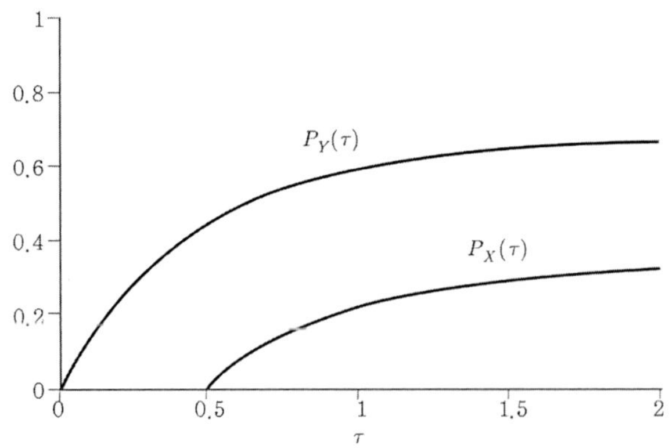

[그림 6.4] $\beta = 2$와 Y군의 지연반응 $\tau_0 = 0.5$에 따른 $P_X(\tau)$, $P_Y(\tau)$의 변화량

초기국면 $0 \le t \le t_0$에 대하여 확률 $P_X(t)$를 구할 수 있고, 이를 계산하면

$$P_X(t) = 0; \quad 0 \le t \le t_0$$

$$P_Y(t) = 1 - e^{-p\alpha_X t}; \quad 0 \le t \le t_0$$

가 된다. 위의 식을 간단히 표현하기 위하여 무차원 시간지수 $\tau = \sqrt{pq\alpha_X\alpha_Y}\, t$와 화력우위 모수 $\beta = p\alpha_X / q\alpha_Y$를 사용하고, $t > t_0$에 대한 Y군의 사격률 α_Y에 대해 다시 정리하면,

$$P_X(\tau) = 0; \quad 0 \le \tau \le \tau_0 \tag{6.16}$$

$$P_Y(\tau) = 1 - e^{-\sqrt{\beta}\,\tau}; \quad 0 \le \tau \le \tau_0 \tag{6.17}$$

로 치환된다. 여기서 $\tau_0 = \sqrt{pq\alpha_X\alpha_Y}\, t_0$이다.

정리 6.3

X군과 Y군의 파괴확률이 각각 p, q이고, 사격 비율을 각각 α_X, α_Y라 하자. 연속형 전투모델에서 기준시간 t_0에 대하여 시간 $t > t_0$에서 X군의 무기가 파괴될 확률 $P_X(t)$는 아래와 같이

$$P_X(t) = \frac{q\alpha_Y}{p\alpha_X + q\alpha_Y}\left[1 - e^{-(p\alpha_X + q\alpha_Y)(t - t_0)}\right]e^{-p\alpha_X t_0} \tag{6.18}$$

이고, Y군의 무기가 파괴될 확률 $P_Y(t)$는 다음과 같다.

$$P_Y(t) = 1 - e^{-p\alpha_X t_0} + \frac{p\alpha_X}{p\alpha_X + q\alpha_Y}\left[1 - e^{-(p\alpha_X + q\alpha_Y)(t - t_0)}\right]e^{-p\alpha_X t_0} \tag{6.19}$$

증명 $t(t \ge t_0)$에서 $S_Y(t)$를 Y군의 무기가 생존할 사건이라 하면, 시간 $t = t_0$에서

$$P(S_Y(t_0)) = 1 - P_Y(t_0) = e^{-p\alpha_X t_0}$$

가 된다. 사건 $T_X(t)$를 시간 $t(t \ge t_0)$에서 X군의 무기가 파괴될 사건이라 하자. 그러면 위의 식을 이용하여 조건부 확률을 각각 계산하면 $t \ge t_0$에 대하여

$$P_X(t) = P(T_X(t - t_0) \mid S_Y(t_0)) \times P(S_Y(t_0))$$

$$= \frac{q\alpha_Y}{p\alpha_X + q\alpha_Y}\left[1 - e^{-(p\alpha_X + q\alpha_Y)(t - t_0)}\right]e^{-p\alpha_X t_0}$$

가 된다. 한편, 시간 $t \geq t_0$에서 Y군의 무기가 파괴될 확률 $P_Y(t)$는 Y군의 파괴될 사건 T_Y에 대하여

$$P_Y(t) = P(T_Y(t_0)) + P(T_Y(t-t_0) \mid S_Y(t_0)) \times P(S_Y(t_0))$$

$$= 1 - e^{-p\alpha_X t_0} + \frac{p\alpha_X}{p\alpha_X + q\alpha_Y}\left[1 - e^{-(p\alpha_X + q\alpha_Y)(t-t_0)}\right]e^{-p\alpha_X t_0}$$

와 같이 구할 수 있다.

위 정리 6.3에서 다시 무차원 시간지수 τ와 화력우위모수 β를 사용하여 다시 정리하면 $\tau \geq \tau_0$에 대하여 각각

$$P_X(\tau) = \frac{1}{1+\beta}\left\{1 - \exp\left[-\frac{\beta+1}{\sqrt{\beta}}(\tau - \tau_0)\right]\right\}\exp(-\sqrt{\beta}\tau_0) \quad (6.20)$$

$$P_Y(\tau) = 1 - \exp(-\sqrt{\beta}\tau_0) + \quad (6.21)$$

$$\frac{\beta}{1+\beta}\left\{1 - \exp\left[-\frac{\beta+1}{\sqrt{\beta}}(\tau - \tau_0)\right]\right\}\exp(-\sqrt{\beta}\tau_0)$$

로 계산된다. 또한 τ가 무한대로 갈 때 극한값을 계산하면 다음과 같다,

$$\begin{aligned}P_Y(\tau = \infty) &= \lim_{\tau \to \infty} P_Y(\tau) \\ &= 1 - \exp(-\sqrt{\beta}\tau_0) \\ &\quad + \frac{\beta}{1+\beta}\lim_{\tau \to \infty}\left[\left\{1 - \exp\left[-\frac{\beta+1}{\sqrt{\beta}}(\tau - \tau_0)\right]\right\}\exp(-\sqrt{\beta}\tau_0)\right] \\ &= 1 - \exp(-\sqrt{\beta}\tau_0) + \frac{\beta}{1+\beta} exp(-\sqrt{\beta}\tau_0)\end{aligned}$$

그림 6.5는 무차원 시간지수 τ_0 만큼 화력우위모수 β에 따른 $P_Y(\tau = \infty)$의 지연 반응효과를 나타내는 변화량이다. 예를 들면 만약 X군의 화력우위모수가 작은 $\beta = 2/3$이면 P_Y는 $\tau_0 = 0$에서 $P_Y = 0.4$이고 $\tau_0 = 0.5$에서는 $P_Y = 0.6011$로 증가한다. 이는 어떤 임의의 전술적 근접전투에서 나타나는 중요한 놀람의 원리를 설명해준다.

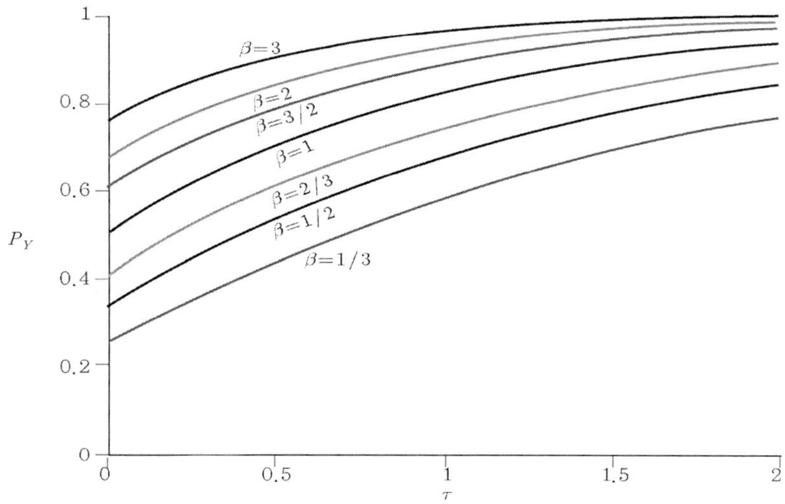

[그림 6.5] 화력우위모수 β에 따른 $P_Y(\tau=\infty)$의 지연 반응효과

6.3 연속형 직사화기 전투모델(Continuous Directed Fire Model)

앞 절까지는 두 개의 무기체계 또는 쌍방의 전투부대를 하나의 단위로 묶어 이들 사이의 순차적 전투모델과 연속형 전투모델을 중심으로 다루었다. 이 절에서는 동종의 전투부대가 각각 일정한 전투력 소모율을 가지고 쌍방이 전술적 근접전투를 수행하는 상황을 모델링하고자 한다.

특히 근접전에서 사용되는 모든 가정은 5장 2절의 정리 5.1(제곱법칙)에 의해 주어진 것과 동일하다. X군과 Y군의 최초전투력은 각각 x_0와 y_0를 보유하고 있다고 가정하고, 전투시간의 경과에 따른 전투력 $x(t)$와 $y(t)$를 확률적으로 결정하게 될 것이다. 따라서 근접전투가 개시된 후 시간 t에서 어떤 특정한 값 (x, y)의 일어날 확률은 각 군의 최초 전투력 x_0, y_0와 X군의 전투효과 소모율 $b>0$, Y군의 전투효과 소모율 $a>0$에 관한 함수로서 결정된다. 그러므로 직사화기에 관한 미분방정식형 전투모델을 다루는 방정식은

$$\frac{dx}{dt}=-ay \tag{6.22}$$

$$\frac{dy}{dt}=-bx$$

가 된다는 것을 제5장 2절의 정리5.1에서 이미 잘 알고 있다. 특히 X군의 전투효과 소모율 $b>0$는 X군의 효력사율에 의해 상대방에게 피해를 입히는 효과지수이며, 마찬가지로 Y군의 전투효과 소모율 $a>0$는 Y군의 효력사율에 의해 상대방에 피해를 입히는 Y군의 전투효과지수임을 상기하기 바란다.

여기서 x와 y는 둘 다 $x=0,1,2,\cdots,x_0$와 $y=0,1,2,\cdots,y_0$인 값을 취하는 확률변수가 되고, 사상자들은 시간의 경과에 따라 랜덤하게 발생한다고 가정한다. 이와 더불어 생존 전투 병력의 수도 확률변수가 된다. 전투력 x와 y에 대한 해는 자연수의 순서쌍 (x,y)로 구성되고 전투상황에 따라 확률로서 표현되고 그 값을 구할 수 있게 된다. 미분방정식형 전투모델과는 다르게 어떤 전투 병력이 시간 $t=t_0$에서 0이 될 때 불연속인 해가 나타나게 되지만, 확률형 전투모델에서는 $t>t_0$에서도 그 해가 존재하고 또한 제한을 두지 않기 때문에 이러한 현상이 나올 수 있다. 과연 전투력이 $x \gg y$ 또는 $y \gg x$으로 확연한 차이를 나타내는 실제 전투상황에도 확률형 전투모델이 타당한가에 대해서는 여전히 의문점이 발생한다.

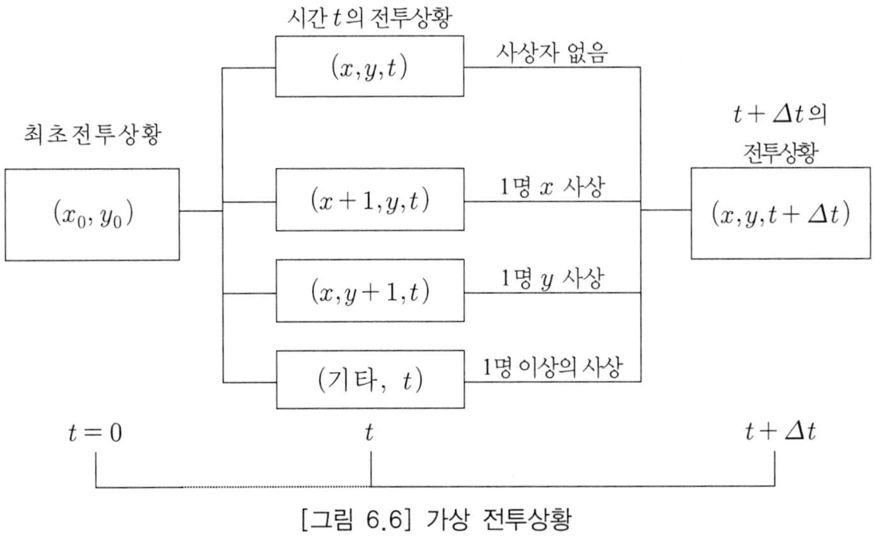

[그림 6.6] 가상 전투상황

그림 6.6에서 보는 것처럼 시간 $t+\Delta t$에서의 특정한 전투상황은 여러 가지 다양하고 서로 다른 전투상황을 유추해 보면서 진행되는 경과 과정을 살펴볼 수 있다. 또한 앞으로 진행될 시간 $t+\Delta t$에서의 전투상황은 현 시간 t에서의 전투상황에만 의존하고 과거의 결과에 대해서는 독립적으로 무관하다는 사실을 알아야한다. 이러한 확률적상황은 마르코프 확률과정론으

로 설명할 수 있고 콜모고로프(Kolmogorov) 방정식에 의해 표현할 수 있다.

다음은 식 (6.22)에서 주어진 미분방정식에서 평균변화율 $\frac{\Delta x}{\Delta t} = -ay$를 생각해보자. 즉, 이 식을 다시 정리하면 $ay\Delta t = -\Delta x$이 된다. 따라서 이 식을 분석하기 위해 확률형 전투모델에 대한 가정을 설정하자.

가정 : 확률형 기본전투모델에 대한 가정

1) $ay\Delta t = 1$이면 시간 Δt 사이에 X군에 1명의 사상자가 발생한다.
2) 만약 $ay\Delta t < 1$이면 이 곱을 시간 Δt 사이에 X군에서 사상자가 발생할 확률로 가정한다.
3) 마찬가지로 $bx\Delta t < 1$인 경우 이 곱을 Y군에서 1명의 사상자가 발생할 확률로 가정할 수 있다.

위의 확률형 기본전투모델의 가정에서 주어진 이러한 확률들은 시간 t에서 전투상황 (x,y)를 결정하는 데 사용되고, 이 확률을 $P(x,y,t)$로 표시하자.

시간 t에서 전투상황 (x,y)의 확률 $P(x,y,t)$에 대한 초기조건은

$$P(x, y, 0) = \begin{cases} 1 & x = x_0,\ y = y_0 \\ 0 & \text{기타} \end{cases} \tag{6.23}$$

으로 정의한다.

시간의 경과에 따른 전투 상황변화에 대한 확률을 예측하기 위하여, 최초 X군과 Y군은 각각 x_0와 y_0의 전투력(병력, 또는 무기)을 가지고 전투를 수행하였고, 시간 t에서 각각 (x,y)의 전투력을 유지 하고 있다고 하면 시간의 경과에 따라 다음 전투 상황은 X군이 1명 전사하거나 또는 Y군이 1명 전사하는 상황으로 전개될 것이다. 이런 전투 상황의 변화에서 손실이 X군에서 발생할 확률과 Y군에서 발생할 확률을 각각 구하여보자. 아래 그림은 사망자가 발생하는 전투시간 $t+\Delta t$에 대한 상황도이다.

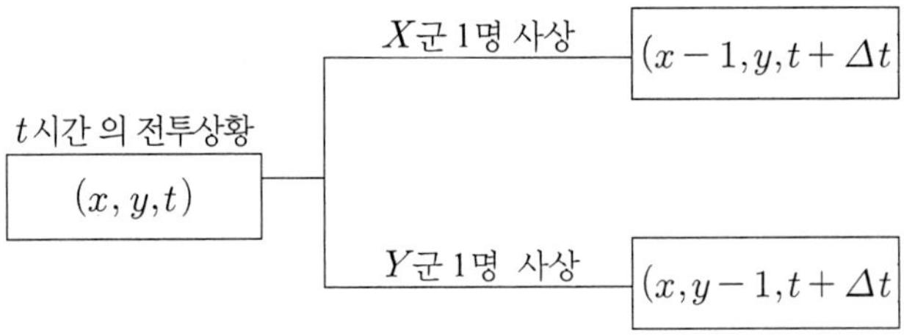

위에서 제시된 기본 전투모델의 가정에 의해 시간 t에서 전투 상황이 (x,y,t)이면 X군의 병력이 Δt 시간 동안 1명 살상될 확률은 $ay\Delta t$가 되고, 같은 이유로 Y군의 병력이 Δt 시간 동안 1명 살상될 확률은 $bx\Delta t$가 된다. 따라서 전투상황 (x,y,t)에서 X군의 1명 사상자가 발생하는 다음 전투 상황$(x-1,y,t+\Delta t)$에 대한 예측 확률은 조건부 확률로 다음과 같이 계산할 수 있다.

$$P(X\text{군 1명전사} \mid \text{전사자 1명 일어날 사건})$$

$$= \frac{P(X\text{군 1명 전사})}{P(X\text{군 1명 전사 또는 } Y\text{군 1명 전사})}$$

$$= \frac{ay\Delta t}{ay\Delta t + bx\Delta t}$$

$$= \frac{ay}{ay+bx}$$

같은 방법으로 전투상황 (x,y,t)에서 Y군의 1명 사상자가 발생하는 다음 전투 상황 $(x,y-1,t+\Delta t)$에 대한 조건부 확률은

$$P(Y\text{군 1명전사} \mid \text{전사자 1명 일어날 사건})$$

$$= \frac{bx}{ay+bx}$$

와 같다. 두 확률의 합은 1이 되며, 다음 전투 상황에서 반드시 전사자가 발생함을 의미한다.

예제 6.2

X군은 최초 $x_0 = 2$대의 전차, Y군은 최초 $y_0 = 3$대의 전차가 전투를 실시하고 있다. X군의 전투 소모율계수는 $b = 0.2$이고 Y군의 전투소모율 계수는 $a = 0.095$라고 가정하자. 시간의 경과에 의한 전투 상황별 예측 확률을 구하여라.

풀이 시간 t에서 전투 상황이 (x,y)라 하면 $t+\Delta t$시간의 다음 전투 상황은 $(x-1,y)$이거나

$(x,y-1)$이 될 것이다. 따라서 위의 식에서 전투상황이 $(x,y)\rightarrow(x-1,y)$으로 될 확률은 $\frac{ay}{bx+ay}$ 이고, $(x,y)\rightarrow(x,y-1)$이 될 확률은 $\frac{bx}{bx+ay}$ 가 된다. 이를 대입하여 단계별 전투상황에 따른 예측 확률을 구하면 다음과 같다.

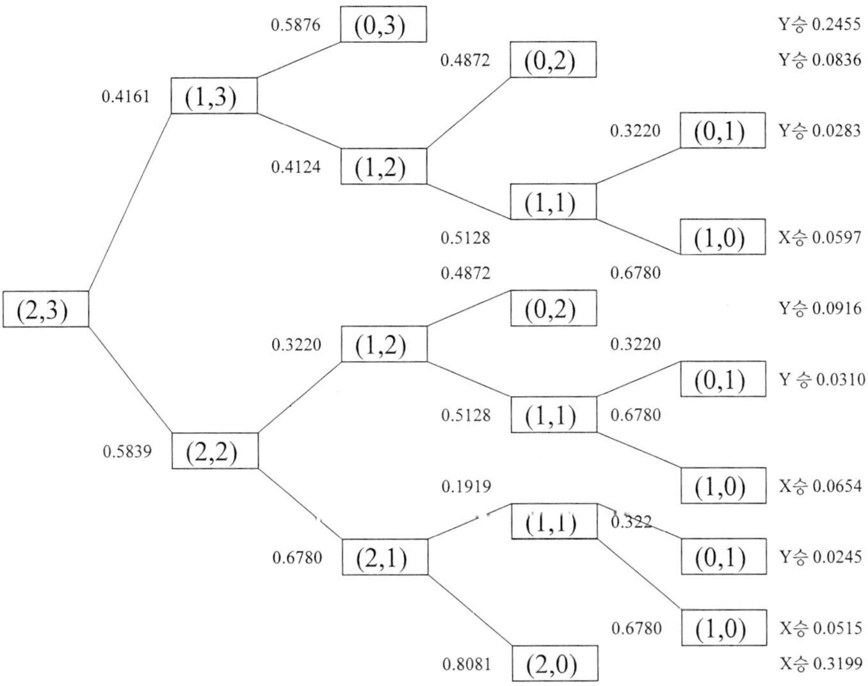

위 도표에서 계산된 확률 값을 예를 들어 계산해보면 전투상황 (1,3)에서 Y군 사상자가 1명 발생하는 (1,2)의 전투 상황의 확률은

$$\frac{bx}{bx+ay}=\frac{0.2\times 1}{0.2\times 1+0.095\times 3}=0.4124$$

이다. 한편 (2,3) →(2,2)→(2,1)→(2,0)의 전투 상황도에 따른 X군의 승리할 확률은 $0.5839\times 0.6780\times 0.8081=0.3199$가 된다.

최종적으로 이러한 전투 상황에서 각 군의 승리할 확률을 구하면

X군이 승리할 확률$=0.0597+0.0654+0.0515+0.3199=0.4965$

가 되며,

$$\text{Y 군이 승리할 확률}=0.2445+0.0836+0.0283+0.0916+0.0310+0.0245=0.5035$$

가 된다. 당연히 두 확률의 합은 1이 됨을 알 수가 있다. ■

다음은 전투시간의 경과에 따른 확률의 변화를 나타내는 미분방정식을 구하는 방법에 대해 알아보자.

정리 6.4

X군과 Y군의 최초전투력은 각각 $x(0)=x_0$와 $y(0)=y_0$이고 X군의 전투력 효과지수(소모율 상수)는 $b>0$, Y군의 전투력 효과지수는 $a>0$이라하자. 연속형 직사화기 확률형 전투모델에 대한 식 (6.22)는 시간 $t+\Delta t$에서의 확률

$$\begin{aligned} P(x,\, y,\, t+\Delta t) = &\; P(x,y,t)(1-ay\Delta t-bx\Delta t) \\ &+ P(x+1,y,t)ay\Delta t + P(x,y+1,t)bx\Delta t \end{aligned} \tag{6.24}$$

으로 주어지고, 확률형 미분방정식은

$$\begin{aligned} \frac{dP(x,y,t)}{dt} = &-P(x,y,t)(ay+bx) \\ &+ P(x+1,y,t)ay + P(x,y+1)bx \end{aligned} \tag{6.25}$$

가 된다.

증명 조건부확률의 정의로부터

$$\begin{aligned} P(x,y,t+\Delta t) = &\; P(x,y,t)P(\text{양측 사상자 없음}) \\ &+ P(x+1,y,t)P(\Delta t\text{내 } X\text{군 1명 사상}) \\ &+ P(x,y+1,t)P(\Delta t\text{내 } Y\text{군 1명 사상}) \\ &+ P(x+i,y+j,t)P(\Delta t\text{내 각군 1명이상 사상}) \end{aligned} \tag{6.26}$$

여기서 $i=2,\cdots,x_0$, $j=2,\cdots,y_0$이다. 따라서 위의 가정과 정의로부터

$$P(\text{양측 사상자 없음}) = 1-ay\Delta t-bx\Delta t$$

$$P(\Delta t\text{내 } X\text{군 1명 사상}) = ay\Delta t$$

$$P(\Delta t\text{내 } Y\text{군 1명 사상}) = bx\Delta t$$

$$P(\Delta t\text{내 각군 1명이상 사상}) = 0$$

와 같이 구할 수 있다. 따라서 이 확률 값들을 각각 식 (6.26)에 대입하여 계산하면 식 (6.24)은

$$P(x,\ y,\ t+\Delta t) = P(x,y,t)(1 - ay\Delta t - bx\Delta t)$$
$$+ P(x+1,y,t)ay\Delta t + P(x,y+1,t)bx\Delta t$$

을 얻을 수 있다. 따라서 확률함수에 대한 평균변화율은

$$\frac{P(x,\ y,\ t+\Delta t) - P(x,y,t)}{\Delta t} = -P(x,y,t)(ay+bx)$$
$$+ P(x+1,y,t)ay + P(x,y+1,t)bx$$

이다. 따라서 $\Delta t \rightarrow 0$ 에 따라

$$\lim_{\Delta t \rightarrow 0} \frac{P(x,\ y,\ t+\Delta t) - P(x,y,t)}{\Delta t} = -P(x,y,t)(ay+bx)$$
$$+ P(x+1,y,t)ay + P(x,y+1,t)bx$$

가 되어 증명은 끝난다.

여기서 제5장 2절에서 정의한 식 (5.15)에서 약간 변형하여

$$\varphi_0 = \left(\frac{x_0}{y_0}\right)\sqrt{\frac{b}{a}}$$

와 무차원 시간 종속매개변수에 관한 식 (5.16)을

$$\tau = \sqrt{ab}\,t$$

으로 정의하여 식 (6.24)를 다시 간단히 정리하여 보자. 여기서 $\Delta\tau = \sqrt{ab}\,\Delta t$ 이므로

$$ay\Delta t = ay\frac{\Delta\tau}{\sqrt{ab}} \tag{6.27}$$
$$= \sqrt{\frac{a}{b}}\,y\Delta\tau = \varphi_0^{-1}\frac{x_0}{y_0}\,y\,\Delta\tau$$

가 되고, 또한 같은 방법으로 계산하면

$$bx\Delta t = bx\,\frac{\Delta\tau}{\sqrt{ab}} \tag{6.28}$$
$$= \sqrt{\frac{b}{a}}\,x\,\Delta\tau = \varphi_0\frac{y_0}{x_0}x\Delta\tau$$

가 된다. 따라서 위의 증명에서처럼 위의 두 식을 대입하여 다시 쓰면

$$P(x,\ y,\ \tau+\Delta\tau)=P(x,y,\tau)(1-\varphi_0^{-1}\frac{x_0}{y_0}y\Delta\tau-\varphi_0\frac{y_0}{x_0}x\Delta\tau)$$
$$+P(x+1,y,\tau)\varphi_0^{-1}\frac{x_0}{y_0}y\Delta\tau+P(x,y+1,\tau)\varphi_0\frac{y_0}{x_0}x\Delta\tau \tag{6.29}$$

가 되고, 이 식을 다시 $\Delta\tau$에 대한 평균변화율로 고쳐 쓰면

$$\frac{P(x,y,\tau+\Delta\tau)-P(x,y,\tau)}{\Delta\tau}=-P(x,y,\tau)(\varphi_0^{-1}\frac{x_0}{y_0}y+\varphi_0\frac{y_0}{x_0}x)$$
$$+P(x+1,y,\tau)\varphi_0^{-1}\frac{x_0}{y_0}y+P(x,y+1,\tau)\varphi_0\frac{y_0}{x_0}x \tag{6.30}$$

가 되며, 극한 $\Delta\tau\to 0$을 취하면

$$\frac{dP(x,y,\tau)}{d\tau}=\lim_{\Delta\tau\to 0}\frac{P(x,\ y,\ \tau+\Delta\tau)-P(x,y,\tau)}{\Delta\tau} \tag{6.31}$$
$$=-P(x,y,\tau)(\varphi_0^{-1}\frac{x_0}{y_0}y+\varphi_0\frac{y_0}{x_0}x)$$
$$+P(x+1,y,\tau)\varphi_0^{-1}\frac{x_0}{y_0}y+P(x,y+1,\tau)\varphi_0\frac{y_0}{x_0}x$$

이 된다. 이 방정식을 직사화기 모델의 확률형 전투상황 (x,y)에 대한 **콜모고로프 미분방정식**(Kolmogorov differential equation)이라 한다.

지금부터는 식 (6.31)의 해를 전투상황별로 적절한 조건을 부여하여 구하여 보자. 제한조건을 $ay\Delta t<1$과 $bx\Delta t<1$으로 하면 $x=x_0$와 $y=y_0$일 때 식 (6.28)과 식 (6.29)으로부터

$$ay\Delta t=\varphi_0^{-1}\frac{x_0}{y_0}\,y\,\Delta\tau<1,\quad bx\Delta t=\varphi_0\frac{y_0}{x_0}x\Delta\tau<1$$

관계를 얻을 수 있으므로 각각

$$\Delta\tau<\frac{\varphi_0}{x_0}\ \text{와}\ \Delta\tau<\frac{\varphi_0^{-1}}{y_0} \tag{6.32}$$

인 관계식을 얻을 수 있다.

식 (6.29)는 경계조건 $x=0$와 $y=0$가 아닐 때 성립한다. 이 경우는 양측이 모두 전멸하여 더 이상 전투를 수행할 수 없는 상황이다. 따라서 이 경우를 제외한 경계조건에서 해를 구하여 보자.

(i) $x = x_0$와 $y = y_0$인 경우(사상자가 없는 경우)

$P(x_0 + 1,\ y_0,\ \tau) = P(x_0,\ y_0 + 1,\ \tau) = 0$ 가 되어 식 (6.29)는

$$P(x_0,\ y_0,\ \tau + \Delta\tau) = P(x_0, y_0, \tau)(1 - \varphi_0^{-1}\frac{x_0}{y_0}y_0\Delta\tau - \varphi_0\frac{y_0}{x_0}x_0\Delta\tau) \tag{6.33}$$

가 된다.

(ii) $0 < x < x_0$이고 $y = y_0$인 경우(X군의 사상자 발생, Y군 사상자 없음)

$$P(x,\ y_0,\ \tau + \Delta\tau) = P(x, y_0, \tau)(1 - \varphi_0^{-1}x_0\Delta\tau - \varphi_0\frac{y_0}{x_0}x\Delta\tau) \tag{6.34}$$

$$+ P(x+1, y_0, \tau)\varphi_0^{-1}x_0\Delta\tau$$

으로 계산된다.

(iii) $x = x_0$이고 $0 < y < y_0$인 경우(X군은 사상자 없고, Y군은 사상자 발생)

$$P(x_0,\ y,\ \tau + \Delta\tau) = P(x_0, y, \tau)(1 - \varphi_0^{-1}\frac{x_0}{y_0}y\Delta\tau - \varphi_0 y_0\Delta\tau) \tag{6.35}$$

$$+ P(x_0, y+1, \tau)\varphi_0\, y_0\Delta\tau$$

가 된다.

한편, 경계조건이 $x = 0,\ y = 0$인 경우는 조건부확률에 관한 식 (6.26)을 변형해야 한다.

(iv) $x = 0$이고 $0 < y \leq y_0$인 경우(X군 전멸, Y군 사상자 발생)

이 경우 식 (6.29)는 다음과 같이 변형하여 식 (6.32)를 대입하여 계산하면 된다.

$$\begin{aligned} P(0, y, \tau + \Delta\tau) = &\ P(0, y, \tau)P(\text{양측 사상자 없음}) \\ &+ P(1, y, \tau)P(\Delta\tau\text{내 } X\text{군 1명 사상}) \\ &+ P(0, y+1, \tau)P(\Delta\tau\text{내 } Y\text{군 1명 사상}) \end{aligned}$$

따라서 $x = 0$인 경우 식 (6.32)로부터 확률 $P(\text{양측 사상자 없음}) = 1$과 $P(\Delta\tau\text{내 } Y\text{군 1명 사상}) = 0$을 쉽게 구할 수 있다. 따라서 이 경우

$$P(0, y_0,\ \tau + \Delta\tau) = P(0, y_0, \tau) \times 1 + P(1, y, \tau)\varphi_0^{-1}\frac{x_0}{y_0}y\Delta\tau \tag{6.36}$$

를 구할 수 있다.

(v) $0 < x \leq x_0$이고 $y = 0$인 경우(X군 사상자 발생, Y군 전멸)

(iv)에서처럼 확률 P(양측 사상자 없음)$=1$과 $P(\Delta\tau$내 X군 1명 사상$)=0$임을 알 수 있다. 따라서 같은 방법으로 구하면

$$P(x,\ 0,\ \tau+\Delta\tau) = P(x,0,\tau) + P(x,1,\tau)\varphi_0 \frac{y_0}{x_0} x\,\Delta\tau \tag{6.37}$$

이 됨을 알 수 있다.

(vi) 마지막으로 $x = 0$와 $y = 0$인 경우(양측 모두 전멸)

전투가 더 이상 지속될 수 없는 상황으로 다음과 같다.

$$P(0,0,\tau) = 0 \tag{6.38}$$

지금까지 식 (6.29)에 대한 확률방정식의 해의 존재 영역을 전투상황도에 도식하면 다음과 같다. 위에서 구한 식 (6.29)와 (i)에서 (vi)까지 도식하면 다음과 같다.

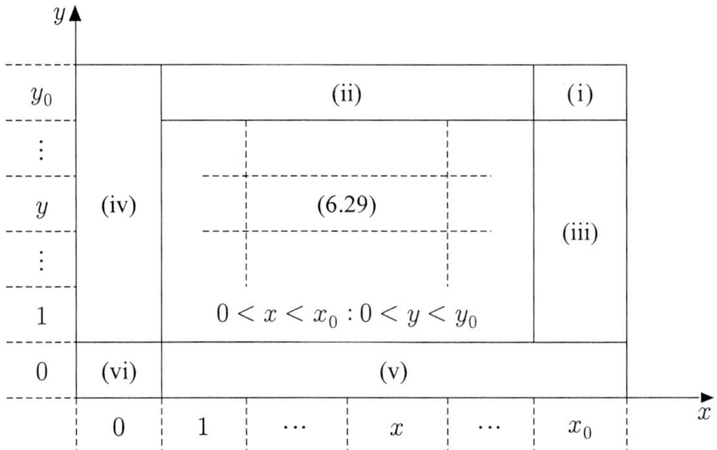

[그림 6.7] 전투상황도 : 확률방정식의 해의 존재영역

좀 더 구체적으로 이 방정식들에 대한 해를 수치적으로 구하기 위해서는 φ_0, x_0, y_0와 $\Delta\tau$ 값들이 주어져야 한다. 해는 전 단계에서 구한 새 확률 P값과 $\Delta\tau$로부터 구할 수 있다.

확률 $P(x,y,t)$의 계산으로부터 얻어진 수치적 값에 대한 체크는

$$\sum_{x=0}^{x_0}\sum_{y=0}^{y_0} P(x,y,t) = 1$$

을 이용하면 된다. 왜냐하면 확률 $P(x,y,t)$는 모든 상황에 대한 확률분포를 나타내고 당연히 모두 더하면 1이 되기 때문이다. 한편 각 확률변수 x, y에 대한 기댓값은

$$E(x) = \sum_{x=0}^{x_0} \sum_{y=0}^{y_0} xP(x,y,t)$$

이고

$$E(y) = \sum_{x=0}^{x_0} \sum_{y=0}^{y_0} yP(x,y,t)$$

가 된다. 기댓값 $E(x)$와 $E(y)$과 미분방정식형 전투모델의 결과들과 서로 비교해보는 것도 무척 흥미로운 일이다.

비록 기댓값 $E(x)$, $x(\tau)$와 $E(y)$, $y(\tau)$는 무차원 시간종속변수 τ가 작은값에 대해서는 매우 훌륭하게 일치하지만 아래 도표 6.1에서 보는 것처럼 큰 τ값에 대해서는 많은 오차가 발생한다. 즉 이는 해의 근본적 성질에서 찾아 볼 수 있다. 기댓값 $E(x)$와 $E(y)$는 시간 $\tau = 0$에 $\tau = \tau_0$따라 점근적으로 감소하고 $y(\tau)$는 0으로 줄어든다. 그러므로 미분방정식형 전투모델과 대응되는 확률적 기댓값과는 같지 않다.

〈표 6.1〉 $\varphi_0 = 1.5$, $x_0 = 20$, $y_0 = 20$에 대한 미방형과 확률형 전투모델

τ	$E(x)$	$x(\tau)$	$E(y)$	$y(\tau)$
0	20.00	20.00	20.00	20.00
0.05	19.35	19.36	18.52	18.52
0.25	17.24	17.26	13.03	13.05
0.50	15.56	15.60	6.94	6.92
0.75	14.80	14.93	2.62	1.22
1.00	14.72	14.91	2.04	0

예제 6.3

X군은 최초 $x_0 = 2$대의 전차, Y군은 최초 $y_0 = 3$대의 전차가 전투를 실시하고 있다. X

군의 전투 소모율계수는 $b=0.2$이고 Y군의 전투소모율 계수는 $a=0.095$라고 가정하자. 전투개시 후 임의의 시간 t에서 전투 상황 (x,y)의 확률을 $P(x,y,t)$라고 할 때, 전투가 $(2,3)\rightarrow(2,2)\rightarrow(2,1)\rightarrow(2,0)$으로 전개되는 확률 방정식을 구하여라.

풀이 시간의 경과에 따른 확률 방정식을 구하기 위해 먼저 경계조건들을 생각해보자. 우선,개전초의 전투 상황 $P(x_0,y_0,0)=P(2,3,0)=1$임을 알 수 있고, 그리고 전투 개시 전의 전투 병력보다 많은 경우로 $P(x_0+1,y_0,t)=P(x_0,y_o+1,t)=0$이다. 그러면 각 전투 상황별 확률 방정식을 정리 6.4의 식 (6.25)

$$\frac{dP(x,y,t)}{dt}=-P(x,y,t)(ay+bx)$$

$$+P(x+1,y,t)ay+P(x,y+1)bx$$

을 적용해 해를 구하면 된다.

a) $P(2,3,t)$: 초기경계조건 $P(3,3,t)=P(2,4,t)=0$임을 고려하여 미분방정식을 구하면,

$$P'(2,3,t)=-P(2,3,t)(0.685)+P(3,3,t)\times 0.285+P(2,4,t)\times 0.4$$

$$=-0.685P(2,3,t)$$

이 되고, 이 1계 선형미분방정식의 해를 구하면

$$P(2,3,t)=Ce^{-0.685t}$$

가 된다. 초기조건 $P(2,3,0)=1$임을 고려하여 상수 C를 구하면

$$P(2,3,t)=e^{-0.685t}$$

가 됨을 알 수 있다.

b) $P(2,2,t)$: 초기경계조건은 $P(2,2,0)=0$, $P(3,2,t)=0$을 염두에 두고, 미분방정식을 구하면

$$P'(2,2,t)=-0.59P(2,2,t)+0.19P(3,2,t)+0.4P(2,3,t)$$

$$=-0.59P(2,2,t)+0.4P(2,3,t)$$

$$=-0.59P(2,2,t)+0.4e^{-0.685t}$$

이 미분 방정식을 풀고 초기조건 $P(2,2,0)=0$을 대입하여 계산하면 다음과 같다.

$$P(2,2,t)=Ce^{-0.59t}+0.4e^{-0.59t}\int e^{0.59t}e^{-0.685t}dt$$

$$=Ce^{-0.59t}-4.2105e^{-0.685t}$$

$$=4.2105(e^{-0.59t}-e^{-0.685t})$$

c) $P(2,1,t)$:초기경계조건 $P(2,1,0)=0$, $P(3,1,t)=0$을 고려하여 미분방정식을 구하면

$$P'(2,1,t) = -P(2,1,t)\times 0.495 + P(3,1,t)\times 0.095 + P(2,2,t)\times 0.4$$
$$= -0.495P(2,1,t) + 0.4P(2,2,t)$$
$$= -0.495P(2,1,t) + 0.4\times 4.2105\,(e^{-0.59t} - e^{-0.685t})$$
$$= -0.495P(2,1,t) + 1.6842\,(e^{-0.59t} - e^{-0.685t})$$

이 된다. 여기서 구한 미분방정식에서 초기조건 $P(2,1,0)=0$을 대입하여 해를 구하면,

$$P(2,1,t) = Ce^{-0.495t} + e^{-0.495t}\int 1.6842e^{0.495t}(e^{-0.59t} - e^{-0.685t})dt$$
$$= Ce^{-0.495t} - 17.7284e^{0.59t} + 8.8642e^{0.685t}$$

가 되고 $P(2,1,0)=0$를 대입하여 C를 구하면 $C=8.8642$이다. 따라서

$$P(2,1,t) = 8.8642e^{-0.495t} - 17.7284e^{-0.59t} + 8.8642e^{-0.685t}$$

가 된다.

d) $P(2,0,t)$: 마지막으로 X군이 최종 승리하는 전투로 초기경계조건 $P(2,0,0)=0$이다. 동일한 초기조건들을 고려하면 $P(2,0,t)=0$, $P(3,0,t)=0$이다. 따라서 방정식은

$$P'(2,0,t) = -0.4P(2,1,t)$$
$$= -0.4(8.8642e^{-0.495t} - 17.7284e^{-0.59t} + 8.8642e^{-0.685t})$$
$$= -3.5457e^{-0.495t} + 7.0914e^{-0.59t} - 3.5457\,e^{-0.685t}$$

이 된다. 이를 적분하여 계산하고 초기조건 $P(2,0,0)=0$을 대입하여 상수 $C=0.3199$를 구하면

$$P(2,0,t) = -7.163\,e^{-0.495t} + 12.0193e^{-0.59t} - 5.1762e^{-0.685t} + C$$
$$= -7.163\,e^{-0.495t} + 12.0193e^{-0.59t} - 5.1762e^{-0.685t} + 0.3199$$

여기서 최종 전투단계에서 $t\to\infty$ 로 갈 때 X군의 승리할 확률은 0.3199가 되어 위 예제 6.2에서 구한 값과 정확히 일치함을 알 수 있다.

다음은 정리 6.4로부터 직접 유추할 수 있는 것으로 전투상황에 따른 예상 평균 전투시간에 대한 예측이다. 즉 시간 t에서의 전투 상황이 (x,y,t) 일 때 시간 $t+\Delta t$까지 전투력 손실이 일어나지 않을 확률을 구하면 식 (6,24)로부터

$$P(x,\, y,\, t+\Delta t) = P(x,y,t)(1 - ay\Delta t - bx\Delta t)$$
$$+ P(x+1,y,t)ay\Delta t + P(x,y+1,t)bx\Delta t$$

에서 전투력 손실이 발생하지 않았기 때문에 $P(x+1\,,y,t)\,ay\,\Delta t = 0$, $P(x,y+1\,,t)\,bx\,\Delta t = 0$ 이 된다. 따라서 위의 식을 다시 쓰면

$$P(x,\ y,\ t+\Delta t) = P(x,y,t)(1-ay\Delta t - bx\Delta t)$$

가 되고

$$\frac{P(x,y,t+\Delta t)-P(x,y,t)}{\Delta t} = -(ay+bx)P(x,y,t)$$

를 유도할 수 있고, $\Delta t \rightarrow 0$으로 감에 따라 미분방정식

$$P'(x,y,t) = -(ay+bx)P(x,y,t)$$

을 구할 수 있다. 초기 조건을 대입하여 미분방정식의 해를 구하면

$$P(x,y,t) = e^{-(ay+bx)t}$$

가 된다.

그러면 시간 t의 전투 교전 상황에서 병력 손실이 발생할 확률을 $Q(x,y,t)$라 하면

$$1-P(x,y,t) = 1-e^{-(ay+bx)t} = Q(x,y,t)$$

가 된다.

그러면 각 군의 전투 상황 (x,y)이 지속될 예상평균시간 $\bar{t}$를 유도해보자. 즉 전투 상황 (x,y)에서 X군이 1명 전사하여 $(x-1,y)$로 변화되는 시간, 또는 Y군이 1명 전사하여 $(x,y-1)$로 변화되는 시간을 의미한다. 따라서 평균시간 $\bar{t}$를 구하면 지수분포의 평균으로 다음과 같다.

$$\begin{aligned}\bar{t} &= \int_0^\infty t\frac{dQ(x,y,t)}{dt}dt \\ &= \int_0^\infty (ay+bx)te^{-(ay+bx)t}dt \\ &= \frac{1}{(ay+bx)}\end{aligned}$$

예제 6.5

X군은 최초 $x_0 = 2$대의 전차, Y군은 최초 $y_0 = 3$대의 전차가 전투를 실시하고 있다. X군의 전투 소모율계수는 $b = 0.2$이고 Y군의 전투소모율 계수는 $a = 0.095$라고 가정하자. 시간의 경과에 의한 전투 상황별 예상 평균전투시간 $\bar{t}$을 구하여라.

풀이 시간 t에서 전투 상황이 (x,y)라 하면 다음 전투 상황은 $(x-1,y)$이거나 $(x,y-1)$이 될 것

이다. 따라서 위의 식으로부터 전투상황이 $(x,y) \to (x-1,y)$ 또는, $(x,y) \to (x,y-1)$이 될 예상시간은 $\bar{t} = \dfrac{1}{bx+ay}$가 된다. 이식에 대입하여 단계별 전투상황에 따른 예상 평균시간을 구하면 다음과 같다.

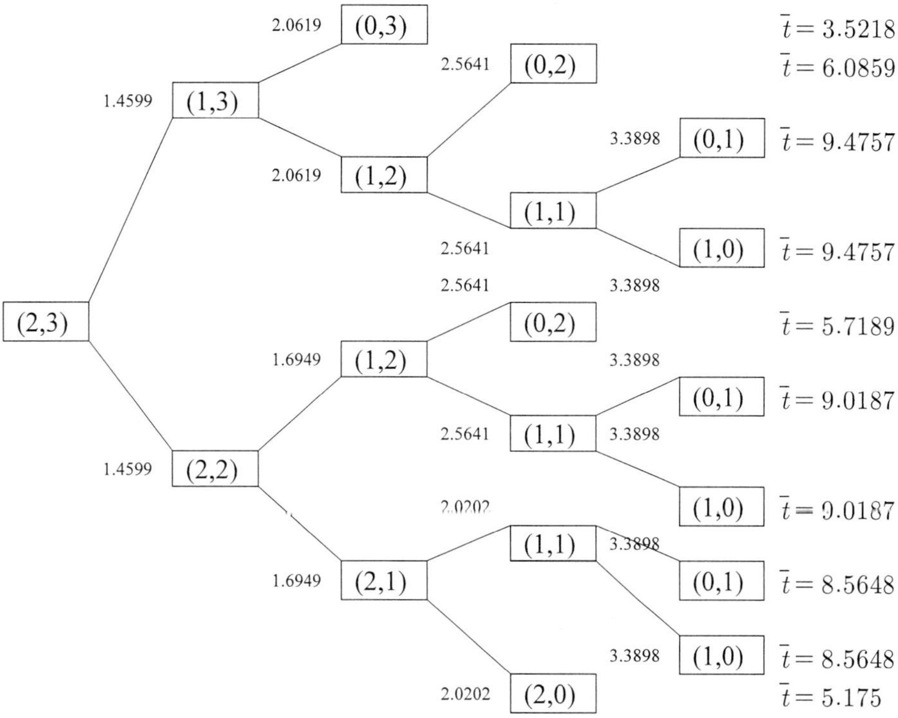

위 도표에서 계산된 예상 평균 시간 $\bar{t}$를 예를 들어 계산해보면 전투상황 (1,3)에서 Y군 사상자가 1명 발생하는 (1,2)의 전투 상황의 예상 평균시간은

$$\bar{t} = \frac{1}{bx+ay} = \frac{1}{0.2 \times 1 + 0.095 \times 3} = 2.0619$$

이다. 한편 (2,3)→(2,2)→(2,1)→(2,0)의 전투 상황도에 따른 X군의 승리할 때까지 전투가 지속될 예상시간은 도표로부터

$$\bar{t} = 1.4599 + 1.6949 + 2.0202 = 5.175$$

가 된다.

6.4 연속형 지역사격 전투모델(Continuous Area Fire Model)

제5장 3절의 식 (5.29)을 전투력 효과지수를 적용하여 다시 쓰면 주어진 지역사격 전투모델에 대한 미분방정식은

$$\frac{dx}{dt} = -a\frac{xy}{x_0} \tag{6.39}$$

$$\frac{dy}{dt} = -b\frac{xy}{y_0}$$

가 된다. 여기서 양의 상수 b, a는 마찬가지로 각각 X군과 Y군의 전투력 효과지수(소모율 상수)이고, 각 군의 최초전투력을 각각 $x_0 = x(0)$, $y_0 = y(0)$라고 하자. 그리고 각 진영에서 작전상 비전투적 손실과 재투입 전투력은 없다고 가정한다.

식 (6.39)을 해석하기 위해 앞 절에서 정의한 $\varphi_0 = (x_0/y_0)\sqrt{b/a}$와 무차원 시간매개변수 $\tau = \sqrt{ab}\,t$를 이용하여 유한 차분식으로 다시 쓰면

$$\Delta x = -a\frac{xy}{x_0}\Delta t = -\varphi_0^{-1}\frac{xy}{y_0}\Delta\tau \tag{6.40}$$

$$\Delta y = -b\frac{xy}{y_0}\Delta t = -\varphi_0\frac{xy}{x_0}\Delta\tau \tag{6.41}$$

와 같이 다시 정리할 수 있다. 여기서 충분히 작은 Δt 또는 $\Delta\tau$에 대하여 $\Delta x \le 1$과 $\Delta y \le 1$는 X군 또는 Y군에서 1명의 사상자가 발생할 확률로 가정할 수 있다.

앞 절의 직사화기 모델처럼 시간 t에서 전투상황 (x,y)의 확률 $P(x,y,t)$에 대한 초기조건을

$$P(x,y,0) = \begin{cases} 1 & x = x_0,\ y = y_0 \\ 0 & \text{기타} \end{cases} \tag{6.42}$$

으로 정의한다.

정리 6.5

X군과 Y군의 최초전투력은 각각 x_0와 y_0이며, X군의 전투력 효과지수(소모율 상수)는 $b > 0$, Y군의 전투력 효과지수 $a > 0$일 때, 연속형 지역사격 전투모델에 대한 식 (6.39)의 시간 $t + \Delta t$에서 확률

$$P(x,\ y,\ t+\Delta t) = P(x,y,t)(1 - a\frac{xy}{x_0}\Delta t - b\frac{xy}{y_0}\Delta t) \tag{6.43}$$

$$+ P(x+1,y,t)a\frac{xy}{x_0}\Delta t + P(x,y+1,t)b\frac{xy}{y_0}\Delta t$$

으로 주어지고, 확률형 미분방정식은

$$\frac{dP(x,y,t)}{dt} = -P(x,y,t)(a\frac{xy}{x_0} + b\frac{xy}{y_0}) \tag{6.44}$$

$$+ P(x+1,\ y,\ t)\,a\frac{x\,y}{x_0} + P(x,y+1)\,b\frac{x\,y}{y_0}$$

가 된다.

증명 직사화기 전투모델에서처럼 조건부확률의 정의를 이용하면

$$P(x,\ y,\ t+\Delta t) = P(x,\ y,\ t)P(\text{양측 사상자 없음}) \tag{6.45}$$

$$+ P(x+1,\ y,\ t)P(\Delta t\text{내 } X\text{군 1명 사상})$$

$$+ P(x,\ y+1,\ t)P(\Delta t\text{내 } Y\text{군 1명 사상})$$

$$+ P(x+i, y+j, t)P(\Delta t\text{내 각군 1명이상 사상})$$

마찬가지로 여기서 $i = 2, \cdots, x_0,\ \ j = 2, \cdots, y_0$이다. 따라서 위의 가정과 정의로부터

$$P(\text{양측 사상자 없음}) = 1 - a\frac{xy}{x_0}\Delta t - b\frac{xy}{y_0}\Delta t$$

$$P(\Delta t\text{내 } X\text{군 1명 사상}) = a\frac{xy}{x_0}\Delta t$$

$$P(\Delta t\text{내 } Y\text{군 1명 사상}) = b\frac{xy}{y_0}\Delta t$$

$$P(\Delta t\text{내 각군 1명 이상사상}) = 0$$

이 된다. 이 식들을 식 (6.45)에 대입하여 다시 정리하면 식 (6.43)인

$$P(x,\ y,\ t+\Delta t) = P(x,y,t)(1 - a\frac{xy}{x_0}\Delta t - b\frac{xy}{y_0}\Delta t)$$

$$+ P(x+1,y,t)a\frac{xy}{x_0}\Delta t + P(x,y+1,t)b\frac{xy}{y_0}\Delta t$$

를 구할 수 있다. 따라서 확률함수에 대한 평균변화율은

$$\frac{P(x,\ y,\ t+\Delta t)-P(x,y,t)}{\Delta t}= -P(x,y,t)(\frac{axy}{x_0}+\frac{bxy}{y_0})$$

$$+P(x+1,y,t)\frac{axy}{x_0}+P(x,y+1,t)\frac{bxy}{y_0}$$

이다. 따라서 $\Delta t \rightarrow 0$에 따라 구하는 확률형 미분방정식은

$$\frac{dP(x,y,t)}{dt}=\lim_{\Delta t\rightarrow 0}\frac{P(x,\ y,\ t+\Delta t)-P(x,y,t)}{\Delta t}$$

$$=-P(x,y,t)(\frac{axy}{x_0}+\frac{bxy}{y_0})$$

$$+P(x+1,y,t)\frac{axy}{x_0}+P(x,y+1,t)\frac{bxy}{y_0}$$

가 되어 증명은 끝난다.

무차원 매개변수 $\varphi_0=(x_0/y_0)\sqrt{b/a}$ 와 $\tau=\sqrt{ab}\,t$를 이용한 식 (6.40)과 (6.41)을 사용하여 식 (6.44)를 다시 쓰면 직사화기 모델처럼

$$P(x,\ y,\ \tau+\Delta\tau)= P(x,y,\tau)(1-\varphi_0^{-1}\frac{xy}{y_0}\Delta\tau-\varphi_0\frac{xy}{x_0}\Delta\tau) \tag{6.46}$$

$$+P(x+1,y,\tau)\varphi_0^{-1}\frac{xy}{y_0}\Delta\tau+P(x,y+1,\tau)\varphi_0\frac{xy}{x_0}\Delta\tau$$

가 되고, 이 식을 다시 $\Delta\tau$에 대한 평균변화율로 고쳐 쓰면

$$\frac{P(x,\ y,\ \tau+\Delta\tau)-P(x,y,\tau)}{\Delta\tau}= -P(x,y,\tau)(\varphi_0^{-1}\frac{x_0}{y_0}y+\varphi_0\frac{y_0}{x_0}x) \tag{6.47}$$

$$+P(x+1,y,\tau)\varphi_0^{-1}\frac{x_0}{y_0}y+P(x,y+1,\tau)\varphi_0\frac{y_0}{x_0}x$$

가 되며, 극한 $\Delta\tau\rightarrow 0$을 취하면

$$\frac{dP(x,y,\tau)}{d\tau}=\lim_{\Delta\tau\rightarrow 0}\frac{P(x,\ y,\ \tau+\Delta\tau)-P(x,y,\tau)}{\Delta\tau} \tag{6.48}$$

$$=-P(x,y,\tau)(\frac{\varphi_0^{-1}}{y_0}+\frac{\varphi_0}{x_0})xy$$

$$+P(x+1,y,\tau)\varphi_0^{-1}\frac{xy}{y_0}+P(x,y+1,\tau)\varphi_0\frac{xy}{x_0}$$

가 된다. 식 (6.48)을 확률형 지역사격 전투모델의 전투상황(x,y)에 대한 **콜모고로프 미분 방정식**(Kolmogorov differential equation)이라 한다.

여기서도 직사화기 모델에서처럼 전투상황별로 적절한 경계조건을 부여하여 식 (6.46)의 해를 구하여 보자. $x=0$와 $y=0$인 경계조건은 양측이 모두 전멸하여 더 이상 전투를 수행할 수 없는 상황이다. 따라서 이 경우를 제외한 경계조건에서 해를 구하여 보자.

(i) $x=x_0$와 $y=y_0$인 경우(사상자가 없는 경우)

$$P(x_0+1,\ y_0,\ \tau)=P(x_0,\ y_0+1,\ \tau)=0$$

가 되어 식 (6.46)는

$$P(x_0,\ y_0,\ \tau+\Delta\tau)=\ P(x_0,y_0,\tau)(1-\varphi_0^{-1}x_0\Delta\tau-\varphi_0 y_0\Delta\tau) \tag{6.49}$$

가 된다.

(ii) $0<x<x_0$이고 $y=y_0$인 경우(X군의 사상자 발생, Y군 사상자 없음)

$$P(x,\ y_0,\ \tau+\Delta\tau)=\ P(x,y_0,\tau)(1-\varphi_0^{-1}x\Delta\tau-\varphi_0\frac{x\,y_0}{x_0}\Delta\tau) \tag{6.50}$$

$$+P(x+1,y_0,\tau)\varphi_0^{-1}(x+1)\Delta\tau$$

으로 계산된다.

(iii) $x=x_0$이고 $0<y<y_0$인 경우(X군 사상자 없음, Y군 사상자 발생)

$$P(x_0,\ y,\ \tau+\Delta\tau)=\ P(x_0,y,\tau)(1-\varphi_0^{-1}\frac{x_0}{y_0}y\Delta\tau-\varphi_0 y\Delta\tau) \tag{6.51}$$

$$+P(x_0,y+1,\tau)\varphi_0(y+1)\Delta\tau$$

가 된다.

한편 경계조건이 $x=0$과 $y=0$인 경우는 기본형 조건부확률에 대한 식 (6.45)을 변형해야 한다.

(iv) $x=0$이고 $0<y\leqq y_0$인 경우(X군 전멸, Y군 사상자 발생)

이 경우 식 (6.45)는 다음과 같이 변형하여 식 (6.40)과 (6.41)의 가정한 확률 값을 대입하여 계산하면 된다.

$$P(0, y, \tau + \Delta\tau) = P(0, y, \tau)P(\text{양측 사상자 없음})$$
$$+ P(1, y, \tau)P(\Delta\tau\text{내 } X\text{군 1명 사상})$$
$$+ P(0, y+1, \tau)P(\Delta\tau\text{내 } Y\text{군 1명 사상}$$

따라서 $x = 0$인 경우 식 (6.40)로부터 확률 $P(\text{양측 사상자 없음}) = 1$과 $P(\Delta\tau\text{내 } Y\text{군 1명 사상}) = 0$을 쉽게 구할 수 있다. 따라서 이 경우

$$P(0,\ y_0,\ \tau + \Delta\tau) = P(0, y_0, \tau) \times 1 + P(1, y, \tau)\varphi_0^{-1}\frac{y}{y_0}\Delta\tau \tag{6.52}$$

를 구할 수 있다.

(v) $0 < x \le x_0$이고 $y = 0$인 경우(X군 사상자 발생, Y군 전멸)

(iv)에서처럼 확률 $P(\text{양측 사상자 없음}) = 1$과 $P(\Delta\tau\text{내 } X\text{군 1명 사상}) = 0$임을 알 수 있다. 따라서 같은 방법으로 구하면

$$P(x,\ 0,\ \tau + \Delta\tau) = P(x, 0, \tau) + P(x, 1, \tau)\varphi_0\frac{x}{x_0}\Delta\tau \tag{6.53}$$

이 됨을 알 수 있다.

(vi) 마지막으로 $x = 0$와 $y = 0$인 경우(양측 모두 전멸)

전투가 더 이상 지속될 수 없는 상황으로 다음과 같다.

$$P(0, 0, \tau) = 0 \tag{6.54}$$

지금까지 식 (6.46)에 대한 확률방정식의 해의 존재 영역을 전투상황도에 도식하면 다음과 같다. 위에서 구한 식 (6.46)과 (i)에서 (vi)까지 도식하면 다음과 같다.

좀 더 구체적으로 이 방정식에 대한 해를 수치적으로 구하기 위해서는 φ_0, x_0, y_0와 $\Delta\tau$ 값들이 주어져야 한다. 해는 전 단계로부터 새로운 확률 P값과 $\Delta\tau$로부터 구할 수 있다.

여기서도 기댓값 $E(x)$와 $E(y)$과 미분방정식형 지역사격 전투모델의 결과를 서로 비교해 보자. 아래 도표 6.2에서 보는 것처럼 $\varphi_0 = 1.5,\ x_0 = 20,\ y_0 = 20$일 경우 $E(x),\ x(\tau)$와 $E(y),\ y(\tau)$를 비교한 것으로 직사화기 모델과는 다르게 기댓값 $E(x),\ x(\tau)$와 $E(y),\ y(\tau)$는 매우 훌륭하게 일치하는 것을 알 수 있다. 즉 이는 해의 근본적 성질에서 찾아 볼 수 있다. 기댓값 $E(x)$와 $E(y)$는 시간 $\tau = 0$에 적절히 커짐에 따라 0으로 수렴한다. 그러므로 미분방정식형 전투모델과 대응되는 확률변수에 기댓값과는 상당히 일치한다.

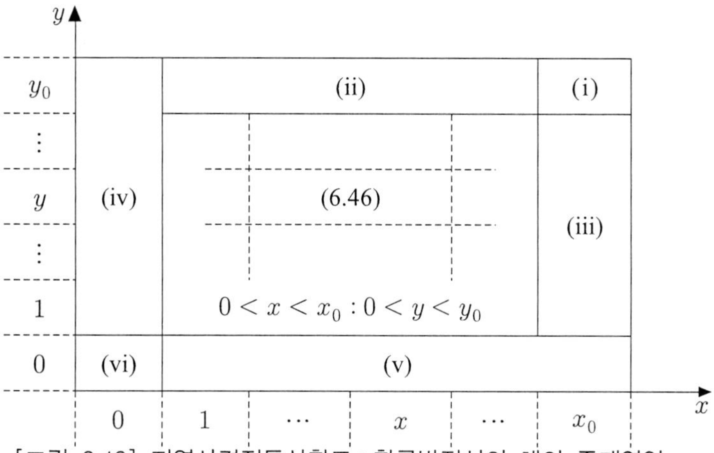

[그림 6.12] 지역사격전투상황도 : 확률방정식의 해의 존재영역

〈표 6.2〉 $\varphi_0 = 1.5,\ x_0 = 20,\ y_0 = 20$에 대한 미방형과 확률형 전투모델

τ	$E(x)$	$x(\tau)$	$E(y)$	$y(\tau)$
0	20.00	20.00	20.00	20.00
0.05	19.36	19.37	18.56	18.58
0.25	17.37	17.38	14.08	14.12
0.50	15.70	15.72	10.33	10.36
0.75	14.58	14.58	7.81	7.80
1.00	13.79	13.77	6.02	5.98

연습문제 6

1. 식 (6.1)과 (6.3)에서 주어진 식을 이용하여 $P_X(n) + P_Y(n) = 1$이고, 마찬가지로 식 (6.5)와 (6.7)을 이용하여 $Q_X(n) + Q_Y(n) = 1$임을 증명하여라.

2. 순차적 전투 모델에서 X, Y군의 보유하고 있는 전차의 파괴확률이 각각 $p = q = 0.4$라고 한다. 만약 X군이 먼저 사격을 한다고 할 때 다음 물음에 답하여라.

(1) $P_X(10)$과 $P_Y(10)$을 각각 구하여라.

(2) $P_X(n)$, $Q_X(n)$을 구하여라.

(3) $P_X(n)+P_Y(n)=1$과 $Q_X(n)+Q_Y(n)=1$임을 확인하여라.

3. 기갑부대 X군과 Y군이 전차전을 수행하고 있다고 하자. X군의 전투력 효과지수(소모율 상수)가 $a=0.012$이고 Y군의 전투력효과지수 $b=0.01$이며 최초 전차수는 $x_0=75, y_0=100$이라할 때 연속형 직사화기 확률형 모델을 적용하여 물음에 답하여라.

(1) 100번 시뮬레이션한 결과 전투가 종결될 때까지 각 군의 평균 최종 전투력은 얼마이고 어느 쪽이 승리하는가?

(2) 100번 시뮬레이션하여 최초 전투력 대비 전투력 보유율이 50%에 도달할 때 전투가 중단된다고 할 때 각 군의 평균 최종 전투력은 얼마이고 어느 군이 승리하게 되는가?

제 7 장 군사작전과 시스템의 신뢰도

이 장에서는 군사작전과 군 작전 시스템의 신뢰도에 대해 간단히 조명해 보고자 한다. 역학적 관점에서 작전은 연속적이거나 수평적인 작전으로 분류하여 다룰 수 있다. 이런 신뢰도에 대한 이론적 개념들은 어떤 특정한 목적을 달성하기 위해 특정한 상황에 적합한 시나리오를 만들며, 이런 시나리오로부터 보다 좋은 통찰력과 예측능력을 구비할 수 있게 된다. 이 장에서는 특히 작전의 신뢰도, 무기체계의 신뢰도, 노후화에 대한 신뢰도 등을 소개하고자 한다.

7.1 작전의 종류에 따른 신뢰도

신뢰도 측면에서 작전의 연계 시스템은 시스템을 구성하는 모든 파트들이 작전을 성공적으로 완수하기 위해 유기적으로 조화를 이루며 잘 작동한다는 의미이다. 연계작전(series operation)은 아래 그림 7.1에서 도식한 것처럼 작전을 구성하는 파트 작전들이 일련의 수열을 이루는 형태로 임무를 완수하기 위하여 이 모든 부분 작전들이 모두 수행되어야 한다.

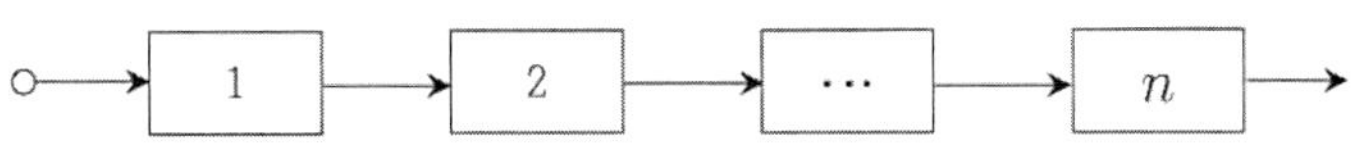

[그림 7.1] 연계 작전

군사작전의 신뢰도는 성공할 확률에 대한 수치적 측정으로 대변할 수 있다. 그러므로 작전 수행 중의 모든 단계에서 일련의 모든 파트들의 성공확률은 각각의 독립사건들에 대한 성공 확률로서

$$p = p_1 p_2 \cdots p_n = \prod_{i=1}^{n} p_i \tag{7.1}$$

와 같이 정의된다. 여기서 p_i는 i번째 단계의 작전이 성공할 확률이다.

군사작전의 연계 시스템에 대한 전형적인 예는 1980년 이란에서 벌어진 미국 인질 구출 작전으로 연계된 6개의 서로 독립적인 작전으로 구성되어 있다. 이 작전에 대한 구체적인 정보는 제공되어 있지 않고 다만 뉴스매거진과 프리제미엘스키의 저서에서 인용하여 시나리오를 설정해 볼 수 있다.

시나리오는 다음과 같이 제시되어 있고 이를 하나의 예로 설명하고자 한다.

(1) 사막의 한 지점 : 이란의 사막에 C-130 수송기와 RH-53D 6대의 헬리콥터가 착륙한다.
(2) RH-53D 헬리콥터에 특공대가 탑승하고 테헤란의 동쪽 산악을 통해 은밀히 침투를 하고, C-130 수송기는 이란을 떠나 있다가 차후 복귀시 테헤란 외곽으로 돌아온다.
(3) 다음 날 야간에 특공대는 위장한 차량을 탑승하고 테헤란으로 침투하여 사전에 침투한 미 정보국 요원들과 접선한다.
(4) 특공대는 미 대사관과 이란 외무부를 경호하는 부대를 공격한다.
(5) 경호부대를 제압하고 난 후 미 인질구출작전을 수행하는 동안 RH-53D 헬리콥터는 대사관 영내에 착륙하고 모든 인질들을 구출하여 C-130 수송기가 착륙할 수 있는 근처 공항으로 비행한다.

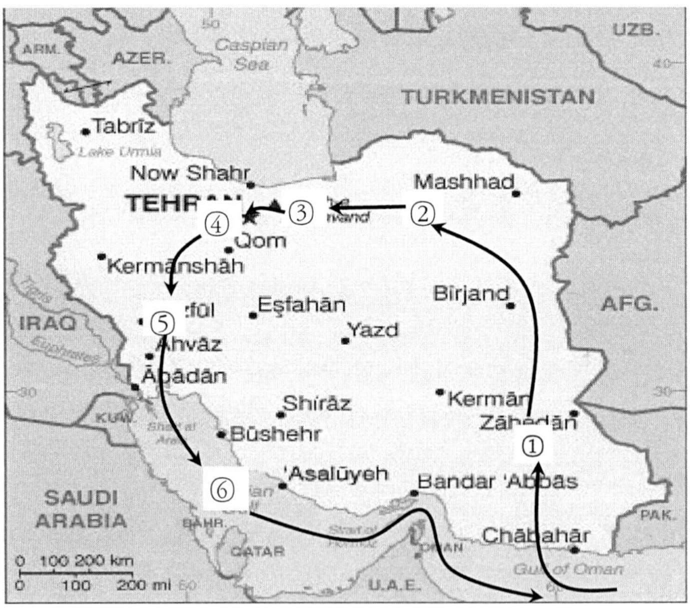

[그림 7.2] 6단계의 이란 인질 구출 작전

(6) 모든 인질들과 특공대원들은 C-130 수송기를 타고 본국으로 복귀한다.

만약 이 임무에서 각 단계별로 작전들이 성공할 확률을 $p_i = 0.8 \ (i = 1, 2, \cdots, 6)$이라 한다면 식 (7.1)에 의해

$$p = p_1 \, p_2 \cdots \ p_6 = 0.8^6 = 0.26$$

이 되고, 만약 $p_i = 0.9 \ (i = 1, 2, \cdots, 6)$라고 하면

$$p = p_1 \, p_2 \cdots \ p_6 = 0.9^6 = 0.53$$

이 된다.

이 인질구출 임무에 대해서 각 작전의 단계 수는 연계작전의 길이를 설명해 주고 있으며, 구출할 수 있는 성공확률이 너무 적어 위험을 감내할 수 없는 상황에서 작전이 수행되었다면 구출 작전의 첫 단계에서 실패할 것이다.

다음으로 병렬작전(parallel operation)은 작전을 구성하는 파트 작전들이 병렬적으로 구성되어 있어 병렬(수평적) 시스템은 또한 중복 시스템으로도 언급되며, 두 개 또는 그 이상의 파트 작전으로 구성되어 있다. 이 작전의 특징은 구성된 모든 파트가 실패했을 때만 작전이 실패하게 된다. 작전의 형태를 그림으로 그려보면 다음과 같다.

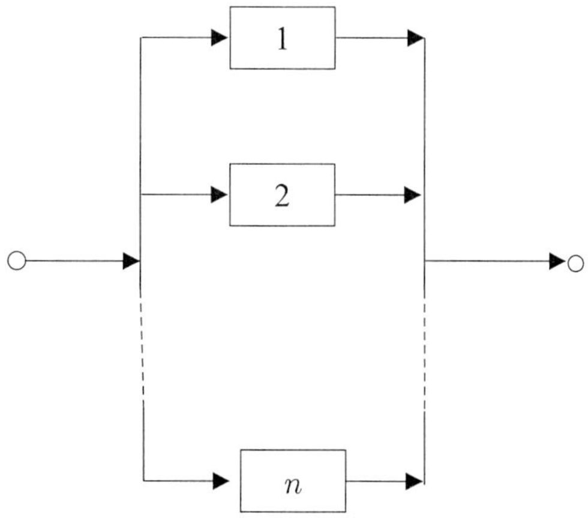

[그림 7.3] 작전의 수평시스템

이런 시스템 형태의 작전은 모든 파트의 작전이 온라인으로 연결되어 있고 여러 가지 동시 다발적인 작전 중에서 적어도 한개 파트의 작전이 수행되고 있는 동안은 계속해서 작전이 진

행된다. 이런 시스템 형태의 작전을 중복활동(active redundancy) 작전이라 한다. 궁극적인 작전의 실패는 이 작전을 구성하는 모든 개별적인 작전이 모두 복합적으로 실패한 것으로 생각할 수 있다. 그리고 작전이 실패할 확률은

$$q = q_1 q_2 \cdots q_n = \prod_{i=1}^{n} q_i \tag{7.2}$$

이고, 여기서 $q_i = 1 - p_i$는 i번째 작전이 실패할 확률이며, p_i는 i번째 작전이 성공할 확률이다. 그러므로 신뢰도의 정의로부터 이 병렬작전에 대한 신뢰도는

$$p = 1 - q = 1 - (1 - p_1)(1 - p_2) \cdots (1 - p_n) \tag{7.3}$$

이 된다.

또 다른 형태의 병렬작전 시스템으로는 중복 대기(standby redundancy)가 있는데, 이 작전은 구성되어 있는 파트 중에서 단지 한 파트의 작전만 온라인으로 연결되어 있는 형태로 아래 그림 7.4에서 그 형태를 쉽게 이해할 수 있다

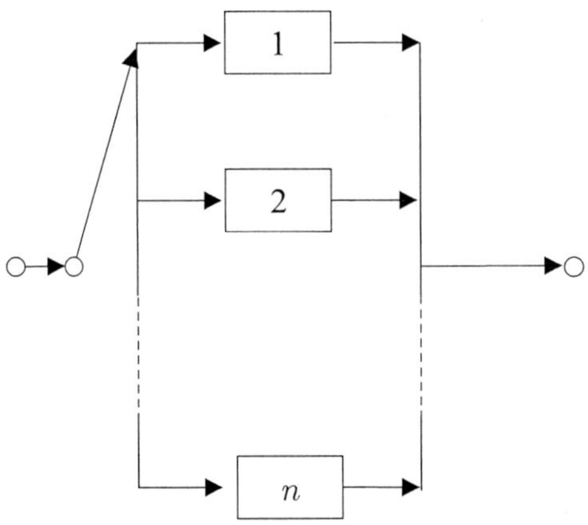

[그림 7.4] 작전의 수평시스템

이런 시스템의 작전에서 1번 파트의 작전이 실패할 경우에 2번째 파트의 작전이 바로 이어서 수행되고, 2번 작전이 실패하면 이어서 바로 3번 작전이 수행되는 등, 계속해서 이런 작전이 최종 작전까지 계속해서 순차적으로 수행하게 된다. 이 시나리오는 작전을 완벽하게 지휘통제하고 있다고 가정하고, 각 파트의 부분적인 작전이 실패하는 순간 바로 탐지되어 다음 대기하고 있는 중복된 작전이 수행되는 형태이다. 따라서 부분적으로 구성된 n개의 중복 작전에서 실패할 횟수가 $n-1$을 초과하지 않는 한 궁극적으로 이러한 시스템의 작전은 성공한 것으

로 판단하게 된다. 중복대기 방법은 작전에서 활동 단위는 파트별로 실패한 경우는 이미 사용한 것이고 성공하면 전체 작전이 종료된다는 측면에서 중복활동 방법보다 더 효율적이다.

군사 작전에서 궁극적으로 주어진 임무를 완수하기 위해 때로는 중복 활동 작전을 펼치는 것이 상당히 필요할 때도 있지만 중복 시스템의 수가 너무 지나치면 부가적인 작전 수행에 따른 비용으로 재투입을 어렵게 하고, 불필요한 낭비를 초래하게 된다.

중복 대기 시스템에 대한 작전의 신뢰도는 시간에 따라 다르다고 가정하며, 또한 하나의 대기 시스템이 성공할 확률은 푸아송 분포에 의해 결정된다고 가정한다. 제3장에서 소개된 푸아송분포에 대한 확률분포(확률질량함수)는

$$p(j) = \frac{\lambda^j}{j!} e^{-\lambda}, \quad j = 0, 1, 2 \cdots$$

으로 주어진다. 여기서 주어진 모수들은 다음과 같다.

> $p(j) =$ $j+1$번째 대기 시스템의 신뢰도
>
> $j =$ 부분적으로 수행된 작전의 수(실패한 대기 시스템의 수)
>
> $\lambda =$ 실패율(상수)

모든 대기 시스템들이 동일 분포

$$\lambda = \mu t$$

를 따르고 서로 독립이라 가정한다. 이러한 조건에서 성공할 확률(작전의 신뢰도)이 시간에 따라 어떻게 감소하는지 알아보자. 작전은 신속하게 완벽히 수행될 때, 즉 놀람의 정도가 최고조에 달할 때 가장 높은 성공도를 갖게 된다.

정리 7.1

n개의 대기 시스템으로 구성된 중복 대기 작전에서 모든 대기 시스템들이 동일분포이며 모수가 $\lambda = \mu t$인 푸아송 분포를 따른다고 할 때, 이 작전의 신뢰도 R_n은

$$R_n = \left[1 + \mu t + \frac{(\mu t)^2}{2!} + \cdots + \frac{(\mu t)^{n-1}}{(n-1)!} \right] e^{-\mu t} \tag{7.4}$$

가 된다.

증명 모든 대기 시스템들이 동일 분포 $\lambda = \mu t$를 따르게 되므로 푸아송 분포를 적용한 단일 시스템에 대한 신뢰도 R_1은

$$R_1 = \text{모든 시스템 성공할 확률}(j=0)$$

$$= \frac{(\mu t)^0}{0!} e^{-\mu t} = e^{-\mu t}$$

이 된다. 또한 두 개의 중복 시스템에 대하여

$$R_2 = \text{시스템이 모두 성공할 확률}(j=0)$$

$$+ \text{한 개의 시스템이 실패할 확률}(j=1)$$

$$= \frac{(\mu t)^0}{0!} e^{-\mu t} + \frac{(\mu t)}{1!} e^{-\mu t} = (1+\mu t) e^{-\mu t}$$

가 되고 모든 n개의 시스템에 대하여 같은 방법으로 계산하면

$$R_n = \left[1 + \mu t + \frac{(\mu t)^2}{2!} + \cdots + \frac{(\mu t)^{n-1}}{(n-1)!} \right] e^{-\mu t}$$

가 된다.

예제 7.1

모수가 $\mu t = 0.5$인 3개의 대기 시스템으로 구성된 중복대기 작전에 대한 신뢰도를 구하고 각 시스템의 기여도를 구하여라.

풀이 식 (7.4)에서 $n = 3$이므로

$$R_3 = \left[1 + \mu t + \frac{(\mu t)^2}{2!} \right] e^{-\mu t}$$

$$= (1 + 0.5 + 0.125)\, e^{-0.5}$$

$$= 0.606 + 0.303 + 0.076$$

$$= 0.985$$

가 되어 신뢰도는 0.985라고 할 수 있다. 따라서 첫 번째 시스템은 $\frac{0.606}{0.985} = 0.615$이고, 두 번째 시스템은 $\frac{0.303}{0.985} = 0.308$, 세 번째 시스템은 $\frac{0.076}{0.985} = 0.077$의 기여도를 보인다. ■

위의 예제에서 만약 실제 군사작전을 수행한다면 세 번째 부분의 복안에 대한 작전은 기여도가 낮으므로 사용하지 않는다.

전체 작전을 구성하고 있는 파트 작전들이 아래 그림 7.5에서 보는 것처럼 연계 시스템과 병렬시스템으로 조합되어 있는 형태를 결합작전(combined operation)이라 한다.

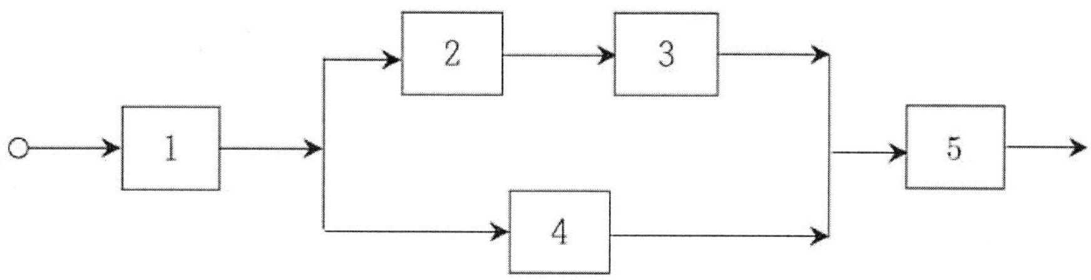

[그림 7.5] 결합 작전

이러한 결합작전에 대한 종합적인 신뢰도를 구하기 위해서는 시스템을 연계작전 시스템 형태로 단순화하여 계산하여야 한다. 즉 병렬작전 시스템에서 구한 신뢰도와 연계작전 시스템의 신뢰도를 결합하여 신뢰도를 구한다.

예제 7.2

위에서 주어진 그림 7.5의 결합작전 형태에 대한 신뢰도를 구하여라.

풀이 위의 결합작전을 연계작전 형태로 단순화하면 아래 그림 7.6과 같다.

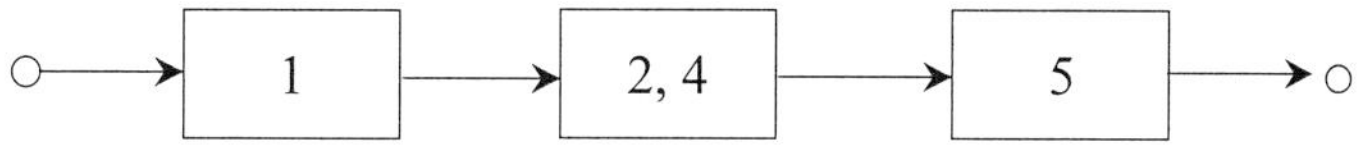

[그림 7.6] 결합작전의 단순화

각 파트 작전에 대한 성공 확률을 p_j, $(j=1,2,\cdots,5)$라 할 때, 신뢰도를 구하기 위하여 병렬 시스템을 구성하는 형태에서 2번째와 3번째 시스템의 신뢰도는 연계작전 시스템에서 구하는 것처럼

$$p_{2,3} = p_2 \cdot p_3$$

임을 쉽게 구할 수 있다. 한편, 병렬 시스템을 구성하는 파트 작전에 대한 신뢰도를 구하기 위하여 식 (7.3)에 의하여

$$p_{2,4} = 1-(1-p_{2,3})(1-p_4)$$

이 되고, 최종적으로 이러한 연계작전에 대한 신뢰도를 구하기 위하여 식 (7.1)을 사용하면 된다. 즉, 위에서 계산한 각 파트 작전에 대한 신뢰도를 종합하여 구하면

$$\begin{aligned} R &= p_1 \cdot p_{2,4} \cdot p_5 \\ &= p_1 \cdot (1-(1-p_{2,3})(1-p_4)) \cdot p_5 \\ &= p_1 \cdot (1-(1-p_2 \cdot p_3)(1-p_4)) \cdot p_5 \end{aligned}$$

와 같다.

7.2 시간에 따른 신뢰도 분포

작전 시스템과 무기체계의 구성에 대한 신뢰도의 개념은 시간에 따른 각 구성요소들의 신뢰도 분포까지 확장할 수 있다. 시간의 경과에 따른 작전의 신뢰도는 시간의 함수로서 실패도의 분포를 보여주는 확률밀도함수로부터 유추할 수 있다. 전형적인 확률밀도함수 $f(t)$를 아래 그림 7.7에서 볼 수 있다.

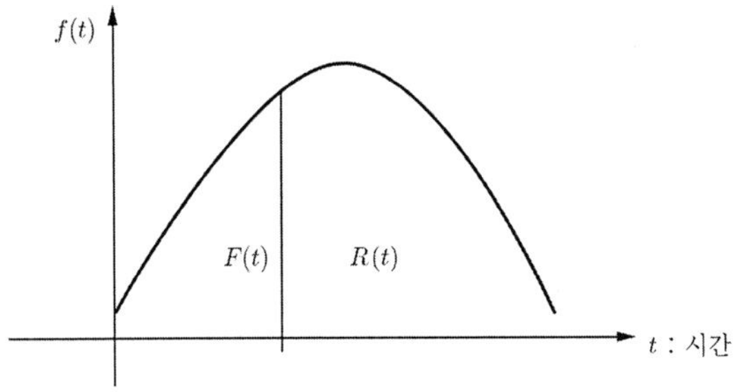

[그림 7.7] 실패 확률분포

실패 확률밀도함수의 기본성질에 대해서 다시 정리하면 다음과 같다.

(1) $f(t) \geq 0,\ 0 \leq t < \infty$ (2) $\int_0^\infty f(t)dt = 1$

위의 그림에서처럼 신뢰도 함수 $R(t)$는 장비가 작동하는 시간 $t=0$에서부터 주어진 시간 t까지 실패하지 않을 확률을 말하며

$$R(t) = 1 - F(t) = \int_t^\infty f(u)du \tag{7.5}$$

로 구할 수 있고, 여기서 $F(t)$는 실패함수로서

$$F(t) = \int_0^t f(u)du \tag{7.6}$$

이며, 이 함수는 장비가 작동하는 시간 $t=0$에서부터 시간 t까지 실패할 확률에 대한 누적 분포함수이다. 따라서 함수 $F(t)$와 $R(t)$는 그림 7.7에서 보는 것처럼 시간 t까지 확률밀도 함수 $f(t)$ 아래의 면적으로 나타내어진다.

신뢰도 분석에서 가장 중요한 모수는 실패에 대한 평균시간(mean time to failure, MTTF)이다.

정의 7.2

실패 확률밀도함수에 대한 시간 t의 기댓값 $E(t)$를 **실패 평균시간**(mean time to failure)이라하고 간단히 $MTTF$로 나타낸다.

위의 정의 7.2에 의하면

$$MTTF = E(t) = \int_0^\infty t\,f(t)dt \tag{7.7}$$

가 된다. 시간 $t = MTTF$에 대한 $f(t)$의 2차 모멘트는 평균값에 대한 밀도함수의 분포로 $f(t)$의 분산이다. 이 분산을 계산하면 다음과 같다.

$$\begin{aligned}
\sigma_t^2 &= E(t - MTTF)^2 \\
&= \int_0^\infty (t - MTTF)^2 f(t)dt \\
&= \int_0^\infty t^2 f(t)dt - 2MTTF\int_0^\infty tf(t)dt + (MTTF)^2 \int_0^\infty f(t)dt \\
&= \int_0^\infty t^2 f(t)dt - (MTTF)^2 \\
&= E(t^2) - (MTTF)^2
\end{aligned}$$

이 모수는 이항분포와 정규분포에서 사용되었던 분산 σ^2과 비교할 수 있다. 부가적으로 확률밀도함수 $f(t)$에 대하여 신뢰도 분석에서 중요하게 사용되는 또 다른 함수가 있다. 이 함수는 단위시간당 구성요소들이 오작동에 대한 분수로서 실패의 순간 비율 $\gamma(t)$로 나타낸다. 또 다른 의미에서 이 함수를 위험함수(hazard function)라고도 하여 $h(t) = \gamma(t)$로 표기한다. 여기서 우리는 실패확률밀도함수 $f(t)$와 위험함수 $h(t)$ 사이의 간단한 관계를 알아 볼 필요가 있다.

지금부터는 가장 일반적으로 많이 이용되는 네 가지 확률밀도함수에 대한 신뢰도 함수 $R(t)$와 MTTF에 대한 공식을 유추해 보겠다.

우선 먼저 지수 확률밀도함수(exponential density distribution)는 다음과 같이 정의된다.

$$f(t) = \lambda e^{-\lambda t}, \quad t \geq 0$$

여기서 λ는 양의 상수이고, 지수 확률밀도함수에 대한 그래프는 너무 익숙하다. 그러나 신뢰도 함수와 위험함수에 대하여 살펴보면, 식 (7.5)에게 주어진 신뢰도 함수 $R(t)$는

$$\begin{aligned} R(t) &= \int_t^\infty f(u)du \\ &= \int_t^\infty \lambda e^{-\lambda u} du \\ &= e^{-\lambda t} \end{aligned}$$

이고, 실패 평균시간($MTTF$)는

$$\begin{aligned} E(t) &= \int_0^\infty t f(t) dt = \int_0^\infty t\, \lambda e^{-\lambda t} dt \\ &= - t e^{-\lambda t}\Big|_0^\infty + \int_0^\infty e^{-\lambda t} dt = -\frac{1}{\lambda} e^{-\lambda t}\Big|_0^\infty = \frac{1}{\lambda} \end{aligned}$$

이다. 그림 7.8은 신뢰도함수 $R(t)$와 위험함수 $h(t)$에 대한 그래프의 개형이다.

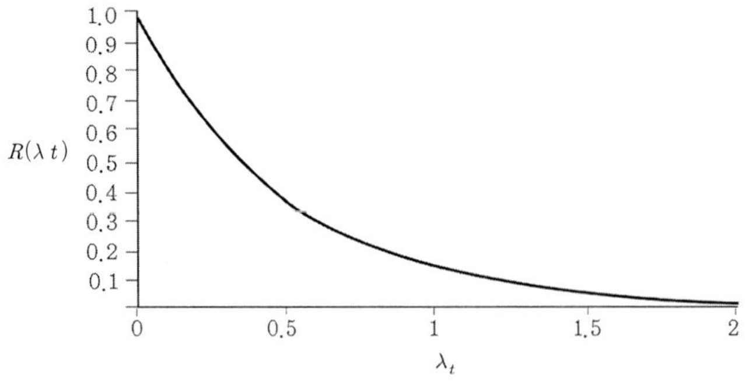

a) 신뢰도함수 $R(\lambda t)$

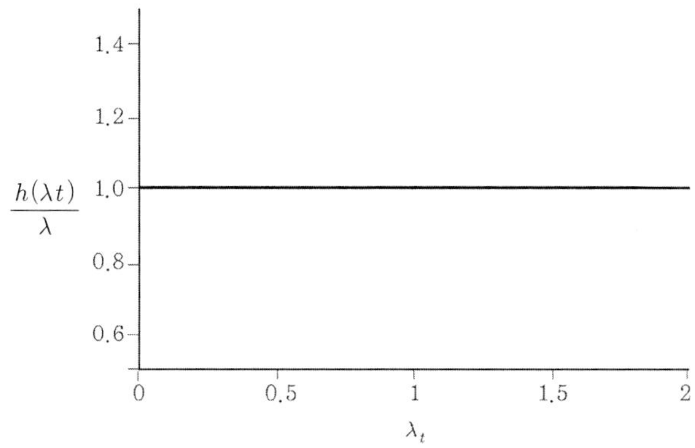

b) 위험함수 $h(\lambda t)$

[그림 7.8] 신뢰도 함수 $R(t)$와 위험함수 $h(t)$

두 번째로, 평균 μ, 분산 σ^2인 정규분포를 따르는 확률변수에 대한 확률밀도함수는 식 (4.1)에서처럼

$$f(x) = \frac{1}{\sqrt{2\pi}\,\sigma} e^{-\frac{(x-\mu)^2}{2\sigma^2}}, \quad -\infty < x < \infty$$

로 주어진다. 그러나 임의의 상수 c를 도입하여 독립변수를 시간 t, 평균을 m으로 치환하면

$$f(t) = \frac{c}{\sqrt{2\pi}\,\sigma} e^{-\frac{(t-m)^2}{2\sigma^2}}, \quad 0 \le t < \infty \tag{7.8}$$

로 변형할 수 있다. 한편, 상수 c를 구하기 위하여 확률밀도함수의 성질을 이용하자. 즉,

$$\begin{aligned}\int_0^\infty f(t)dt &= \frac{c}{\sqrt{2\pi}\,\sigma}\int_0^\infty e^{-\frac{(t-m)^2}{2\sigma^2}} dt \\ &= 1\end{aligned}$$

따라서 상수 c는 오차함수의 정의 $erf(x) = \frac{2}{\sqrt{\pi}}\int_0^x e^{-z^2} dz$와 오차함수의 성질인

$$\frac{1}{\sqrt{2\pi}\,\sigma}\int_0^\infty e^{-\frac{(t-m)^2}{2\sigma^2}} dt = \frac{1}{2} + \frac{1}{2} erf(m/\sqrt{2}\,\sigma)$$

라는 관계식을 이용하면

$$c = \frac{\sqrt{2\pi}\,\sigma}{\int_0^{\infty} e^{-\frac{(t-m)^2}{2\sigma^2}} dt} = \frac{2}{1+erf(m/\sqrt{2}\,\sigma)}$$

가 되고, 식 (7.8)에 상수 c를 대입하여 정리하면

$$f(t) = \frac{\sqrt{2/\pi}}{\sigma[1+erf(m/\sqrt{2}\,\sigma)]} e^{-\frac{(t-m)^2}{2\sigma^2}}, \quad 0 \le t < \infty \tag{7.9}$$

가 된다.

한편 실패 평균시간 $MTTF$를 구하면

$$MTTF = \int_0^{\infty} t f(t) dt \tag{7.10}$$

$$= \frac{\sqrt{2/\pi}}{1+erf(m/\sqrt{2}\,\sigma)} \sigma e^{-\frac{m^2}{2\sigma^2}} + m$$

이 되고, 특히 $m=0$이면 식 (7.10)에 의해

$$MTTF = \sqrt{\frac{2}{\pi}}\,\sigma$$

로 간단히 계산된다. 마지막으로 식 (7.9)와 신뢰도함수 $R(t)$의 정의를 사용하여 구하면

$$R(t) = \int_t^{\infty} f(t) dt$$

$$= \int_t^{\infty} \frac{\sqrt{2/\pi}}{\sigma[1+erf(m/\sqrt{2}\,\sigma)]} e^{-\frac{(t-m)^2}{2\sigma^2}} dt, \quad \left(z = \frac{t-m}{\sigma} \text{ 치환}\right)$$

$$= \frac{2}{1+erf(m/\sqrt{2}\,\sigma)} \times \frac{1}{\sqrt{2\pi}} \int_{(t-m)/\sigma}^{\infty} e^{-\frac{1}{2}z^2} dz$$

로 정리할 수 있다. 아래 그림 7.9는 정규분포함수에 대한 신뢰도힘수 $R(t)$의 그래프의 개형을 보여준다.

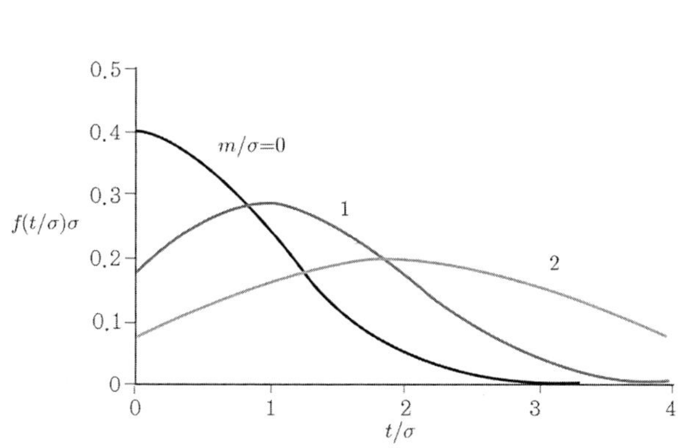

a) 확률밀도함수 $f(t/\sigma)$

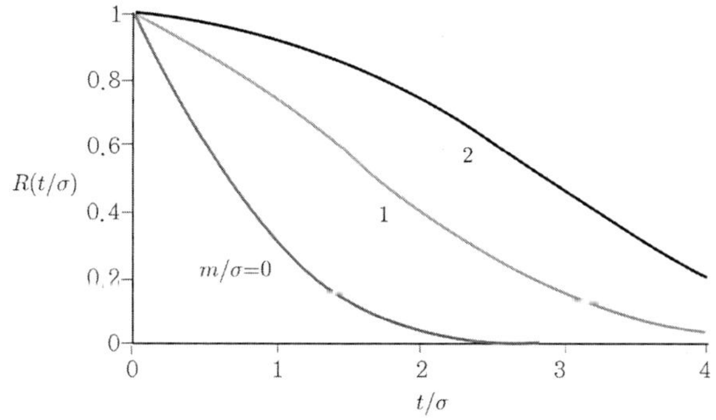

b) 신뢰도함수 $R(t/\sigma)$

[그림 7.9] 정규분포에 대한 밀도함수 및 신뢰도함수 $R(t)$

마지막으로 제4장에서 다루었던 로그-정규분포 확률밀도함수(log-normal density function)에 대해 알아보자. 시간 차원의 상수 μ와 σ에 대하여

$$f(t) = \frac{1}{\sqrt{2\pi}\, t} \exp\left[-\frac{1}{2}\left(\ln\frac{t}{\sigma} - \frac{\mu}{\sigma}\right)^2\right], \quad -\infty < \mu < \infty$$

로 정의된다. 제 4장에서 손실함수에 대한 로그-정규분포함수의 적분과정에서 적용한 것처럼 신뢰도함수 $R(t)$를 구하면

$$
\begin{aligned}
R(t) &= \int_t^\infty f(u)du \\
&= \int_t^\infty \frac{1}{\sqrt{2\pi}\, u} \exp\left[-\frac{1}{2}\left(\ln\frac{u}{\sigma} - \frac{\mu}{\sigma}\right)^2\right] du \\
&= \frac{1}{2}\left\{1 - erf\left[\frac{1}{\sqrt{2}}\left(\ln\frac{t}{\sigma} - \frac{\mu}{\sigma}\right)\right]\right\}
\end{aligned}
$$

이 된다. 다음으로 실패 평균시간 $MTTF$는 변수를 변환하여 구하면

$$
\begin{aligned}
MTTF = E(t) &= \int_0^\infty tf(t)dt \\
&= \int_0^\infty \frac{1}{\sqrt{2\pi}} \exp\left[-\frac{1}{2}\left(\ln\frac{t}{\sigma} - \frac{\mu}{\sigma}\right)^2\right] dt \\
&= \sigma \exp\left(\frac{1}{2} + \frac{\mu}{\sigma}\right)
\end{aligned}
$$

가 된다.

7.3 위험함수(Hazard function)

앞 절에서 신뢰도 함수를 정의하고 각각의 서로 다른 확률밀도함수에 대하여 신뢰도 함수 $R(t)$를 구체적으로 계산하였다. 이와 대비되어 신뢰도함수를 계산하는 과정에서 시스템이나 구성 요소들이 순간적인 오류발생비율을 고려하게 된다. 이런 과정에서 발생하는 위험함수(hazard function) $h(t)$은

$$
h(t) = -\frac{1}{R(t)}\frac{dR(t)}{dt} \tag{7.11}
$$

로 정의한다. 여기서 $R(t) = \int_t^\infty f(u)du$ 이므로

$$
\frac{dR(t)}{dt} = -f(t)
$$

가 된다. 따라서 신뢰도함수의 도함수를 식 (7.11)에 대입하면

$$h(t) = \frac{f(t)}{R(t)} \tag{7.12}$$

로 간단히 정의된다.

예를 들어 모수가 λ인 지수 확률분포에 대한 신뢰도 함수는 $R(t) = e^{-\lambda t}$ 이고, 확률밀도 함수가 $f(t) = \lambda e^{-\lambda t}$ 이므로 식 (7.12)에 대입하여 위험함수 $h(t)$를 구하면

$$h(t) = \frac{f(t)}{R(t)}$$

$$= \frac{\lambda e^{-\lambda t}}{e^{-\lambda t}} = \lambda$$

로 $h(t) = \lambda$(상수)가 된다. 이 위험함수의 의미는 시간 $t = 0$에서 시간 t까지 실패율을 말한다. 이런 실패율을 가지는 어떤 시스템에서 일부분 또는 전부 새로운 부대 또는 부품으로 교체하여도 시스템 전체의 실패율에는 영향을 미치지 않는다. 위에서 다루었던 확률밀도함수들에 대한 신뢰도함수 $R(t)$에 따른 위험함수를 식 (7.12)에 대입하여 정리하면 아래 표 7.1과 같다. 여기서 주목해야 될 사실은 위험함수는 실패할 확률이 아니라 단위시간 당 구성부품 또는 단계별 시스템의 구성 요소들이 오작동을 나타내는 실패율을 말한다.

〈표 7.1〉 확률밀도함수에 따른 위험함수 $h(t)$

확률밀도함수 형태	위험함수 $h(t)$	모수 범위
지수분포	λ	$\lambda > 0$
정규분포	$\dfrac{\exp\left[-\dfrac{(t-m)^2}{2\sigma^2}\right]}{\sigma\displaystyle\int_{\frac{t-m}{\sigma}}^{\infty} e^{-\frac{1}{2}z^2}dz}$	$\sigma > 0$ $m \geq 0$
로그-정규분포	$\dfrac{\dfrac{\sqrt{2}}{\pi}\exp\left[-\dfrac{1}{2}\left(\ln\dfrac{t}{\sigma}-\dfrac{\mu}{\sigma}\right)^2\right]}{\sigma\left\{1-erf\left[\dfrac{1}{\sqrt{2}}\left(\ln\dfrac{t}{\sigma}-\dfrac{\mu}{\sigma}\right)\right]\right\}}$	$\sigma > 0$ $-\infty < \mu < \infty$

7.4 무기체계의 유지 및 정비

앞 절에서 신뢰도 함수와 위험함수에 대해 알아봤다. 이 절에서는 전투 장비와 무기체계 도입 및 운용 과정에서 발생할 수 있는 오작동 및 고장에 대한 정비 소요를 고려할 필요가 대두된다. 군 전투장비와 시스템들은 전체적인 신뢰도 향상을 위하여 충분하게 부품들을 제공할 수 있도록 제작한다. 그러나 향상된 신뢰도는 무기체계의 효율성에 기여하는 유일한 요소는 아니다. 만약 시스템이 작동되지 않아 수리해야 된다면 수리시간은 무기의 효율성에 중요한 요인으로 작용한다. 아래 도표에서 두 무기 체계의 작동 및 수리 시간에 따른 효용성에 대한 비교이다. 무기체계 A는 높은 신뢰도를 가지고 있으나 고장 수리에 긴 시간이 요구된다. 반면 무기체계 B는 비교적 낮은 신뢰도를 갖고 있으나 고장수리 시간이 짧다. 단위 시간당 시스템의 준비 및 운용측면에서 신뢰도 보다 더 중요한 것으로 본다면 비록 신뢰도는 낮지만 시스템 B가 시스템 A보다 우위에 있다.

그러므로 무기체계의 수리시간, 즉 정비능력은 무기체계의 운용 측면을 결정하는데 아주 중요한 요소이다. 무기체계의 정비능력은 장비의 오작동을 탐지하고, 정비하여 정상적으로 작동하는데 걸리는 시간을 속도와 용이성을 측정하여 전체 정비시간에 대한 어떤 관계식으로 정의한다.

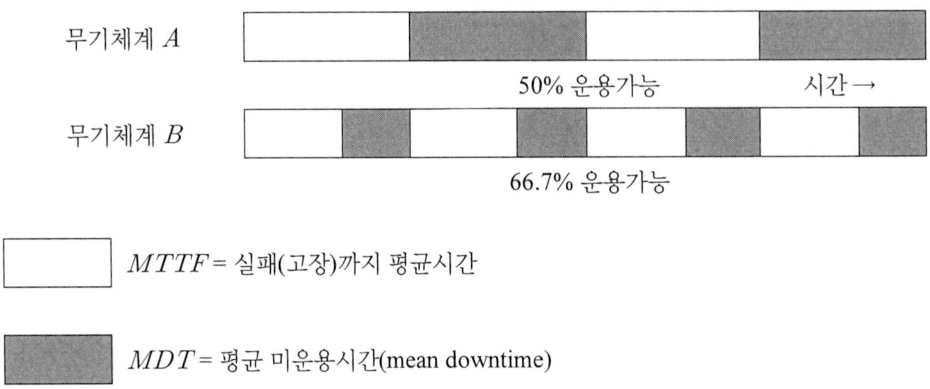

또한 정비능력은 시스템의 구성요소나 전체 시스템 자체에서 주어진 조건과 대상에 따라 정비할 때, 특정한 시간까지 다시 작동상태로 되돌릴 수 있는 확률로서도 정의할 수 있다. 이러한 확률은 나타내는 정비능력함수(maintainability function) $M(t)$는 정비하는데 걸리는

시간에 대한 확률밀도함수 $g(t)$에 대하여 다음과 같이 정의한다.

$$M(t) = \int_0^t g(u)du \tag{7.13}$$

만약 정비율이 상수이면 확률밀도함수는 지수분포함수를 나타내며

$$g(t) = \gamma e^{-\gamma t}$$

이 되고, 정비능력함수의 정의인 식 (7.13)에 의해

$$M(t) = 1 - e^{-\gamma t}$$

이고, $e^{-\gamma t}$는 시간 t까지 수리가 완전히 되지 않을 확률이다. 반면 $1 - e^{-\gamma t}$는 완전히 수리될 확률을 나타낸다.

평균수리시간(mean time to repair)는 $MTTR$로 표기하고

$$MTTR = E(t) = \int_0^t ug(u)du \tag{7.14}$$

으로 정의한다. 이 정의에 의해 지수분포에 대한 평균수리시간은

$$MTTR = E(t) = \int_0^t u\,\gamma e^{-\gamma u}du = \frac{1}{\gamma}$$

가 됨을 알 수 있다.

연습문제 7

1. 다음 그림과 같은 작전형태에 따른 전체 성공할 확률(신뢰도)을 구하여라.

여기서 $P(R_1) = 0.5$, $P(R_2) = 0.6$, $P(R_3) = 0.2$이고 각각은 개별적인 신뢰도이다.

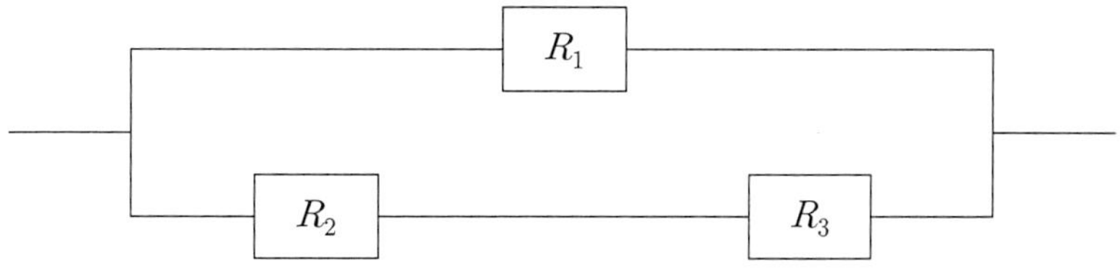

2. 다음 연계작전 시스템에 대한 전체 신뢰도를 구하여라.

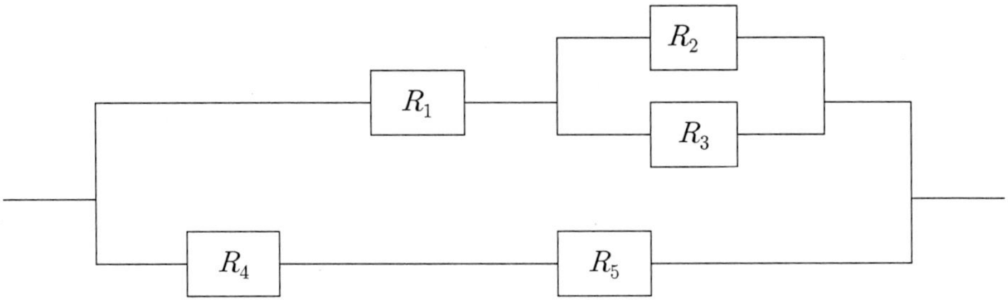

3. 다음 부분작전 A, B, C로 구성된 연계작전 시스템에 대한 전체 신뢰도를 구하여라.

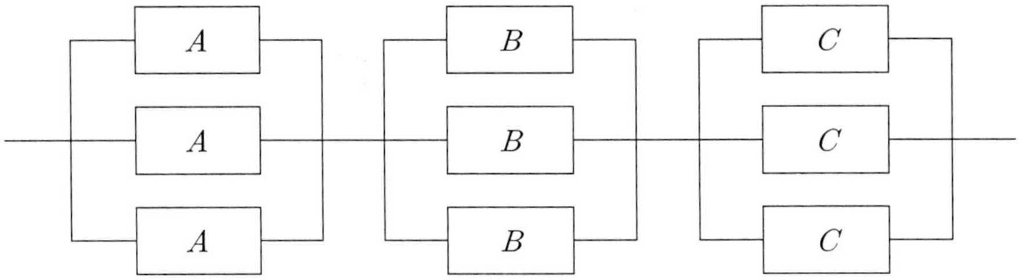

4. 위험함수 $h(t) = -\frac{d}{dt}\ln R(t)$을 증명하여라.

5. 신뢰도함수 $R(t)$에 대하여 평균실패시간(MTTF)은 다음과 같이 계산됨을 증명하여라.

$$MTTF = \int_0^\infty R(t)dt$$

부록

A. 누적 이항확률 분포표

단발명중확률이 p일 때 독립적으로 n번 사격을 실시하여 표적에 최소 $r=r_{\min}$번 또는 그 이상 명중할 확률로 이 분포는 이항분포를 따르게 된다. 따라서 확률값은

$$P(r \geq r_{\min}) = \sum_{r=r_{\min}}^{n} \binom{n}{r} p^r (1-p)^{n-r}$$

으로 계산되고 아래 표는 이를 계산한 누적 이항 확률값들이다.

$p=$		0.05	0.10	0.15	0.20	0.25	0.30	0.35	0.40	0.45	0.50
$n=2$	0	1.0000	1.0000	1.0000	1.0000	1.0000	1.0000	1.0000	1.0000	1.0000	1.0000
$r \geq$	1	0.0975	0.1900	0.2775	0.3600	0.4375	0.5100	0.5775	0.6400	0.6975	0.7500
	2	0.0025	0.0100	0.0225	0.0400	0.0625	0.0900	0.1225	0.1600	0.2025	0.2500
$n=4$	0	1.0000	1.0000	1.0000	1.0000	1.0000	1.0000	1.0000	1.0000	1.0000	1.0000
$r \geq$	1	0.1855	0.3439	0.4780	0.5904	0.6836	0.7599	0.8215	0.8704	0.9085	0.9375
	2	0.0140	0.0523	0.1095	0.1808	0.2617	0.3483	0.4370	0.5248	0.6090	0.6875
	3	0.0005	0.0037	0.0120	0.0272	0.0508	0.0837	0.1265	0.1792	0.2415	0.3125
	4		0.0001	0.0005	0.0016	0.0039	0.0081	0.0150	0.0256	0.0410	0.0625
$n=6$	0	1.0000	1.0000	1.0000	1.0000	1.0000	1.0000	1.0000	1.0000	1.0000	1.0000
$r \geq$	1	0.2649	0.4686	0.6229	0.7379	0.8220	0.8824	0.9246	0.9533	0.9723	0.9844
	2	0.0328	0.1143	0.2235	0.3446	0.4661	0.5798	0.6809	0.7667	0.8364	0.8906
	3	0.0022	0.0158	0.0473	0.0989	0.1694	0.2557	0.3529	0.4557	0.5585	0.6563
	4	0.0001	0.0013	0.0059	0.0170	0.0376	0.0705	0.1174	0.1792	0.2553	0.3438
	5		0.0001	0.0004	0.0016	0.0046	0.0109	0.0223	0.0410	0.0692	0.1094
	6				0.0001	0.0002	0.0007	0.0018	0.0041	0.0083	0.0156
$n=8$	0	1.0000	1.0000	1.0000	1.0000	1.0000	1.0000	1.0000	1.0000	1.0000	1.0000
$r \geq$	1	0.3366	0.5695	0.7275	0.8322	0.8999	0.9424	0.9681	0.9832	0.9916	0.9961
	2	0.0572	0.1869	0.3428	0.4967	0.6329	0.7447	0.8309	0.8936	0.9368	0.9648
	3	0.0058	0.0381	0.1052	0.2031	0.3215	0.4482	0.5722	0.6846	0.7799	0.8555
	4	0.0004	0.0050	0.0214	0.0563	0.1138	0.1941	0.2936	0.4059	0.5230	0.6367
	5		0.0004	0.0029	0.0104	0.0273	0.0580	0.1061	0.1737	0.2604	0.3633
	6			0.0002	0.0012	0.0042	0.0113	0.0253	0.0498	0.0885	0.1445
	7				0.0001	0.0004	0.0013	0.0036	0.0085	0.0181	0.0352
	8						0.0001	0.0002	0.0007	0.0017	0.0039
$n=1($	0	1.0000	1.0000	1.0000	1.0000	1.0000	1.0000	1.0000	1.0000	1.0000	1.0000
$r \geq$	1	0.4013	0.6513	0.8031	0.8926	0.9437	0.9718	0.9865	0.9940	0.9975	0.9990
	2	0.0861	0.2639	0.4557	0.6242	0.7560	0.8507	0.9140	0.9536	0.9767	0.9893
	3	0.0115	0.0702	0.1798	0.3222	0.4744	0.6172	0.7384	0.8327	0.9004	0.9453
	4	0.0010	0.0128	0.0500	0.1209	0.2241	0.3504	0.4862	0.6177	0.7340	0.8281
	5	0.0001	0.0016	0.0099	0.0328	0.0781	0.1503	0.2485	0.3669	0.4956	0.6230
	6		0.0001	0.0014	0.0064	0.0197	0.0473	0.0949	0.1662	0.2616	0.3770
	7			0.0001	0.0009	0.0035	0.0106	0.0260	0.0548	0.1020	0.1719
	8				0.0001	0.0004	0.0016	0.0048	0.0123	0.0274	0.0547
	9						0.0001	0.0005	0.0017	0.0045	0.0107
	10								0.0001	0.0003	0.0010

B. 누적 푸아송확률 분포표

아래의 누적 푸아송 확률분포표는

$$P(R \leq x) = \sum_{r=0}^{x} \frac{\lambda^r}{r!} e^{-\lambda}$$

를 나타낸 것 표이다. 따라서 단위시간당 평균 명중횟수가 λ일 때 표적에 지정된 명중횟수가 최소한 $r = r_{\min}$인 확률값으로 이는 푸아송분포를 따르며 아래 표로부터 다음의 확률값을 계산할 수 있다.

$$P(R \geq r_{\min}) = \sum_{r=r_{\min}}^{\infty} \frac{\lambda^r}{r!} e^{-\lambda} = 1 - \sum_{r=0}^{r_{\min}-1} \frac{\lambda^r}{r!} e^{-\lambda}$$

	λ									
r	0.01	0.01	0.02	0.03	0.04	0.05	0.06	0.07	0.08	0.09
0	0.9950	0.9900	0.9802	0.9704	0.9608	0.9512	0.9418	0.9324	0.9231	0.9139
1	1.0000	1.0000	0.9998	0.9996	0.9992	0.9988	0.9983	0.9977	0.9970	0.9962
2	1.0000	1.0000	1.0000	1.0000	1.0000	1.0000	1.0000	0.9999	0.9999	0.9999
3	1.0000	1.0000	1.0000	1.0000	1.0000	1.0000	1.0000	1.0000	1.0000	1.0000
	λ									
r	0.10	0.20	0.30	0.40	0.50	0.60	0.70	0.80	0.90	1.10
0	0.9048	0.8187	0.7408	0.6703	0.6065	0.5488	0.4966	0.4493	0.4066	0.3679
1	0.9953	0.9825	0.9631	0.9384	0.9098	0.8781	0.8442	0.8088	0.7725	0.7358
2	0.9998	0.9989	0.9964	0.9921	0.9856	0.9769	0.9659	0.9526	0.9371	0.9197
3	1.0000	0.9999	0.9997	0.9992	0.9982	0.9966	0.9942	0.9909	0.9865	0.9810
4	1.0000	1.0000	1.0000	0.9999	0.9998	0.9996	0.9992	0.9986	0.9977	0.9963
5	1.0000	1.0000	1.0000	1.0000	1.0000	1.0000	0.9999	0.9998	0.9997	0.9994
6	1.0000	1.0000	1.0000	1.0000	1.0000	1.0000	1.0000	1.0000	1.0000	0.9999
7	1.0000	1.0000	1.0000	1.0000	1.0000	1.0000	1.0000	1.0000	1.0000	1.0000
	λ									
r	1.10	1.20	1.30	1.40	1.50	1.60	1.70	1.80	1.90	2.00
0	0.3329	0.3012	0.2725	0.2466	0.2231	0.2019	0.1827	0.1653	0.1496	0.1353
1	0.6990	0.6626	0.6268	0.5918	0.5578	0.5249	0.4932	0.4628	0.4337	0.4060
2	0.9004	0.8795	0.8571	0.8335	0.8088	0.7834	0.7572	0.7306	0.7037	0.6767
3	0.9743	0.9662	0.9569	0.9463	0.9344	0.9212	0.9068	0.8913	0.8747	0.8571
4	0.9946	0.9923	0.9893	0.9857	0.9814	0.9763	0.9704	0.9636	0.9559	0.9473
5	0.9990	0.9985	0.9978	0.9968	0.9955	0.9940	0.9920	0.9896	0.9868	0.9834
6	0.9999	0.9997	0.9996	0.9994	0.9991	0.9987	0.9981	0.9974	0.9966	0.9955
7	1.0000	1.0000	0.9999	0.9999	0.9998	0.9997	0.9996	0.9994	0.9992	0.9989
8	1.0000	1.0000	1.0000	1.0000	1.0000	1.0000	0.9999	0.9999	0.9998	0.9998
9	1.0000	1.0000	1.0000	1.0000	1.0000	1.0000	1.0000	1.0000	1.0000	1.0000

	λ									
r	2.10	2.20	2.30	2.40	2.50	2.60	2.70	2.80	2.90	3.00
0	0.1225	0.1108	0.1003	0.0907	0.0821	0.0743	0.0672	0.0608	0.0550	0.0498
1	0.3796	0.3546	0.3309	0.3084	0.2873	0.2674	0.2487	0.2311	0.2146	0.1991
2	0.6496	0.6227	0.5960	0.5697	0.5438	0.5184	0.4936	0.4695	0.4460	0.4232
3	0.8386	0.8194	0.7993	0.7787	0.7576	0.7360	0.7141	0.6919	0.6696	0.6472
4	0.9379	0.9275	0.9162	0.9041	0.8912	0.8774	0.8629	0.8477	0.8318	0.8153
5	0.9796	0.9751	0.9700	0.9643	0.9580	0.9510	0.9433	0.9349	0.9258	0.9161
6	0.9941	0.9925	0.9906	0.9884	0.9858	0.9828	0.9797	0.9756	0.9713	0.9665
7	0.9985	0.9980	0.9974	0.9967	0.9958	0.9947	0.9934	0.9919	0.9901	0.9881
8	0.9997	0.9995	0.9994	0.9991	0.9989	0.9985	0.9981	0.9976	0.9969	0.9962
9	0.9999	0.9999	0.9999	0.9998	0.9997	0.9996	0.9995	0.9993	0.9991	0.9989
10	1.0000	1.0000	1.0000	1.0000	0.9999	0.9999	0.9999	0.9998	0.9998	0.9997
11	1.0000	1.0000	1.0000	1.0000	1.0000	1.0000	1.0000	1.0000	0.9999	0.9999
12	1.0000	1.0000	1.0000	1.0000	1.0000	1.0000	1.0000	1.0000	1.0000	1.0000

	λ									
r	3.10	3.20	3.30	3.40	3.50	3.60	3.70	3.80	3.90	4.00
0	0.0450	0.0408	0.0369	0.0334	0.0302	0.0273	0.247	0.0224	0.0202	0.0183
1	0.1847	0.1712	0.1586	0.1468	0.1359	0.1257	0.1162	0.1074	0.0992	0.0916
2	0.4012	0.3799	0.3594	0.3397	0.3208	0.3027	0.2854	0.2689	0.2531	0.2381
3	0.6248	0.6025	0.5803	0.5584	0.5366	0.5152	0.4942	0.4735	0.4532	0.4335
4	0.7982	0.7806	0.7626	0.7442	0.7254	0.7064	0.6872	0.6678	0.6484	0.6288
5	0.9057	0.8946	0.8829	0.8705	0.8576	0.8441	0.8301	0.8156	0.8006	0.7851
6	0.9612	0.9554	0.9490	0.9421	0.9347	0.9267	0.9182	0.9091	0.8995	0.8893
7	0.9858	0.9832	0.9802	0.9769	0.9733	0.9692	0.9648	0.9599	0.9546	0.9489
8	0.9953	0.9943	0.9931	0.9917	0.9901	0.9883	0.9863	0.9840	0.9815	0.9786
9	0.9986	0.9982	0.9978	0.9973	0.9967	0.9960	0.9952	0.9942	0.9931	0.9919
10	0.9996	0.9995	0.9994	0.9992	0.9990	0.9987	0.9984	0.9981	0.9977	0.9972
11	0.9999	0.9999	0.9998	0.9998	0.9997	0.9996	0.9995	0.9994	0.9993	0.9991
12	1.0000	1.0000	1.0000	0.9999	0.9999	0.9999	0.9999	0.9998	0.9998	0.9997
13	1.0000	1.0000	1.0000	1.0000	1.0000	1.0000	1.0000	1.0000	0.9999	0.9999
14	1.0000	1.0000	1.0000	1.0000	1.0000	1.0000	1.0000	1.0000	1.0000	1.0000

	λ									
r	4.10	4.20	4.30	4.40	4.50	4.60	4.70	4.80	4.90	5.00
0	0.0166	0.0150	0.0136	0.0123	0.0111	0.0101	0.0091	0.0082	0.0074	0.0067
1	0.0845	0.0780	0.0719	0.0663	0.0611	0.0563	0.0518	0.0477	0.0439	0.0404
2	0.2238	0.2102	0.1974	0.1851	0.1736	0.1626	0.1523	0.1425	0.1333	0.1247
3	0.4142	0.3954	0.3772	0.3594	0.3423	0.3257	0.3097	0.2942	0.2793	0.2650
4	0.6093	0.5898	0.5704	0.5512	0.5321	0.5132	0.4946	0.4763	0.4582	0.4405
5	0.7693	0.7531	0.7367	0.7199	0.7029	0.6858	0.6684	0.6510	0.6335	0.6160
6	0.8786	0.8675	0.8558	0.8436	0.8311	0.8180	0.8046	0.7908	0.7767	0.7622
7	0.9427	0.9361	0.9290	0.9214	0.9134	0.9049	0.8960	0.8867	0.8769	0.8666
8	0.9755	0.9721	0.9683	0.9642	0.9597	0.9549	0.9497	0.9442	0.9382	0.9319
9	0.9905	0.9889	0.9871	0.9851	0.9829	0.9805	0.9778	0.9749	0.9717	0.9682
10	0.9966	0.9959	0.9952	0.9943	0.9933	0.9922	0.9910	0.9896	0.9880	0.9863
11	0.9989	0.9986	0.9983	0.9980	0.9976	0.9971	0.9966	0.9960	0.9953	0.9945
12	0.9997	0.9996	0.9995	0.9993	0.9992	0.9990	0.9988	0.9986	0.9983	0.9980
13	0.9999	0.9999	0.9998	0.9998	0.9997	0.9997	0.9996	0.9995	0.9994	0.9993
14	1.0000	1.0000	1.0000	0.9999	0.9999	0.9999	0.9999	0.9999	0.9998	0.9998
15	1.0000	1.0000	1.0000	1.0000	1.0000	1.0000	1.0000	1.0000	0.9999	0.9999
16	1.0000	1.0000	1.0000	1.0000	1.0000	1.0000	1.0000	1.0000	1.0000	1.0000

	λ									
r	5.10	5.20	5.30	5.40	5.50	5.60	5.70	5.80	5.90	6.00
0	0.0061	0.0055	0.0050	0.0045	0.0041	0.0037	0.0033	0.0030	0.0027	0.0025
1	0.0372	0.0342	0.0314	0.0289	0.0266	0.0244	0.0224	0.0206	0.0189	0.0174
2	0.1165	0.1088	0.1016	0.0948	0.0884	0.0824	0.0768	0.0715	0.0666	0.0620
3	0.2513	0.2381	0.2254	0.2133	0.2017	0.1906	0.1800	0.1700	0.1604	0.1512
4	0.4231	0.4061	0.3895	0.3733	0.3575	0.3422	0.3272	0.3127	0.2987	0.2851
5	0.5984	0.5809	0.5635	0.5461	0.5289	0.5119	0.4950	0.4783	0.4619	0.4457
6	0.7474	0.7324	0.7171	0.7017	0.6860	0.6703	0.6544	0.6384	0.6224	0.6063
7	0.8560	0.8449	0.8335	0.8217	0.8095	0.7970	0.7841	0.7710	0.7576	0.7440
8	0.9252	0.9181	0.9106	0.9027	0.8944	0.8857	0.8766	0.8672	0.8574	0.8472
9	0.9644	0.9603	0.9559	0.9512	0.9462	0.9709	0.9352	0.9292	0.9228	0.9161
10	0.9844	0.9823	0.9800	0.9775	0.9747	0.9718	0.9686	0.9651	0.9614	0.9574
11	0.9937	0.9927	0.9916	0.9904	0.9890	0.9875	0.9859	0.9841	0.9821	0.9799
12	0.9976	0.9972	0.9967	0.9962	0.9955	0.9949	0.9941	0.9932	0.9922	0.9912
13	0.9992	0.9990	0.9988	0.9986	0.9983	0.9980	0.9977	0.9973	0.9966	0.9964
14	0.9997	0.9997	0.9996	0.9995	0.9994	0.9993	0.9991	0.9990	0.9988	0.9986
15	0.9999	0.9999	0.9999	0.9998	0.9998	0.9998	0.9997	0.9996	0.9996	0.9995
16	1.0000	1.0000	1.0000	0.9999	0.9999	0.9999	0.9999	0.9999	0.9999	0.9998
17	1.0000	1.0000	1.0000	1.0000	1.0000	1.0000	1.0000	1.0000	1.0000	0.9999
18	1.0000	1.0000	1.0000	1.0000	1.0000	1.0000	1.0000	1.0000	1.0000	1.0000

	λ									
r	6.10	620	6.30	6.40	6.50	6.60	6.70	6.80	6.90	7.00
0	0.0022	0.0020	0.0018	0.0017	0.0015	0.0014	0.0012	0.0011	0.0010	0.0009
1	0.0159	0.0146	0.0134	0.0123	0.0113	0.0103	0.0095	0.0087	0.0080	0.0073
2	0.0577	0.0536	0.0498	0.0463	0.0430	0.0400	0.0371	0.0344	0.0320	0.0296
3	0.1425	0.1342	0.1264	0.1189	0.1118	0.1052	0.0988	0.0928	0.0871	0.0818
4	0.2719	0.2592	0.2469	0.2351	0.2237	0.2127	0.2022	0.1920	0.1823	0.1730
5	0.4298	0.4141	0.3988	0.3837	0.3690	0.3547	0.3406	0.3270	0.3137	0.3007
6	0.5902	0.5742	0.5582	0.5423	0.5265	0.5108	0.4953	0.4799	0.4647	0.4497
7	0.7301	0.7160	0.7017	0.6873	0.6728	0.6581	0.6433	0.6285	0.6136	0.5987
8	0.8367	0.8259	0.8148	0.8033	0.7916	0.7796	0.7673	0.7548	0.7420	0.7291
9	0.9090	0.9016	0.8939	0.8858	0.8774	0.8686	0.8596	0.8502	0.8405	0.8305
10	0.9531	0.9486	0.9437	0.9386	0.9332	0.9274	0.9214	0.9151	0.9084	0.9015
11	0.9776	0.9750	0.9723	0.9693	0.9661	0.9627	0.9591	0.9552	0.9510	0.9467
12	0.9900	0.9887	0.9873	0.9857	0.9840	0.9821	0.9801	0.9779	0.9755	0.9730
13	0.9958	0.9952	0.9945	0.9937	0.9929	0.9920	0.9909	0.9898	0.9885	0.9872
14	0.9984	0.9981	0.9978	0.9974	0.9970	0.9966	0.9961	0.9956	0.9950	0.9943
15	0.9994	0.9993	0.9992	0.9990	0.9988	0.9986	0.9984	0.9982	0.9979	0.9976
16	0.9998	0.9997	0.9997	0.9996	0.9996	0.9995	0.9994	0.9993	0.9992	0.9990
17	0.9999	0.9999	0.9999	0.9999	0.9998	0.9998	0.9998	0.9997	0.9997	0.9996
18	1.0000	1.0000	1.0000	1.0000	0.9999	0.9999	0.9999	0.9999	0.9999	0.9999
19	1.0000	1.0000	1.0000	1.0000	1.0000	1.0000	1.0000	1.0000	1.0000	1.0000
20	1.0000	1.0000	1.0000	1.0000	1.0000	1.0000	1.0000	1.0000	1.0000	1.0000

	λ									
r	7.10	7.20	7.30	7.40	7.50	7.60	7.70	7.80	7.90	8.00
0	0.0008	0.0007	0.0007	0.0006	0.0006	0.0005	0.0005	0.0004	0.0004	0.0003
1	0.0067	0.0061	0.0056	0.0051	0.0047	0.0043	0.0039	0.0036	0.0033	0.0030
2	0.0275	0.0255	0.0236	0.0219	0.0203	0.0188	0.0174	0.0161	0.0149	0.0138
3	0.0767	0.0719	0.0674	0.0632	0.0591	0.0554	0.0518	0.0485	0.0453	0.0424
4	0.1641	0.1555	0.1473	0.1395	0.1321	0.1249	0.1181	0.1117	0.1055	0.0996
5	0.2881	0.2759	0.2640	0.2526	0.2414	0.2307	0.2203	0.2103	0.2006	0.1912
6	0.4349	0.4204	0.4060	0.3920	0.3782	0.3646	0.3514	0.3384	0.3257	0.3134
7	0.5838	0.5689	0.5541	0.5393	0.5246	0.5100	0.4956	0.4812	0.4670	0.4530
8	0.7160	0.7027	0.6892	0.6757	0.6620	0.6482	0.6343	0.6204	0.6065	0.5925
9	0.8202	0.8096	0.7988	0.7877	0.7764	0.7649	0.7531	0.7411	0.7290	0.7166
10	0.8942	0.8867	0.8788	0.8707	0.8622	0.8535	0.8445	0.8352	0.8257	0.8159
11	0.9420	0.9371	0.9319	0.9265	0.9208	0.9148	0.9085	0.9020	0.8952	0.8881
12	0.9703	0.9673	0.9642	0.9609	0.9573	0.9536	0.9496	0.9454	0.9409	0.9362
13	0.9857	0.9841	0.9824	0.9805	0.9784	0.9762	0.9739	0.9714	0.9687	0.9658
14	0.9935	0.9927	0.9918	0.9908	0.9897	0.9886	0.9873	0.9859	0.9844	0.9827
15	0.9972	0.9969	0.9964	0.9959	0.9954	0.9948	0.9941	0.9934	0.9926	0.9918
16	0.9989	0.9987	0.9985	0.9983	0.9980	0.9978	0.9974	0.9971	0.9967	0.9963
17	0.9996	0.9995	0.9994	0.9993	0.9992	0.9991	0.9989	0.9988	0.9986	0.9984
18	0.9998	0.9998	0.9998	0.9997	0.9997	0.9996	0.9996	0.9995	0.9994	0.9993
19	0.9999	0.9999	0.9999	0.9999	0.9999	0.9999	0.9998	0.9998	0.9998	0.9997
20	1.0000	1.0000	1.0000	1.0000	1.0000	1.0000	0.9999	0.9999	0.9999	0.9999
21	1.0000	1.0000	1.0000	1.0000	1.0000	1.0000	1.0000	1.0000	1.0000	1.0000

	λ									
r	8.10	8.20	8.30	8.40	8.50	8.60	8.70	8.80	8.90	9.00
0	0.0003	0.0003	0.0002	0.0002	0.0002	0.0002	0.0002	0.0002	0.0001	0.0001
1	0.0028	0.0025	0.0023	0.0021	0.0019	0.0018	0.0016	0.0015	0.0014	0.0012
2	0.0127	0.0118	0.0109	0.0100	0.0093	0.0086	0.0079	0.0073	0.0068	0.0062
3	0.0396	0.0370	0.0346	0.0323	0.0301	0.0281	0.0262	0.0244	0.0228	0.0212
4	0.0940	0.0887	0.0837	0.0789	0.0744	0.0701	0.0660	0.0621	0.0584	0.0550
5	0.1822	0.1736	0.1653	0.1573	0.1496	0.1422	0.1352	0.1284	0.1219	0.1157
6	0.3013	0.2896	0.2781	0.2670	0.2562	0.2457	0.2355	0.2256	0.2160	0.2068
7	0.4391	0.4254	0.4119	0.3987	0.3856	0.3728	0.3602	0.3478	0.3357	0.3239
8	0.5786	0.5647	0.5507	0.5369	0.5231	0.5094	0.4958	0.4823	0.4689	0.4557
9	0.7041	0.6915	0.6788	0.6659	0.6530	0.6400	0.6269	0.6137	0.6006	0.5874
10	0.8058	0.7955	0.7850	0.7743	0.7634	0.7522	0.7409	0.7294	0.7178	0.7060
11	0.8807	0.8731	0.8652	0.8571	0.8487	0.8400	0.8311	0.8220	0.8126	0.8030
12	0.9313	0.9261	0.9207	0.9150	0.9091	0.9029	0.8965	0.8898	0.8829	0.8758
13	0.9628	0.9595	0.9561	0.9524	0.9486	0.9445	0.9403	0.9358	0.9311	0.9261
14	0.9810	0.9791	0.9771	0.9749	0.9726	0.9701	0.9675	0.9647	0.9617	0.9585
15	0.9908	0.9898	0.9887	0.9875	0.9862	0.9848	0.9832	0.9816	0.9798	0.9780
16	0.9958	0.9953	0.9947	0.9941	0.9934	0.9926	0.9918	0.9909	0.9899	0.9889
17	0.9982	0.9979	0.9977	0.9973	0.9970	0.9966	0.9962	0.9957	0.9952	0.9947
18	0.9992	0.9991	0.9990	0.9989	0.9987	0.9985	0.9983	0.9981	0.9978	0.9976
19	0.9997	0.9997	0.9996	0.9995	0.9995	0.9994	0.9993	0.9992	0.9991	0.9989
20	0.9999	0.9999	0.9998	0.9998	0.9998	0.9998	0.9997	0.9997	0.9996	0.9996
21	1.0000	1.0000	0.9999	0.9999	0.9999	0.9999	0.9999	0.9999	0.9998	0.9998
22	1.0000	1.0000	1.0000	1.0000	1.0000	1.0000	1.0000	1.0000	0.9999	0.9999
23	1.0000	1.0000	1.0000	1.0000	1.0000	1.0000	1.0000	1.0000	1.0000	1.0000

	λ									
r	9.10	9.20	9.30	9.40	9.50	9.60	9.70	9.80	9.90	10.00
0	0.0001	0.0001	0.0001	0.0001	0.0001	0.0001	0.0001	0.0001	0.0001	0.0000
1	0.0011	0.0010	0.0009	0.0009	0.0008	0.0007	0.0007	0.0006	0.0005	0.0005
2	0.0058	0.0053	0.0049	0.0045	0.0042	0.0038	0.0035	0.0033	0.0030	0.0028
3	0.0198	0.0184	0.0172	0.0160	0.0149	0.0138	0.0129	0.0120	0.0111	0.0103
4	0.0517	0.0486	0.0456	0.0429	0.0403	0.0378	0.0355	0.0333	0.0312	0.0293
5	0.1098	0.1041	0.0986	0.0935	0.0885	0.0838	0.0793	0.0750	0.0710	0.0671
6	0.1978	0.1892	0.1808	0.1727	0.1649	0.1574	0.1502	0.1433	0.1366	0.1301
7	0.3123	0.3010	0.2900	0.2792	0.2687	0.2584	0.2485	0.2388	0.2294	0.2202

C. 표준정규분포표

평균이 0이고 분산이 1인 표준정규분포를 따르는 확률변수에 대한 누적분포표로 다음 식으로부터 계산한 값들이다.

$$P(z < Z < \infty) = \frac{1}{\sqrt{2\pi}} \int_{z}^{\infty} e^{-\frac{1}{2}u^2} du$$

z	.00	.01	.02	.03	.04	.05	.06	.07	.08	.09
0.0	.5000	.4960	.4920	.4880	.4840	.4801	.4761	.4721	.4681	.4641
0.1	.4602	.4562	.4522	.4483	.4443	.4404	.4364	.4325	.4286	.4247
0.2	.4207	.4168	.4129	.4090	.4052	.4013	.3974	.3936	.3897	.3859
0.3	.3821	.3783	.3745	.3707	.3669	.3632	.3594	.3557	.3520	.3483
0.4	.3446	.3409	.3372	.3336	.3300	.3264	.3228	.3192	.3156	.3121
0.5	.3085	.3050	.3015	.2981	.2946	.2912	.2877	.2843	.2810	.2776
0.6	.2743	.2709	.2676	.2643	.2611	.2578	.2546	.2514	.2483	.2451
0.7	.2420	.2389	.2358	.2327	.2296	.2266	.2236	.2206	.2177	.2148
0.8	.2119	.2090	.2061	.2033	.2005	.1977	.1949	.1922	.1894	.1867
0.9	.1841	.1814	.1788	.1762	.1736	.1711	.1685	.1660	.1635	.1611
1.0	.1587	.1562	.1539	.1515	.1492	.1469	.1446	.1423	.1401	.1379
1.1	.1357	.1335	.1314	.1292	.1271	.1251	.1230	.1210	.1190	.1170
1.2	.1151	.1131	.1112	.1093	.1075	.1056	.1038	.1020	.1003	.0985
1.3	.0968	.0951	.0934	.0918	.0901	.0885	.0869	.0853	.0838	.0823
1.4	.0808	.0793	.0778	.0764	.0749	.0735	.0721	.0708	.0694	.0681
1.5	.0668	.0655	.0643	.0630	.0618	.0606	.0594	.0582	.0571	.0559
1.6	.0548	.0537	.0526	.0516	.0505	.0495	.0485	.0475	.0465	.0455
1.7	.0446	.0436	.0427	.0418	.0409	.0401	.0392	.0384	.0375	.0367
1.8	.0359	.0351	.0344	.0336	.0329	.0322	.0314	.0307	.0301	.0294
1.9	.0287	.0281	.0274	.0268	.0262	.0256	.0250	.0244	.0239	.0233
2.0	.0228	.0222	.0217	.0212	.0207	.0202	.0197	.0192	.0188	.0183
2.1	.0179	.0174	.0170	.0166	.0162	.0158	.0154	.0150	.0146	.0143
2.2	.0139	.0136	.0132	.0129	.0125	.0122	.0119	.0116	.0113	.0110
2.3	.0107	.0104	.0102	.0099	.0096	.0094	.0091	.0089	.0087	.0084
2.4	.0082	.0080	.0078	.0075	.0073	.0071	.0069	.0068	.0066	.0064
2.5	.0062	.0060	.0059	.0057	.0055	.0054	.0052	.0051	.0049	.0048
2.6	.0047	.0045	.0044	.0043	.0041	.0040	.0039	.0038	.0037	.0036
2.7	.0035	.0034	.0033	.0032	.0031	.0030	.0029	.0028	.0027	.0026
2.8	.0026	.0025	.0024	.0023	.0023	.0022	.0021	.0021	.0020	.0019
2.9	.0019	.0018	.0018	.0017	.0016	.0016	.0015	.0015	.0014	.0014
3.0	.0013	.0013	.0013	.0012	.0012	.0011	.0011	.0011	.0010	.0010
3.1	.0010	.0009	.0009	.0009	.0008	.0008	.0008	.0008	.0007	.0007
3.2	.0007	.0007	.0006	.0006	.0006	.0006	.0006	.0005	.0005	.0005
3.3	.0005	.0005	.0005	.0004	.0004	.0004	.0004	.0004	.0004	.0003
3.4	.0003	.0003	.0003	.0003	.0003	.0003	.0003	.0003	.0003	.0002

D. 오차함수(Error Function) $erf(x)$

확률을 계산하는데 있어 다음 식을 계산할 필요가 있다.

$$P = \frac{1}{\sqrt{2\pi}} \int_{-x}^{x} e^{-\frac{1}{2}u^2} du$$

여기서 $u = z/\sigma$로 치환하면 $x = \frac{u}{\sqrt{2}} = \frac{z}{\sqrt{2}\,\sigma}$가 되고 윗 식에 대입하여 정리하면

$$P = \frac{2}{\sqrt{\pi}} \int_{0}^{x} e^{-z^2} dz = erf(x) = erf(\frac{z}{\sqrt{2}\,\sigma})$$

가 되고 아래 표는 오차함수 $erf(x)$를 다양한 범위에서 계산한 값들이다.

x	erf x	x	erf x	x	erf x	x	erf x
0.00	0.000000	0.30	0.328627	0.60	0.603856	0.90	0.796908
0.01	0.011283	0.31	0.338908	0.61	0.611681	0.91	0.801883
0.02	0.022565	0.32	0.349126	0.62	0.619411	0.92	0.806768
0.03	0.033841	0.33	0.359279	0.63	0.627046	0.93	0.811564
0.04	0.045111	0.34	0.369365	0.64	0.634586	0.94	0.816271
0.05	0.056372	0.35	0.379382	0.65	0.642029	0.95	0.820891
0.06	0.067622	0.36	0.389330	0.66	0.649377	0.96	0.825424
0.07	0.078858	0.37	0.399206	0.67	0.656628	0.97	0.829870
0.08	0.090078	0.38	0.409009	0.68	0.663782	0.98	0.834232
0.09	0.101282	0.39	0.418739	0.69	0.670840	0.99	0.838508
0.10	0.112463	0.40	0.428392	0.70	0.677801	1.00	0.842701
0.11	0.123623	0.41	0.437969	0.71	0.684666	1.01	0.846810
0.12	0.134758	0.42	0.447468	0.72	0.691433	1.02	0.850838
0.13	0.145867	0.43	0.456887	0.73	0.698104	1.03	0.854784
0.14	0.156947	0.44	0.466255	0.74	0.704678	1.04	0.858650
0.15	0.167996	0.45	0.475482	0.75	0.711156	1.05	0.862436
0.16	0.179012	0.46	0.484655	0.76	0.715537	1.06	0.866144
0.17	0.189992	0.47	0.493745	0.77	0.723822	1.07	0.869773
0.18	0.200936	0.48	0.502750	0.78	0.730010	1.08	0.873326
0.19	0.211840	0.49	0.511668	0.79	0.736103	1.09	0.876803
0.20	0.222703	0.50	0.520500	0.80	0.742101	1.10	0.880205
0.21	0.233522	0.51	0.529244	0.81	0.748003	1.11	0.883533
0.22	0.244296	0.52	0.537899	0.82	0.753811	1.12	0.886788
0.23	0.255023	0.53	0.546464	0.83	0.759524	1.13	0.889971
0.24	0.265700	0.54	0.554939	0.84	0.765143	1.14	0.893082
0.25	0.276326	0.55	0.563323	0.85	0.770668	1.15	0.896124
0.26	0.286900	0.56	0.571616	0.86	0.776100	1.16	0.899096
0.27	0.297418	0.57	0.579816	0.87	0.781440	1.17	0.902000
0.28	0.307880	0.58	0.587923	0.88	0.786687	1.18	0.904837
0.29	0.318283	0.59	0.595936	0.89	0.791843	1.19	0.907608

x	erf x	x	erf x	x	erf x	x	erf x
1.20	0.910314	1.70	0.983790	2.20	0.998137	2.70	0.999866
1.21	0.912956	1.71	0.984407	2.21	0.998224	2.71	0.999873
1.22	0.915534	1.72	0.985003	2.22	0.998308	2.72	0.999880
1.23	0.918050	1.73	0.985578	2.23	0.998388	2.73	0.888887
1.24	0.920505	1.74	0.986135	2.24	0.998464	2.74	0.999893
1.25	0.922900	1.75	0.986672	2.25	0.998537	2.75	0.999899
1.26	0.925236	1.76	0.987190	2.26	0.998607	2.76	0.999905
1.27	0.927514	1.77	0.987691	2.27	0.998674	2.77	0.999910
1.28	0.929734	1.78	0.988174	2.28	0.998738	2.78	0.999916
1.29	0.931899	1.79	0.988641	2.29	0.998799	2.79	0.999920
1.30	0.934008	1.80	0.989091	2.30	0.998857	2.80	0.999925
1.31	0.936063	1.81	0.989525	2.31	0.998912	2.81	0.999929
1.32	0.938065	1.82	0.989943	2.32	0.998966	2.82	0.999933
1.33	0.940015	1.83	0.990347	2.33	0.999016	2.83	0.999937
1.34	0.941914	1.84	0.990736	2.34	0.999065	2.84	0.999941
1.35	0.943762	1.85	0.991111	2.35	0.999111	2.85	0.999944
1.36	0.945561	1.86	0.991472	2.36	0.999155	2.86	0.999948
1.37	0.947312	1.87	0.991821	2.37	0.999197	2.87	0.999951
1.38	0.949016	1.88	0.992156	2.38	0.999237	2.88	0.999954
1.39	0.950673	1.89	0.992479	2.39	0.999275	2.89	0.999956
1.40	0.952285	1.90	0.992790	2.40	0.999311	2.90	0.999959
1.41	0.953852	1.91	0.993090	2.41	0.999346	2.91	0.999961
1.42	0.955376	1.92	0.993378	2.42	0.999379	2.92	0.999964
1.43	0.956857	1.93	0.993656	2.43	0.999411	2.93	0.999966
1.44	0.958297	1.94	0.993923	2.44	0.999441	2.94	0.999968
1.45	0.959695	1.95	0.994179	2.45	0.999469	2.95	0.999970
1.46	0.961054	1.96	0.994426	2.46	0.999497	2.96	0.999972
1.47	0.962373	1.97	0.994664	2.47	0.999523	2.97	0.99997
1.48	0.963654	1.98	0.994892	2.48	0.999547	2.98	0.999975
1.49	0.964898	1.99	0.995111	2.49	0.999571	2.99	0.999977
1.50	0.966105	2.00	0.995322	2.50	0.999593	3.00	0.99997791
1.51	0.967277	2.01	0.995525	2.51	0.999614	3.01	0.99997926
1.52	0.968413	2.02	0.995719	2.52	0.999635	3.02	0.99998053
1.53	0.969516	2.03	0.995906	2.53	0.999654	3.03	0.99998173
1.54	0.970586	2.04	0.996086	2.54	0.999672	3.04	0.99998286
1.55	0.971623	2.05	0.996258	2.55	0.999689	3.05	0.99998392
1.56	0.972628	2.06	0.996423	2.56	0.999706	3.06	0.99998492
1.57	0.973603	2.07	0.996582	2.57	0.999722	3.07	0.99998586
1.58	0.974547	2.08	0.996734	2.58	0.999736	3.08	0.99998674
1.59	0.975462	2.09	0.996880	2.59	0.999751	3.09	0.99998757
1.60	0.976348	2.10	0.997021	2.60	0.999764	3.10	0.99998835
1.61	0.977207	2.11	0.997155	2.61	0.999777	3.11	0.99998908
1.62	0.978038	2.12	0.997284	2.62	0.999789	3.12	0.99998977
1.63	0.978843	2.13	0.997407	2.63	0.999800	3.13	0.99999042
1.64	0.979622	2.14	0.997525	2.64	0.999811	3.14	0.99999103
1.65	0.980376	2.15	0.997639	2.65	0.999822	3.15	0.99999160
1.66	0.981105	2.16	0.997747	2.66	0.999831	3.16	0.99999214
1.67	0.981810	2.17	0.997851	2.67	0.999841	3.17	0.99999264
1.68	0.982493	2.18	0.997951	2.68	0.999849	3.18	0.99999311
1.69	0.983153	2.19	0.998046	2.69	0.999858	3.19	0.99999356

x	$\mathrm{erf}\, x$	x	$\mathrm{erf}\, x$	x	$\mathrm{erf}\, x$	x	$\mathrm{erf}\, x$
3.20	0.99999397	3.30	0.99999694	3.40	0.999998478	3.50	0.999999257
3.21	0.99999436	3.31	0.99999715	3.41	0.999998582	3.51	0.999999309
3.22	0.99999473	3.32	0.99999734	3.42	0.999998679	3.52	0.999999358
3.23	0.99999504	3.33	0.99999751	3.43	0.999998770	3.53	0.999999403
3.24	0.99999540	3.34	0.99999768	3.44	0.999998855	3.54	0.999999445
3.25	0.99999570	3.35	0.999997838	3.45	0.999998934	3.55	0.999999485
3.26	0.99999598	3.36	0.999997983	3.46	0.999999008	3.56	0.999999521
3.27	0.99999624	3.37	0.999998120	3.47	0.999999077	3.57	0.999999555
3.28	0.99999649	3.38	0.999998247	3.48	0.999999141	3.58	0.999999587
3.29	0.99999672	3.39	0.999998367	3.49	0.999999201	3.59	0.999999617

참고문헌

[1] 강정흥외, 선형대수학, 교우사, 개정판, 2010.

[2] 강정흥외, 미분방정식, 북스힐, 2004.

[3] Bain L. J. and Engelhardt, Introduction to Probability and Mathematical Statistics, Duxbury press, 1987.

[4] Driels M., Weaponeering: Conventional Weapon System Effectiveness, AIAA, 2004.

[5] Przemieniecki, J. S., Mathematical Methods in Defense Analysis, third edition, AIAA, 2000

[6] Taylor, J. T., Force-on-Force Attrition Modeling, MORS, 1981.

[7] Taylor, J. T., Lanchester Models of warfare; vols I, II, Miltary operation research society of America, 1983.

[8] Washburn, A. R.I., Search and Detection, Military operation Research Society of America, 1981.

[9] Washburn, A. R.I., Combat Modeling, Springer; 2009 edition (August 26, 2009)

연습문제 해답

연습문제 2.1

1. (1) $y = \cos x + 6\sin x$

(2) $y = -\cos x$

(3) $y = \frac{\sqrt{3}}{4}\cos x + \frac{1}{4}\sin x$

(4) $y = -\cos x + 3\sin x$

연습문제 2.2

1. (1) $y = ce^{2x} + 3/2$

(2) $y^{\frac{1}{2}}x = c$

(3) $y = c\ln|x|$

(4) $y(x+3)^3 = ce^x$

(5) $x^2 + y^2 = 1$

(6) $\frac{1}{2}y^2 = \tan^{-1}x + \frac{9}{2}$

2. (1) $x^2y + 2x^2 + y^2 + 3x - 3y + c = 0$

(2) $-\cos x - 2\sin y + xy + c = 0$

(3) $y\cos 2x + \sin 2y + c = 0$

(4) $x^3y - \cos y = c$

(5) $(x-3)(y-1) = 1$

(6) $e^x + xy + 2y + ye^y - e^y = 3$

3. (1) $y = 2x^2 + cx + 3$

(2) $(xy)^{-1} - (x+y)^{-1} = c$

(3) $(x^2+y^2)^{3/2} = 3\tan^{-1}(y/x) + c$

(4) $2e^x - e^y = c$

4. (1) $y = \frac{1}{4}e^{3x} + ce^{-x}, -\infty < x < \infty$

(2) $4x^3y + 2x\cos 2x = c + \sin 2x$

(3) $y = ax + 2a\sqrt{1+x^2}$

(4) $y = x^3 + 2x^2 - x^{-1}$

5. (1) $x^2 - 3xy - y^2 = c$

(2) $2x^3 - 7xy^2 = c$

(3) $3x^2\ln|x| + y^3 = 8x^3$

(4) $y\ln|\frac{x}{y}| = -e$

6. (1) $y = x + \frac{1+ce^{2x}}{1-ce^{2x}}$

(2) $|\sin(x+y)| = e^c e^x$

(3) $x+e^{y}=ce^{x}$

(4) $\frac{1}{2}(y+2x)^{2}+y-x=c$

7. (1) $y^{3}=1+cx^{-3}$

(2) $y^{-1}=-\frac{1}{2}e^{x}+ce^{-x}$

(3) $y^{3}=1+cx^{-3}$

(4) $y^{-1}=-1+\frac{1}{x}+\frac{c}{x}e^{-x}$

연습문제 2.3

1. (1) $y=c_1e^{x}+c_2e^{2x}$

(2) $y=c_1e^{-4x}+c_2xe^{-4x}$

(3) $y=c_1e^{(-2+\sqrt{5})x}+c_2e^{(-2-\sqrt{5})x}$

(4) $y=c_1\cos 3x+c_2\sin 3x$

(5) $y=c_1+c_2e^{5x}+c_3e^{-x}$

(6) $y=c_1e^{-x}+c_2xe^{-x}+c_3x^{2}e^{-x}$

(7) $y=-\frac{1}{3}e^{1-x}+\frac{1}{3}e^{5x-5}$

(8) $y=-\sqrt{3}\,cos\theta+\sin\theta$

2. (1) $y_p=\frac{3}{4}x^{2}-\frac{9}{8}x$

(2) $y_p=\frac{1}{2}e^{-x}+\frac{7}{13}cos3x+\frac{9}{13}sin3x$

(3) $y_p=\frac{3}{2}e^{x}+4x^{2}-\frac{4}{3}x^{3}+\frac{1}{3}x^{4}$

(4) $y_p=\frac{1}{4}x\sin 2x$

3. (1) $y''+y=4x$

(2) $y''-y=5e^{x}$

(3) $y''+y=e^{-x}$

(4) $y''-2y'+2y=e^{x}\sin x$

4. (1) $y=(c_1+\ln|\cos x|)\cos x+(c_2+x)\sin x$

(2) $y=y_c+\frac{1}{2}a^{-2}\tan ax\sin ax$

(3) $y=y_c+e^{-x}(x\sin x+\cos x\ln|\cos x|)$

(4) $y=y_c+2e^{3/x}$

5. (1) $y=c_1x+c_2(1+x^{2})$

(2) $y=c_1\cos 4x+c_2\sin 4x$

(3) $y=c_1e^{\frac{2}{3}x}+c_2xe^{\frac{2}{3}x}$

(4) $y=c_1\ln x+c_2$

6. (1) $y=\frac{c_1}{x}+c_2x^{2}$

(2) $y=c_1x^{\frac{1}{2}}+c_2x^{\frac{1}{2}}\ln x$

(3) $y=c_1\cos(2\ln x)+c_2\sin(2\ln x)$

(4) $y=c_1x^{3}+c_2\cos(\sqrt{2}\,lnx)+c_3\sin(\sqrt{2}\,lnx)$

연습문제 2.4

1. (1) $x=\dfrac{1}{2}(3e^{2t}-e^{-2t}),\ \ y=\dfrac{1}{2}(3e^{2t}-5e^{-2t})$

(2) $x=c_1e^{2t}+c_2e^{-2t}+c_3e^{3t}+c_4e^{-3t}$

$y=-c_1e^{2t}-c_2e^{-2t}+\dfrac{3}{2}c_3e^{3t}+\dfrac{3}{2}c_4e^{-3t}$

2. (1) $\lambda=-1,4,\ \ x_1=c_1e^{-t}+3c_2e^{4t},\ \ x_2=-c_1e^{-t}+2c_2e^{4t}$

(2) $\lambda=2\pm i,\ x_1=e^{2t}(-4c_1\cos t+4c_2\sin t)$

$x_2=e^{2t}[(2c_1+2c_2)\cos t+(2c_1-2c_2)\sin t]$

(3) $\lambda=2$(중복도 3)

(4) $x_1=e^{3t}(c_1+c_2t),\ \ x_2=-\dfrac{1}{2}e^{3t}(2c_1+c_2+2c_2t)$

(5) $\lambda=0,2\pm 3i,\ x_1=c_1+e^{2t}[(-c_2+c_3)\cos 3t+(c_2+c_3)\sin 3t]$

$x_2=-c_1+2e^{2t}[c_2\cos 3t-c_3\sin 3t]$

$x_3=2e^{2t}(-c_2\cos 3t+c_3\sin 3t)$

(6) $x_1=-4e^t\sin 2t,\ \ x_2=4e^t\cos 2t$

3. (1) $x=\dfrac{7}{3},\ y=-\dfrac{8}{3}$

(2) $x=\dfrac{1}{8}(1+12t),\ \ y=-\dfrac{1}{4}(5+4t)$

(3) $x=\dfrac{1}{2}(1+5t)e^t,\ \ y=-\dfrac{5}{2}te^t$

(4) $x=-\dfrac{1}{3}(12+e^{-t}+7te^{-t}),\ \ y=-\dfrac{1}{3}(6+7te^{-t})$

찾아보기

ㄱ

ㄷ

ㄹ

ㅁ

ㅈ

ㅊ

ㅋ

ㅌ

ㅍ

ㅎ

기타

저자소개

강 정 홍

- 미 일리노이대 수학 석·박사
- 현 육사 수학과 교수

수학적 전투 모델 이론 (개정판)

개정판 발행 2019년 12월 10일
개정판 1쇄 발행 2023년 7월 10일

지은이 강정홍
펴낸이 오판근
펴낸곳 (주) 교우
주 소 서울시 동대문구 약령시로 8 교우빌딩 2층 (주)교우
전 화 02-925-2861 / **팩 스** 02-925-2860, **편집부** 02-925-2825
홈페이지&북스토어 www.kyowoo.co.kr / **이메일** kyowoo@kyowoo.co.kr

등 록 1994년 3월 24일 제1994-000013호
ISBN 979-11-251-0065-2 (93410)

Published by Kyowoo Co., Ltd. Printed in Korea

값 21,000원

교우미디어는 (주) 교우의 Imprint 사입니다.
수학정원·과학정원은 (주) 교우의 새로운 브랜드명입니다.